KB219809

알기 쉬운

철도교통계획론

알기 쉬운

철도교통계획론

원제무 · 박정수 · 서은영 지음

KSI 한국학술정보[주]

머리말

우리의 삶은 철도와 같은 교통수단에 의해 이루어진다. 우리의 생산활동을 뒷받침 해주는 철도는 인류의 역사와 더불어 끊임없이 그 기술과 노선망이 발전해 왔다. 특히 자본주의 등장 이후 급속히 진행된 산업화와 도시화 과정은 경제와 공간구조의 변화뿐 아니라 이에 상응하는 새로운 철도 노선과 시스템을 만들어 내었다. 오늘날 철도는 다양한 역할을 수행하면서, 자본주의 발달과정에 일정한 기여를 할 뿐 아니라, 이를 통해 철도 자체의 기술발전을 이끌어왔다.

2000년대 들어와 본격적으로 철도시대로 전환하고 있는 징후들이 여러 측면에서 나타나고 있다. 고속철도(KTX)의 개통으로 우리의 삶이 1일 생활권으로 바뀌고 있으며, 주요 철도역이 경제생활의 거점으로서 자리 매김하고 있다. 이 외에도 대중교통중심개발(TOD), 편리하고 안전한 도시철도 등에 대한 시민들의 열망이 우리가 철도시대에 깊숙이 들어와 살고 있음을 알려주고 있다. 요즘 국가 간의 힘의 역학관계가 철도시설과 같은 SOC시설의 경쟁 형태로 진행되어갈 정도로 철도의 역할과 위상이 중요한 시기에 이르렀다. 말하자면 철도가 국가경쟁력을 좌우하는 시대로 접어들었다는 뜻이다.

국가경제의 바탕에는 지역경제가 있으며 국가경제를 지속적으로 성장시키려면 먼저 지역경제를 활성화시켜야 한다. 지역경제를 활성화시키려면 철도교통과 같은 국토동맥의 역할을 하는 인프라가 기반이 되어야 한다. 전 국토가 골고루 성장하기 위해서는 철도가 그 핵심적 역할을 해주어야 한다.

그러나 그동안 국가교통에서 철도를 우선순위에 설정하지 않고 도로 위주의 교통정책을 펼쳐왔기 때문에 철도의 상대적 낙후화를 초래했던 것이다. 이에 따라 철도에 관한 계획과 정책 등에 관한 패러다임과 방법론이 제대로 정립되지 못했다.

그러다 보니 철도와 관련된 정책기술, 운영 등에 대한 연구는 아직 미흡한 형편이다.

철도 교통계획, 기법, 방법론, 전략도 철도의 역할이 커짐에 따라 보다 과학화, 실용화, 전문화 되어야 한다. 이제는 기존의 방법론과 전문성으로 철도 교통을 이끌고 가기에는 뚜렷한 한계가 있다. 기존의 방법론과 연구성과를 토대로 새로운 학문적 접근방법의 접목이 요구되는 시기가 온 것이다.

이러한 관점에서 이 책은 철도망구축과 철도건설과정을 계획과정으로 보고, 계획 각 단계별 접근 방법과 기법을 체계적으로 정리해보려는 시도에서 출발했다.

이 책은 크게 네 개의 부분으로 나누어져 있다.

제1부에서는 철도에서 계획의 의미와 계획과정, 그리고 철도서비스 계획과 평가지표에 대해 살펴본다. 또한 철도 계획과정이 철도노선, 건설과정에 어떻게 접목되는지에 대해 논의해 본다.

제2부에서는 우선 철도의 종류에 따른 다양한 특성을 살펴본다. 그리고 우리 국토공간 구조에 새로운 지평을 열 국가철도망계획에 대해 전망해 본다. 아울러 글로벌시대에 우리 철도가 세계로 나가기 위한 동북아와 유라시아 철도망 등 국제철도망 등에 대한 계획과 철도 정책적 함의를 살펴본다.

제3부에서는 교통조사와 교통수요측정을 다루고 있다. 3부에서는 우선적으로 철도교통과 같은 대중교통에서 조사의 중요성과 방법론을 조명해본다. 그리고 철도교통계획과 프로젝트에서 핵심적이면서 반드시 이해해야 할 철도수요 추정 관련 방법론에 대해 다양한 기법들을 논의해 본다.

마지막으로 제4부에서는 철도프로젝트 평가의 기본적인 틀이 제시되면서 경제성 분석과 재무분석이 심도 있게 다루어진다. 특히 철도에 대한 민간자본 투자의 길이 법적으로 열려 있는 점을 감안하여 재무분석 기법에 대해 보다 다양하고 구체적인 기법을 소개하고 있다.

바야흐로 철도 르네상스 시대에 접어들었다. 조만간 전국의 도시가 고속철도망으로 연결될 것이다. 지금은 철도교통에 대한 계획철학을 세워야 한다.

철도가 나아가야 할 길, 계획과정, 기준 등의 이슈와 정책과제를 되뇌이면서 철도를 바라본다면 한층 탄탄한 철도교통체계를 만들 수 있을 것이다.

이 점에서 이 책은 철도정책 입안자와 철도 실무자들이 철도의 비전을 설정하고 계획을 수립하고 방향을 제시하는 데 참고가 될 수 있을 것으로 기대된다. 또한 철도 계획과 정책을 다루는 연구기관과 학계에서 하나의 참고서로서 활용될 수 있을 것이다.

끝으로 이 책이 나오기까지 집필과 과정에 수고를 아끼지 않은 한양대학교 도시대학원 임지훈 씨, 이준범 씨와 (주)한국학술정보 채종준 대표이사님, 출판사업부 이주은 씨에게 감사드린다.

2012. 6.

원제무 · 박정수 · 서은영

•차례•

제1부 철도 계획과정

제2부 철도 특성 및 철도망

제3부 교통조사 및 교통수요추정

제4부 철도 프로젝트 평가

제1부

철도 계획과정

1장 / 계획의 의미

1. 계획이란

1.1 계획(Plan)

계획이란	· 계획은 계획과정 또는 의사결정의 결과임 · 주어진 목표를 달성하기 위한 수단으로 볼 수 있음

1.2 계획과정(Planning)

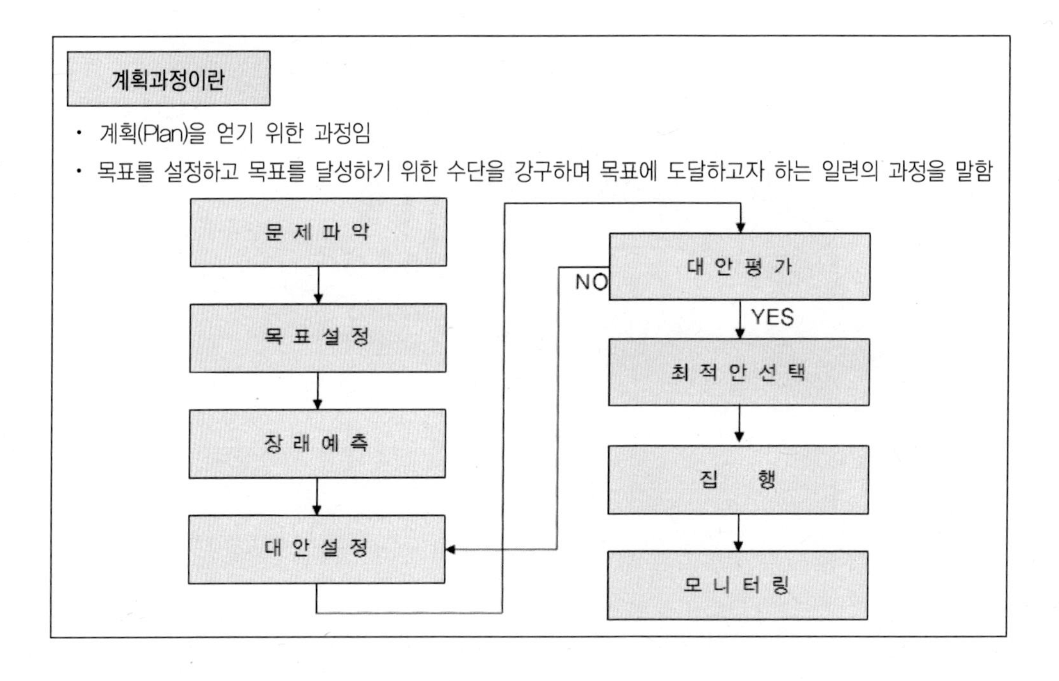

1.3 계획 요소

1) 계획의 유형

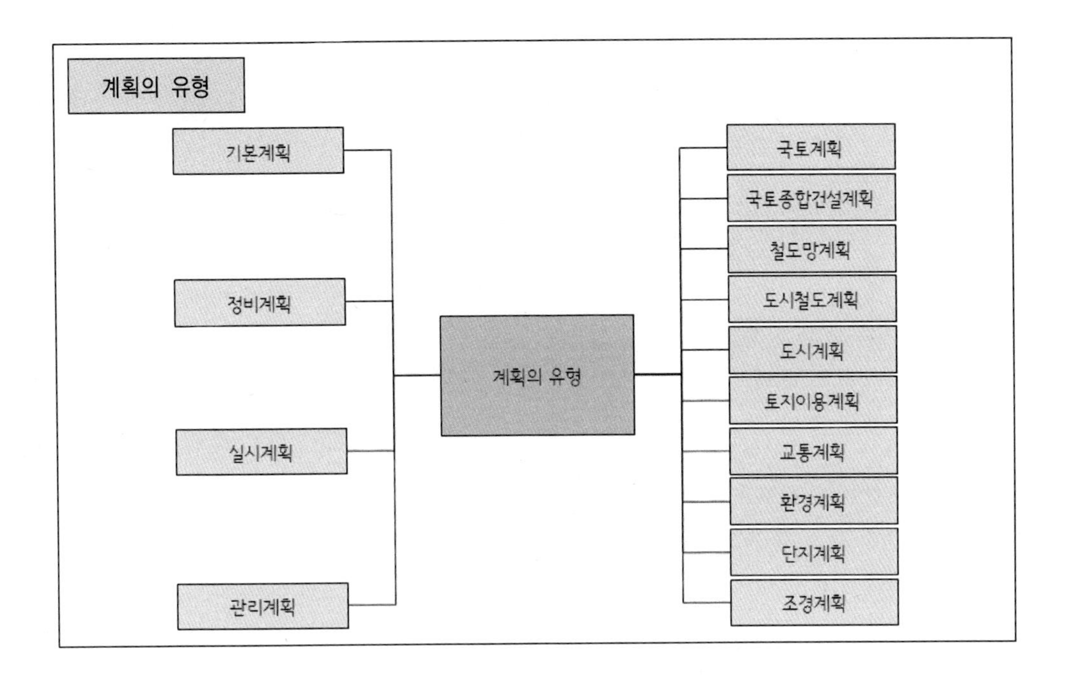

2) 계획의 주체 및 대상

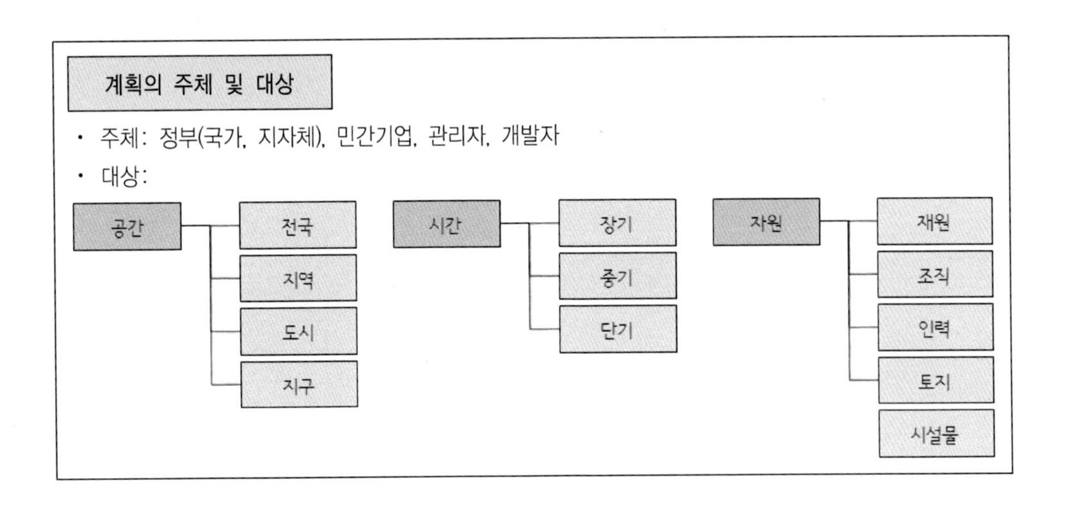

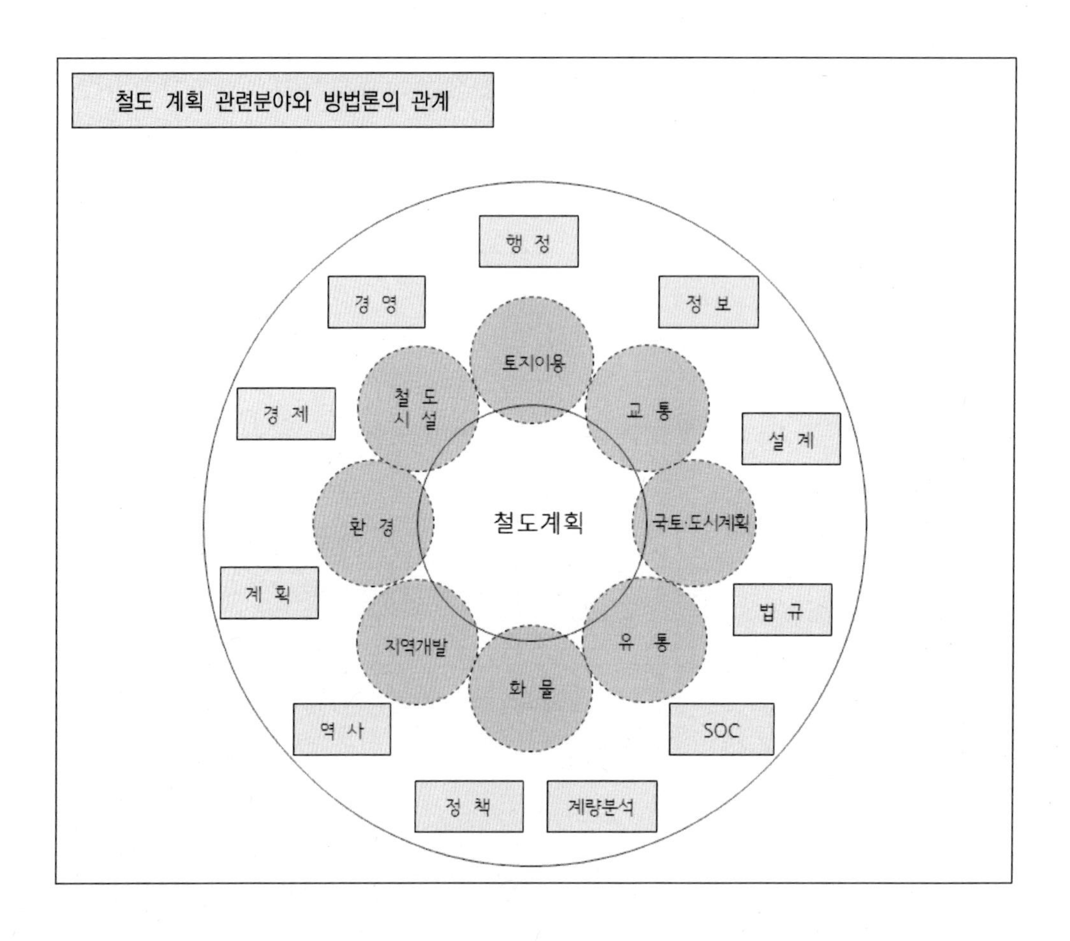
철도 계획 관련분야와 방법론의 관계
행 정
경 영
정 보
토지이용
철 도
시 설
교 통
경 제
설 계
철도계획
환 경
국토·도시계획
계 획
법 규
지역개발
유 통
화 물
역 사
SOC
정 책
계량분석

2. 계획으로 보는 10가지 시각

1) 계획(Planning)은 미래방향을 제시해 주는 과정이다

- 계획(Planning)은 미래에 대한 지침서 역할을 하게 됨
- 계획가는 우리가 나아갈 방향에 대한 우리의 집단적인 합의사항을 이끌고 가는 견인차적 역할을 해야 함

2) 계획은 정치적인 행위이다

- 계획(Plans)은 누가 무엇을 얼마나 갖느냐에 대한 내용을 담고 있음
- 계획가는 정치체계 속에서 바람직한 정책을 추진하거나 현실문제를 개선해 나가는 사람들임

3) 계획은 지역사회, 조직, 이해집단의 목표를 실현시켜 주는 과정이다

- 계획(Planning)은 지역사회, 조직, 이해집단의 요구사항을 담는 그릇임
- 계획가는 주민의 요구사항을 분석하여 해결전략을 설정해주는 것을 임무로 함

4) 계획은 합리적 사고의 과정이다

- 계획(Planning)은 대안의 과학적인 분석결과임
- 계획가는 최적의 대안을 선택해주는 사람들임

5) 계획은 우리가 살고 있는 공간의 형태, 기능 그리고 미(美)를 제공하는 과정이다

- 계획(Planning)은 정주공간의 디자인을 염두에 두어 수립되어야 함
- 계획가는 주민의 요구를 설계기준과 설계프로그램을 적용하여 반영시켜 바람직한 정주 환경을 구축하는 데 힘써야 함

6) 계획은 끊임없는 질문과정이다

- 계획(Planning)은 우리가 알고 있는 것들을 어떻게 인식하고 있고 우리가 맡은 것들을 어떻게 결정하는가에 대한 일련의 문답과정을 정리한 것임
- 계획가는 항시 질문하는 자세를 지녀야 함

7) 계획은 학습과정이다

- 계획(Planning)은 주민과 조직에서 상호 간의 학습에 의해 얻어진 결과를 반영한 것임
- 계획가는 정부와 주민, 주민과 주민, 계획가와 정부 · 주민을 연결시켜 상호대화에 의해 배우고 느끼게 끔 해주는 교육자의 역할도 해야 함

8) 계획은 옹호과정이다

- 계획(Planning)은 어느 특정한 집단의 사회나 정부에 대한 요구와 불만을 수록한 계획 보고서임
- 계획가는 특정집단의 사정을 돌봐주는 변론자적 역할을 해야 함

9) 계획은 중재과정이다

- 계획(Planning)은 서로 상충하는 정책과 이해가 엇갈리는 집단 간의 협상과 절충의 결과를 담은 보고서임
- 계획가는 합의를 도출해내는 중재자여야 함

10) 계획은 문제해결 과정이다

- 계획(Planning)은 공공분야에서 복잡하고 어려운 문제에 과학적인 사고를 적용하여 해결책을 제시한 보고서임
- 계획가는 지역사회의 각종 문제에 대한 합리적 해결책의 제안자가 되어야 함

■ 이야깃거리

1. 계획이란 무엇인지 이야기해보자.
2. 계획과정은 어떻게 이루어지는지 그림을 그려 이해해보자.
3. 정책목표는 어떻게 설정되나?
4. 계획과정 중 대안평가란 무엇인지 설명해보자.
5. 최적 대안이란 어떻게 만들어지고, 어떤 계획인지 이야기해보자.
6. 모니터링이란 무엇이며 의미하는 바가 무엇인지 이해해보자.
7. 계획에 필요한 요소들에는 무엇이 있는지 논의해보자.
8. 계획의 유형에는 무엇이 있는지 그림을 그려 이해해보자.
9. 계획의 주체와 대상은 어떻게 나누어질 수 있는지 생각해보자.
10. 계획의 주체와 대상에 따라 무엇이 달라지는지 설명해보자.
11. 철도 계획 분야와 관련 있는 분야에 대해 논의해보자.
12. 철도 계획 시 필요한 분야들에 대해 나열해보자.
13. 철도 계획 관련분야와 각 분야별 방법론들 간의 관계를 그림을 그려 이해해보자.
14. 계획을 여러 시각으로 그림을 그려 표현해보자.
15. 계획을 함으로써 얻을 수 있는 이점에 대해 논의해보자.
16. 철도 계획 과정과 실무를 고찰하면서 계획 과정과 실무기간의 괴리는 무엇인지 논의해보자.

2장 철도 계획과정

1. 철도 계획과정

1.1 철도 계획에서 건설까지의 인허가 과정

철도계획-건설 인허가 과정

- 지역 간 철도와는 달리 공간적으로 일정한 범위 내로 한정되는 도시철도 건설은 기본계획 수립에서부터 사업개시까지 복잡한 절차로 사업이 추진됨
- 도시철도사업의 추진절차는 기본계획 수립단계, 기본설계 작성단계, 도시계획 결정단계, 노선지정단계, 실시설계단계, 도시계획 지적 승인단계, 사업면허 및 사업계획 승인단계, 건설공사 시행단계, 사업실시 등 9단계로 구분됨

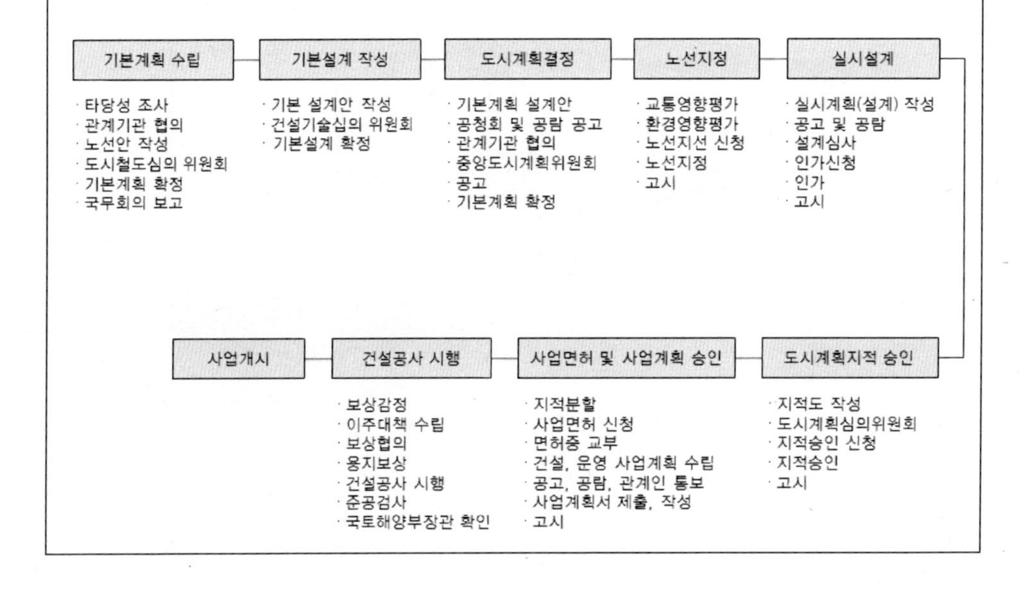

1.2 철도 계획과정

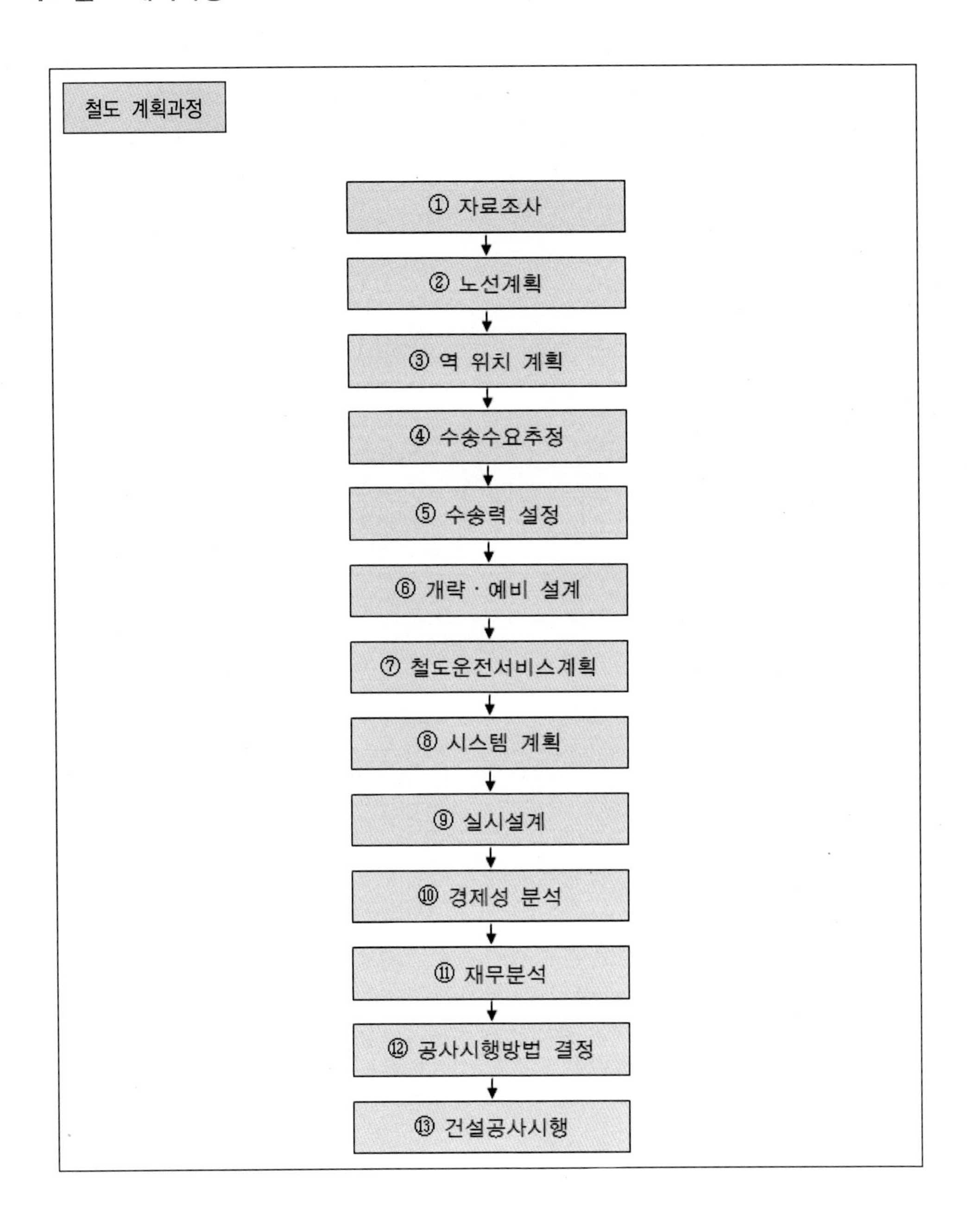

철도 계획과정
① 자료조사
② 노선계획
③ 역 위치 계획
④ 수송수요추정
⑤ 수송력 설정
⑥ 개략 · 예비 설계
⑦ 철도운전서비스계획
⑧ 시스템 계획
⑨ 실시설계
⑩ 경제성 분석
⑪ 재무분석
⑫ 공사시행방법 결정
⑬ 건설공사시행

2. 철도 계획내용 및 과정

2.1 자료조사

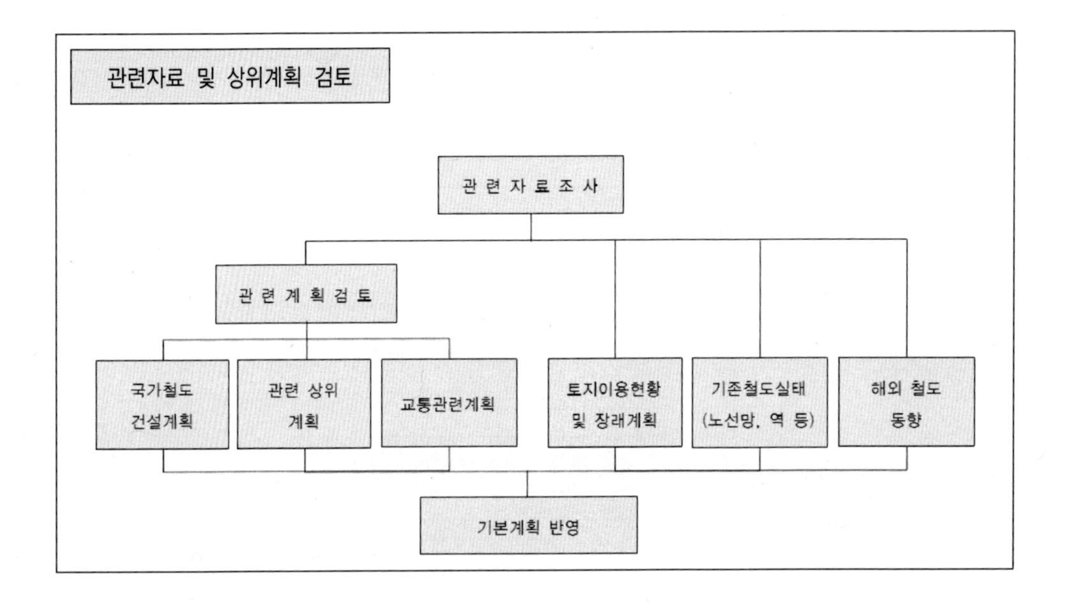

2.2 철도 노선계획

철도 노선계획의 배경

- 우리나라의 도시교통체계의 발달패턴은 도로망 중심에서 철도망구축으로의 전환 시점에 돌입함
- 어느 때보다도 지역과 지역 또는 도시와 도시를 연결하는 전철의 건설이 절실히 필요함
- 기존 철도망은 노선별, 지역별 승객 수요 패턴의 종합적인 고려가 미흡했음
- 기존 철도망은 국토 전체의 교통체계나 지역적 특성을 충분히 고려하지 못했음
- 체계적인 노선계획과정의 수립이 절실히 요청된다고 하겠음

1) 철도 노선계획과정

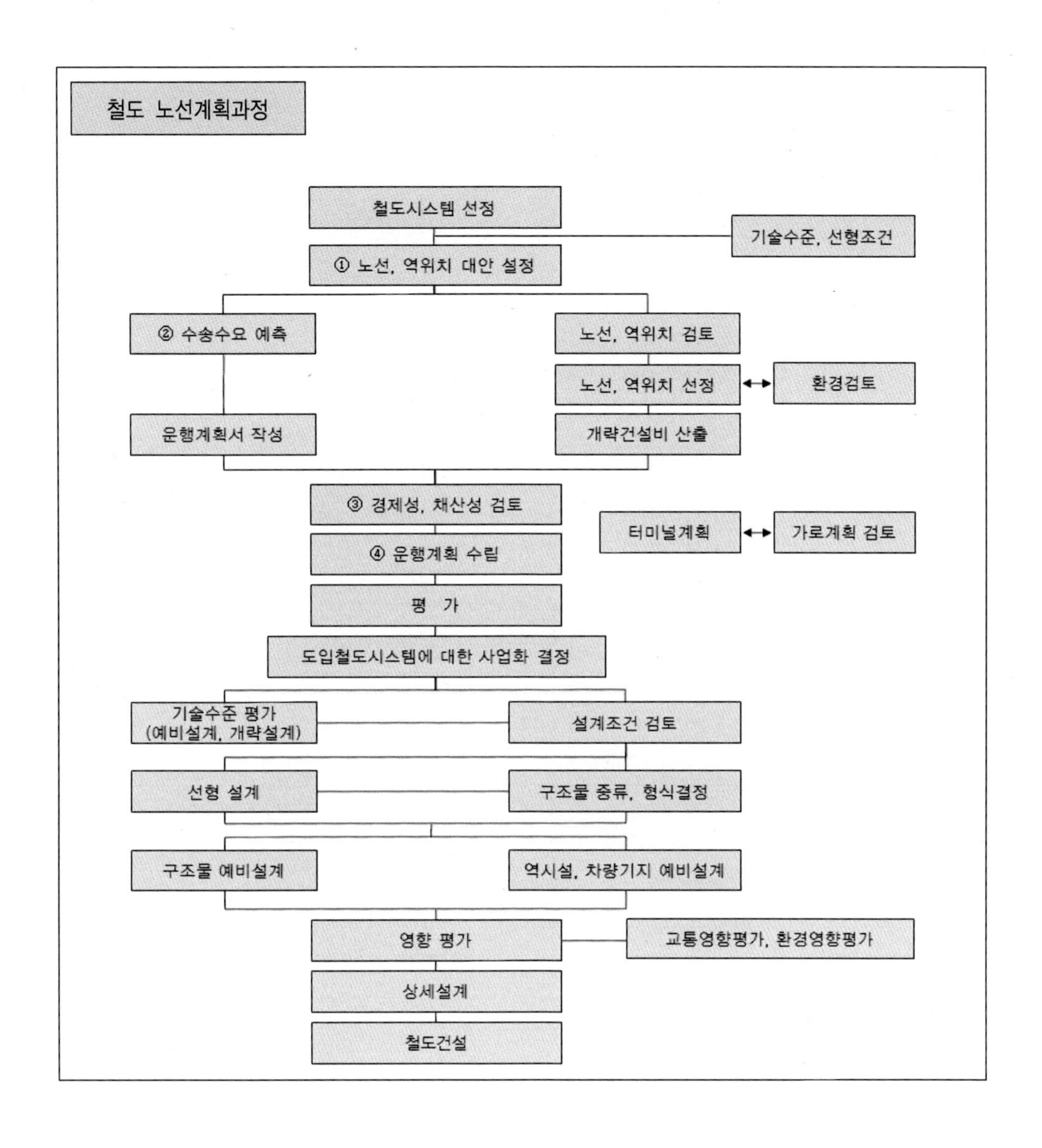
철도 노선계획과정
철도시스템 선정
기술수준, 선형조건
① 노선, 역위치 대안 설정
② 수송수요 예측
노선, 역위치 검토
노선, 역위치 선정
환경검토
운행계획서 작성
개략건설비 산출
③ 경제성, 채산성 검토
터미널계획
가로계획 검토
④ 운행계획 수립
평 가
도입철도시스템에 대한 사업화 결정
기술수준 평가
(예비설계, 개략설계)
설계조건 검토
선형 설계
구조물 종류, 형식결정
구조물 예비설계
역시설, 차량기지 예비설계
영향 평가
교통영향평가, 환경영향평가
상세설계
철도건설

2) 철도 노선계획과정의 세부 내용

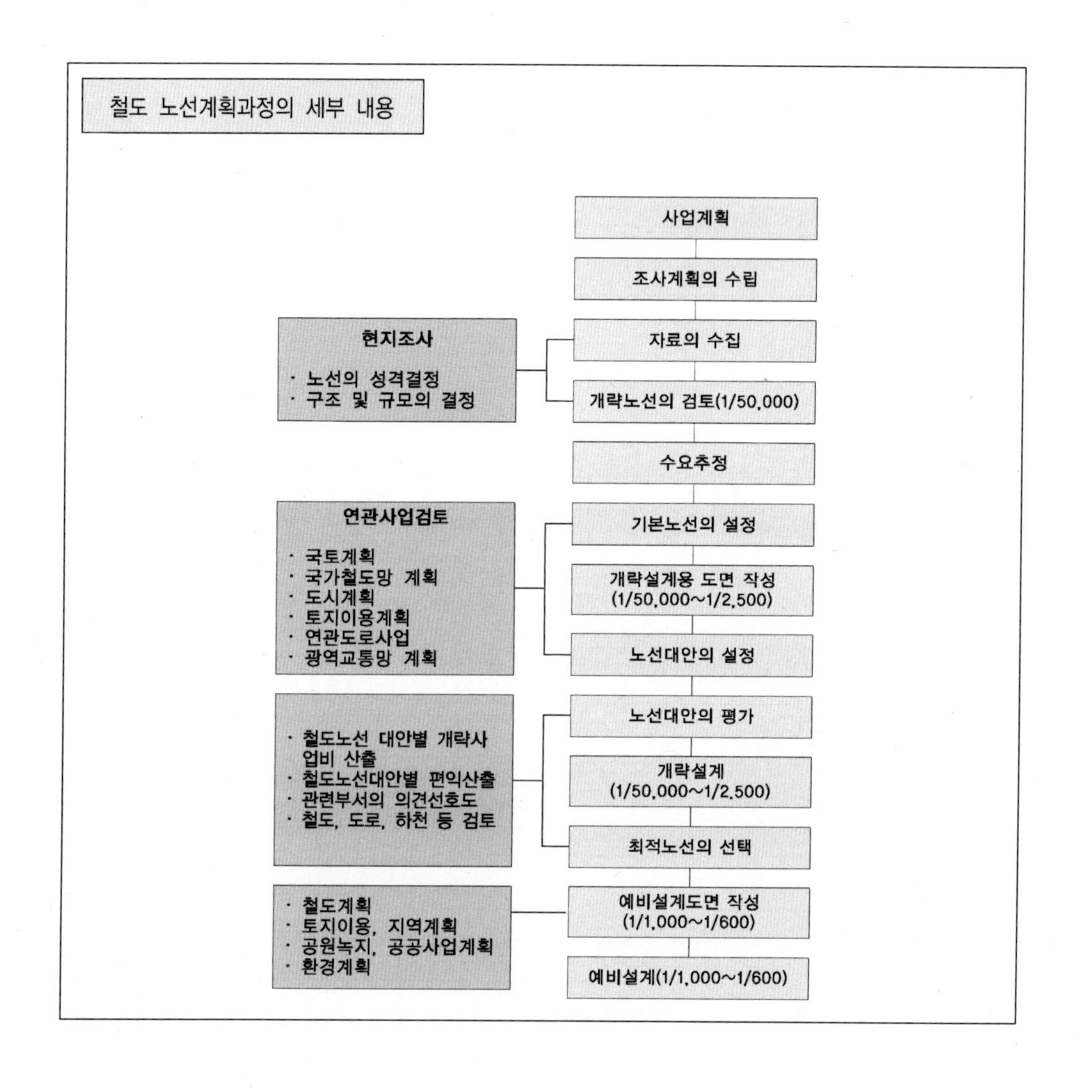

3) 개략노선 검토

개략노선 검토절차

- 축척 1/50,000~1/25,000지도(지형도)를 구하여 노선을 도상에서 그어보는 작업을 실시함
- 현장답사와 조사를 실시하여 도상작업에서 검토해본 노선이 실질적인 제반여건과 조화되는지를 고려함
- 전철노선의 개략의 기·종점, 건설 방식(즉, 터널 방식, 고가궤도 방식, 굴착 방식 등), 철로의 폭, 정류장의 위치, 주행속도 등을 설정함
- 철도선형 분석 및 노선 대상지역의 사회적·경제적·지형적·지질적 조건을 고려함
- 노선의 적정성에 대한 거시적인 판단이 필요함
- 개략설계와 예비설계 단계까지의 작업을 위해 노선 주변의 철도, 도로, 하천, 지역계획, 도시계획, 토지이용계획 등에 관련된 자료를 수집함

4) 노선대안선정 과정

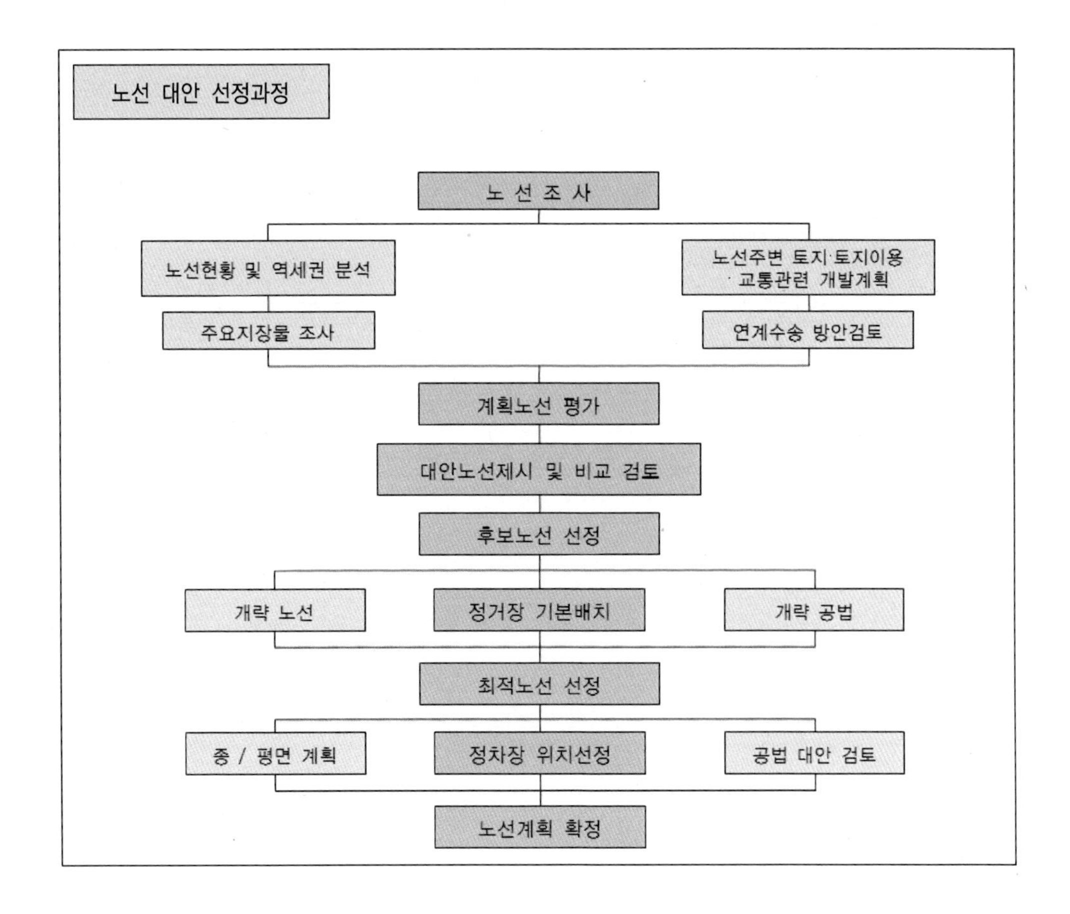

5) 철도 노선망 선정시 고려사항

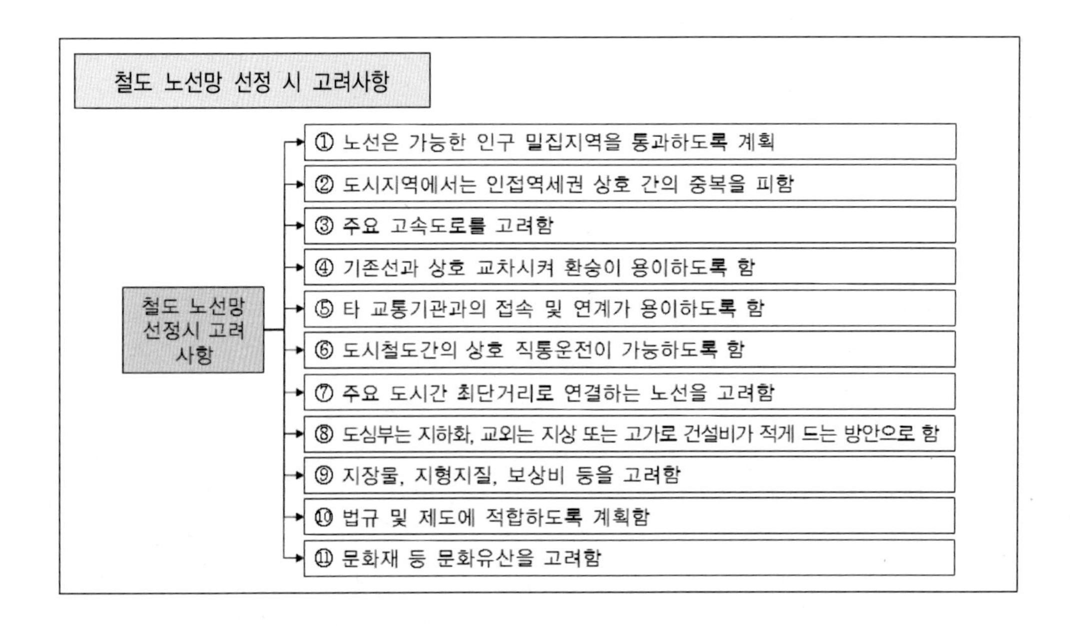

6) 철도 노선 대안 설정 시 고려사항

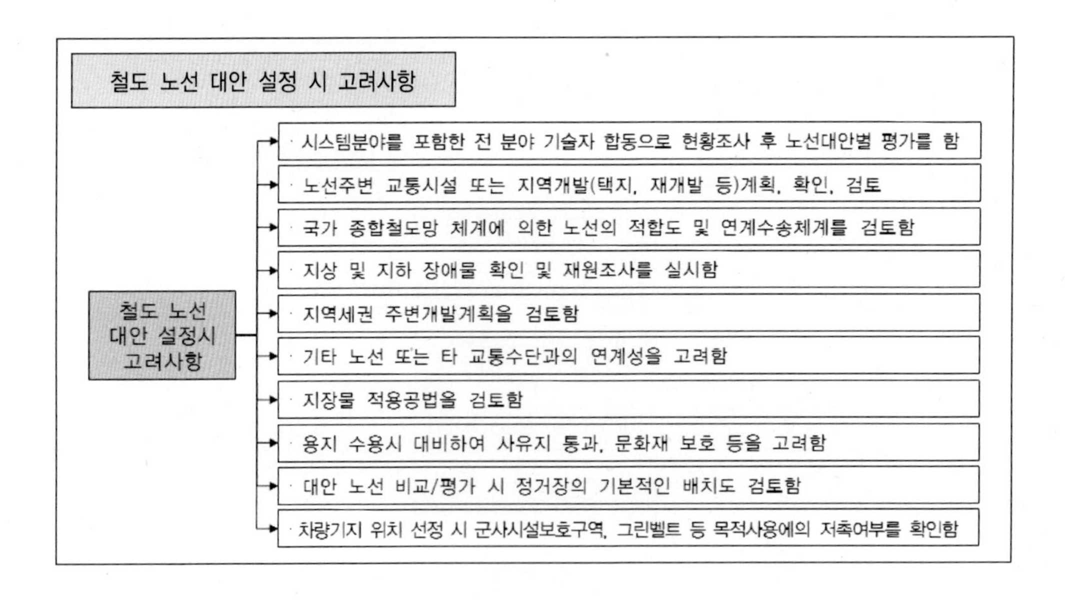

7) 노선선정 시 주요 고려사항

정거장 위치

① 그 지방의 경제, 교통상황을 고려함
② 지형, 전후선로 상황, 운전조건을 고려함
③ 집산지를 고려함
④ 화물 등 적하를 위한 광장 여부를 고려함
⑤ 역 간 거리(광역철도 2~3km, 간선철도 10~15km 정도)를 고려함
⑥ 주요 활동거점(Activity Center)을 고려함

기울기 선정

① 제한 기울기: 수송량과 사용기관차의 견인력을 고려함
② 기울기의 변화와 길이: 1개 열차 길이 이상 되어야 함
③ 터널 내 기울기: 제한 기울기보다 10% 정도 완화, 배수 3% 이상이어야 함
④ 교량상 기울기: 급 기울기는 피하고 기울기변경점은 두지 않는 것이 좋음

곡선의 선정

- 곡선반경은 될 수 있으면 크게 하고, 길이는 짧게 하는 것이 좋음

중심선

- 직선에 가까운 원활한 선로로 건물, 문화재, 묘지, 공장은 피함
- 음지, 습지, 홍수범람 지역은 피함
- 하천 횡단지점은 신중히 결정(유수저해, 기초세굴 우려 개소)함

시공기면

- 형하공간을 확보(교차지점)함
- 정거장에서는 도로와 연결 용이성을 도모함

교량의 경간비

- 상부구조와 하부구조의 배용을 종합적으로 고려하여 최소의 공사비가 소요되게 함

터널의 위치 및 단면
① 지질이 양호한 곳을 설정함 ② 편토암 지점을 피함 ③ 건축한계 외 가공선・전등선을 고려함 ④ 보수작업에 필요한 여유 공간을 고려함

2.3 역 위치 선정과정

1) 철도역 위치 선정시 고려사항

철도 노선 대안 설정 시 고려사항
・ 정거장 위치 선정은 선정 기본원칙을 수립하여 개략위치를 선정함 ・ 노선 및 주변여건 등의 고려사항을 복합적으로 검토하여 가장 우수한 위치를 선정함

2) 역 선정의 기본원칙

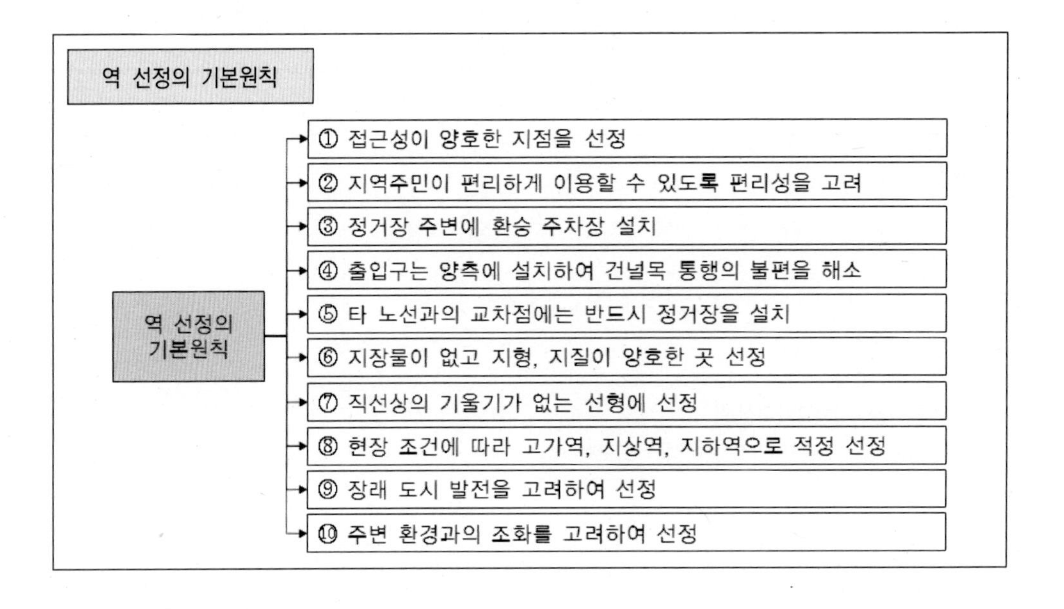

3) 정거장 위치 선정과정

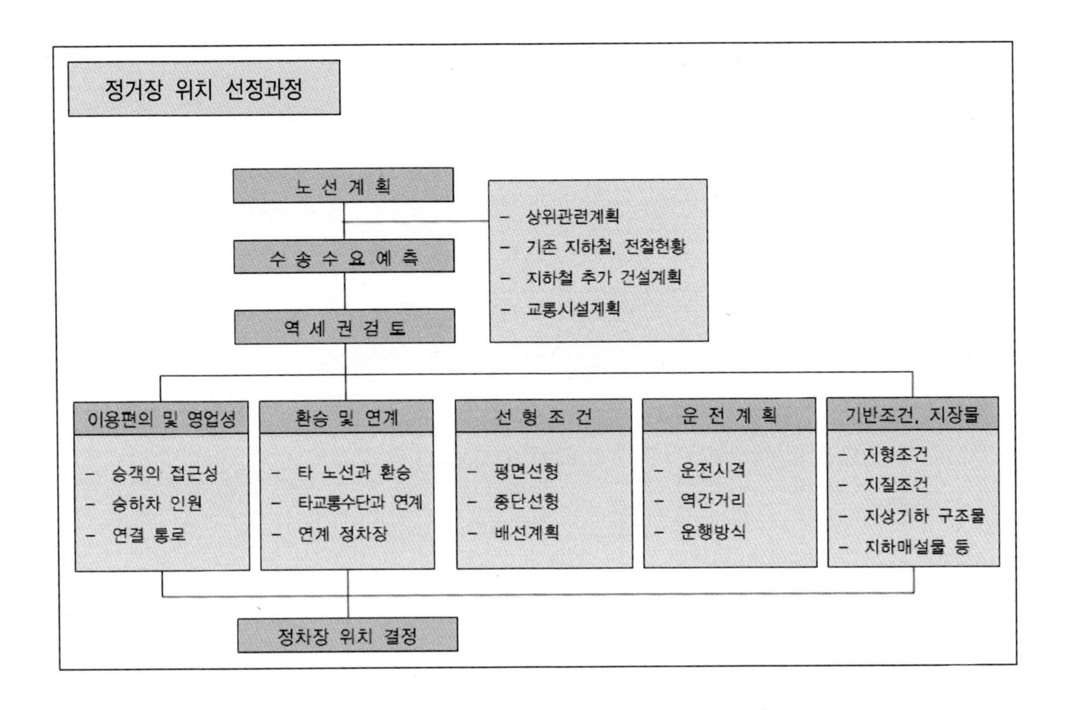

정거장 위치 선정과정
노 선 계 획
수 송 수 요 예 측
역 세 권 검 토
- 상위관련계획
- 기존 지하철, 전철현황
- 지하철 추가 건설계획
- 교통시설계획
이용편의 및 영업성
- 승객의 접근성
- 승하차 인원
- 연결 통로
환승 및 연계
- 타 노선과 환승
- 타교통수단과 연계
- 연계 정차장
선 형 조 건
- 평면선형
- 종단선형
- 배선계획
운 전 계 획
- 운전시격
- 역간거리
- 운행방식
기반조건, 지장물
- 지형조건
- 지질조건
- 지상기하 구조물
- 지하매설물 등
정차장 위치 결정

2.4 도시철도 수요

1) 교통 현황조사 및 수요분석

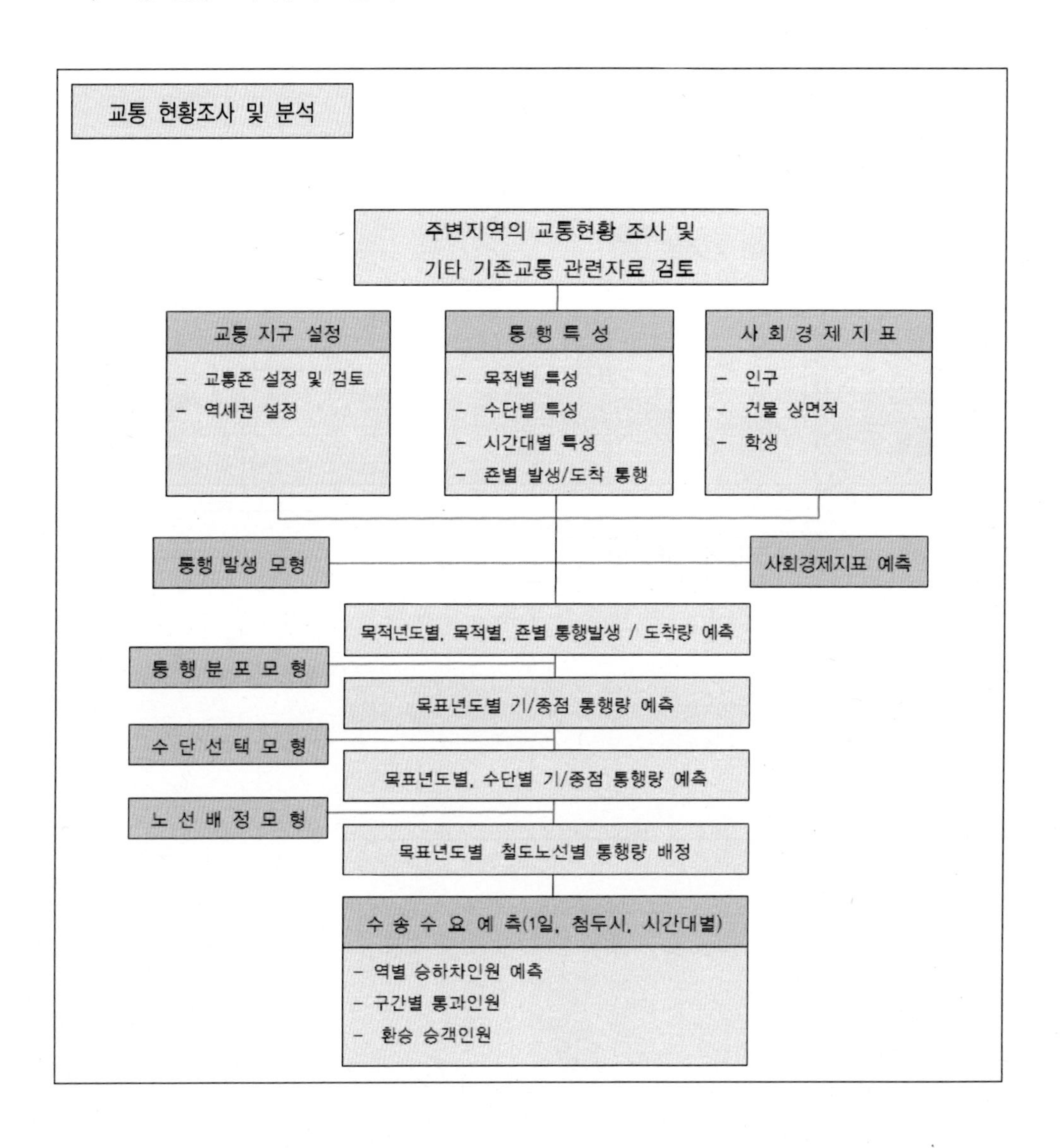

2) O–D표(Origin–Destination Table)

O-D표(Origin-Destination Table)

- 장래 수송수요 예측 대상지역을 여러 개의 Zone으로 분할함
- 각 Zone 상호 간의 교통흐름(어디에서 출발하여 어느 곳을 경유하고 어느 곳에 도착하는지)을 파악하여 O–D표를 만듦
- 현재 O–D표에 의해 장래의 O–D와 존간 수송수요를 예측함

3) O–D표에 의한 4단계 수요 추정방법

O-D표에 의한 4단계 수요 추정방법

제 1단계 : 발생 · 집중 교통량 분석

① 현 재상태 O–D표에서 작성된 현재의 발생 · 집중 교통량을 구함
② 장래 사회·경제지표를 고려하여 장래 각 Zone의 발생 · 집중 교통량을 예측함

제 2단계 : 분포교통량 예측

① 1단계에서 구한 발생 · 집중 교통량과 현재상태의 OD로부터 장래의 OD표를 작성하여 분포 교통량 예측함
② 분포교통량은 존간 저항요소(시간, 거리 등)을 고려하여 예측함

제 3단계 : 교통수단별 교통량 예측

① 분포교통량 예측결과를 토대로 교통수단별 교통량을 예측함
② 교통수단별 교통량은 교통수단별 소요비용, 요금 등을 고려한 방법을 이용하여 예측함

제 4단계 : 역간 교통량 예측

① 교통자별 교통량 예측결과를 기준으로 Zone간을 통행하는 철도 이용자를 산출함
② 철도이용자의 역간 O–D표를 작성함
③ 역간 O–D표를 토대로 역간 교통량을 예측함

4) O-D도표를 이용한 도시철도 수요 추정과정

O-D도표를 이용한 도시철도 수요 추정과정

① 권역의 설정 : 권역은 생활권, 주요지역간 통행시간, 사회경제적인 요소 등을 감안하여 설정함

② 죤의 설정 : 교통수요추정의 기본공간단위로서 행정구역, 지리적.경제적 상태를 고려하여 설정함

③ 현황분석 : 인구, 토지이용, 사회경제적 현황을 분석함

④ 장래 사회경제지표 및 토지이용예측 : 국토계획, 지역계획 등을 참조하여 인구, 토지이용 등을 예측함

⑤ 통행발생량추정 : 죤별 장래 출근 및 등교통행의 통행 유출.유입량을 추정함

⑥ 통행분포량추정 : 현재의 통행배분량과 노선망을 토대로 하여 장래 죤간 O-D표를 구축함

⑦ 교통수단 선택모형 : 통행시간과 통행비용 등의 변수를 감안하여 전철 이용승객수를 추정함

⑧ 통행배분모형 : 각 노선별 수송저항의 비율, 환승, 통행비용, 혼잡도, 배차간격 등을 고려하여 방향별, 노선별 교통량을 추정함

⑨ 노선별 첨두시 수송량 : 1일 철도승객 중 첨두시 이용승객의 비율을 산출하여 장래의 모든 목적 수송량을 추정함

⑩ 장래 노선망계획 : 현황분석자료와 장래 국토계획, 교통계획, 철도공사(또는 철도시설공사)의 장래 노선계획 등을 종합적으로 고려하여 장래 노선망 계획을 수립함

⑪ 장래공급가능 수송력 : 장래 노선계획에 따라 공급가능 승객수송을 산출함

⑫ 평가 : 노선구간별 수송력과 장래 수요를조화시켜 보고 혼잡도 등의 서비스수준에 의해 노선구간을 평가한 후, 타당하고 적합한 범위 내에서 철도수송계획을 수립함

5) 철도 수요 · 공급분석을 통한 수송계획 수립과정

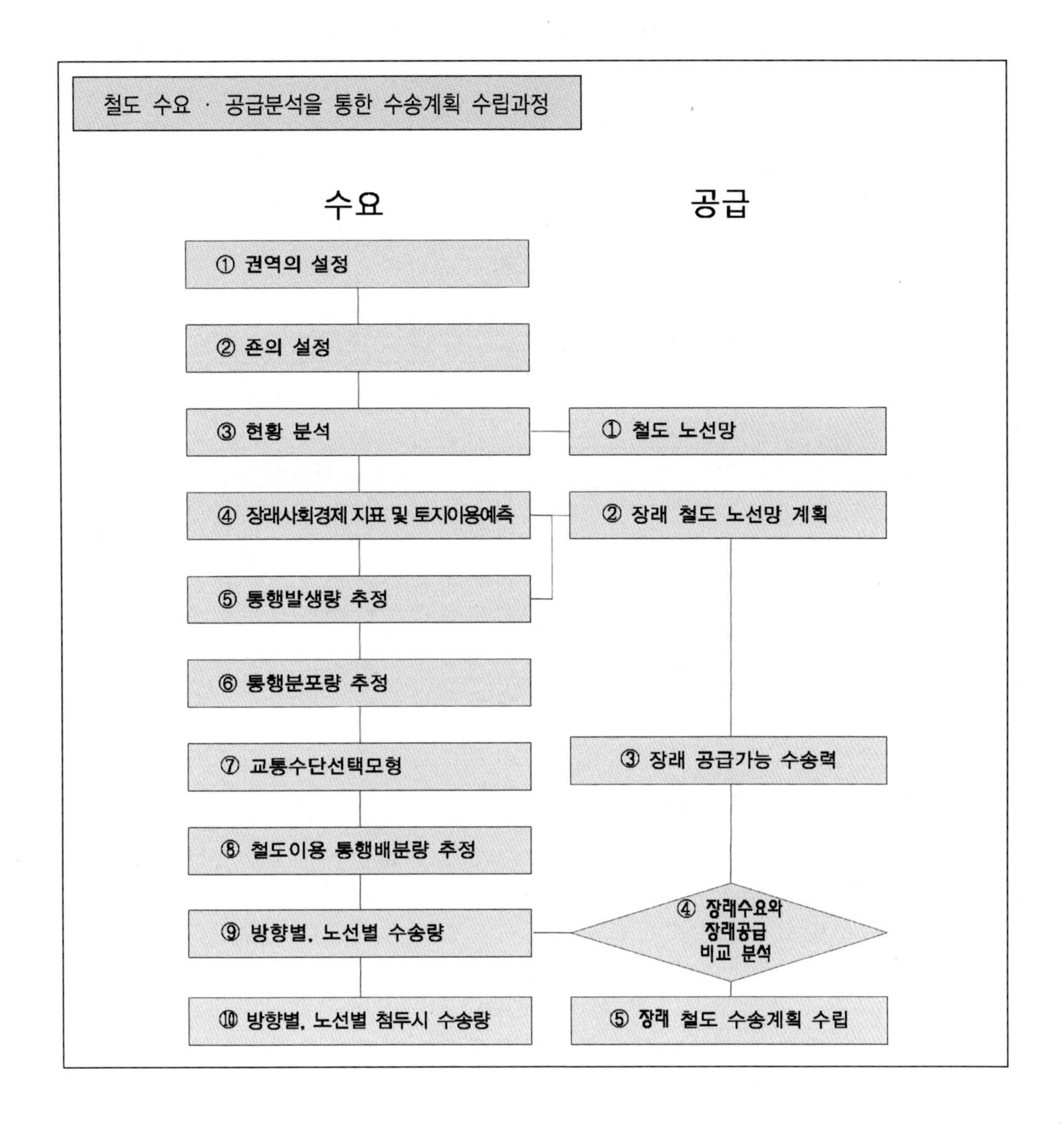

2.5 수송력 설정

1) 수송력 설정 흐름도

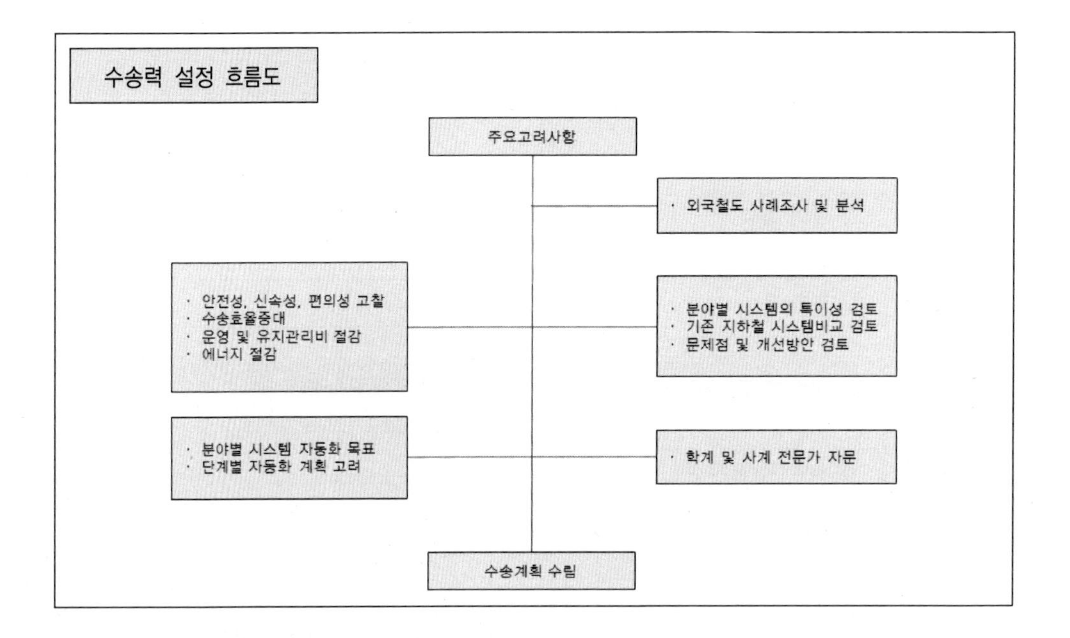

2) 수요와 용량을 고려한 수송계획 수립과정

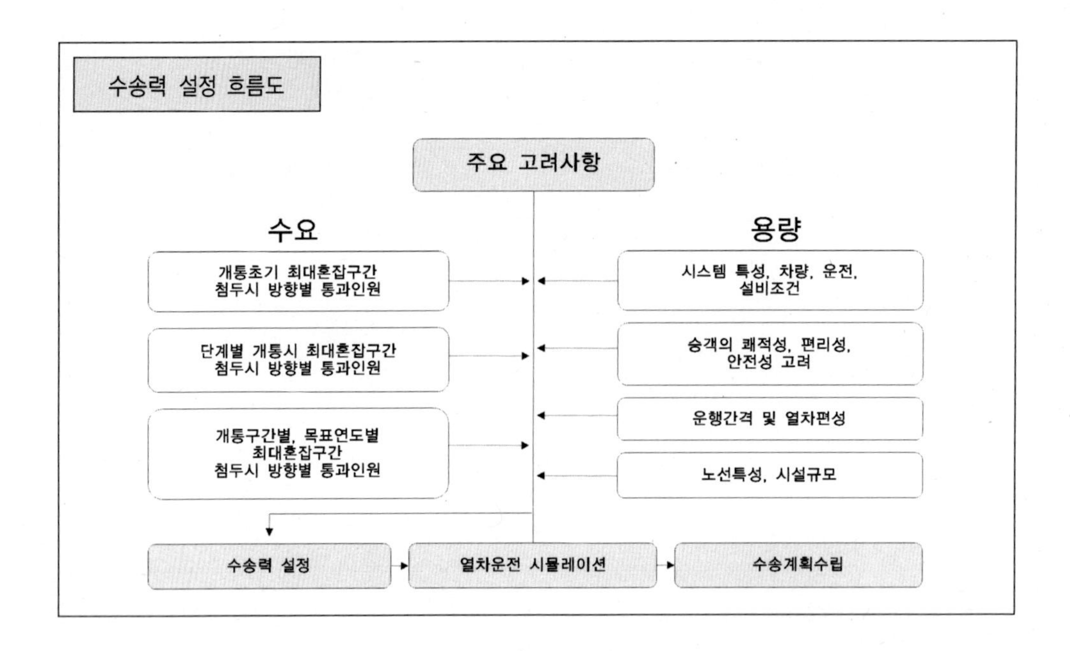

2.6 개략설계

1) 개략설계

개략설계란

- 개략설계 단계에서는 1/5,000~1/2,500의 지도를 기초로 하여 구체적인 자료를 정리하고 노선의 선정 작업을 수행하게 됨
- 설정된 2개 내지 3개의 노선 대안 각각에 대하여 경제적・기술적 타당성을 분석하여 최적노선을 선택하게 됨
- 노선 대안별 지형조건은 비교적 상세히 분석되고 지역특성, 개발계획, 지질 등의 자료를 이용하여 세심한 주의를 요하는 지점을 구체적으로 기입함
- 이 같은 자료에 추가하여 시공성・경제성・기술성 등의 종합적인 판단하에서 최적 노선 대안을 선택하여 위치를 확정함

개략설계 시 고려사항

- 최적 노선 대안에 대하여 건설방식, 주요 구조물의 규모, 구조형식을 설정해야 하는데 50~100m 간격으로 종횡단면도를 작성하여 건설비를 산출함
- 주요 구조물을 검토하고 지질조사를 실시하여 시공의 난이도를 점검함
- 개략설계에서 거쳐야 할 중요한 사항은 철도관련부서의 공무원과 의사결정자를 노선 대안 평가과정에 참여시켜 그들의 선호도와 가치를 파악하는 일임
- 경제적・기술적으로 아무리 우수한 대안이라도 정치적・행정적・재정적 지원을 받을 수 없는 대안은 집행가능성이 없기 때문에 관련 부서와의 상호교류는 평가과정에 중요한 의미를 지님

2) 예비설계

예비설계란

- 예비설계는 실시설계의 실시측량을 하기 위한 예비적 설계단계로서 실시설계의 기본이 되는 도상설계라고 할 수 있음
- 개략설계 시에 물론 최적전철 노선의 위치와 이 노선의 선형 등 제반사항이 고려되지만 노선의 정밀한 위치는 설정되지 않음
- 예비설계의 결과를 기초로 하여 건설비가 산출되어 그 다음 단계인 철도사업 실시계획의 자료로서 활용됨

예비설계 사항

- 예비설계에서는 축척 1/1,000～1/500 정도의 지도를 이용하여 세부적이고 구체적인 자료에 의해 최적전철노선이 설정되어 이에 따라 노선설계가 진행되게 됨
- 예비설계는 이미 개략설계에서 몇 가지 대안을 검토한 후 최적노선 대안을 설정하였으므로 대안노선에 대하여 고려할 필요 없이 주어진 최적노선의 중심선을 찾는 과정이라고 하겠음
- 개략설계에서 검토된 사항을 토대로 하여 등고선, 종단적 조건, 평면종단선형의 조화, 공상방식(터널, 굴착, 지상궤도), 토공량, 구조물의 위치 등을 구체적으로 결정해야 함
- 예비설계 단계에서 주변 토지이용, 도시개발패턴, 환경적 측면 등 관계부처 및 이익단체와 충분한 협의를 거쳐야 함

3) 예비설계시 조사사항

① 노선선정(Paper Location)

- 1:25,000, 1:5,000 축척의 지형도상에서 시종점 및 예정경유지를 연결함
- 정해진 선로등급의 제 조건을 만족하도록 함
- 종횡의 축척이 1/10 되게, 즉 세로가 잘 나타나게 선로 종평면도를 작성함
- 토공의 절토, 성토를 비교하여 터널, 교량 등을 체크함
- 몇 개의 비교노선을 작성함

② 답사(Exploration)

- 몇 개의 비교노선을 가지고 실제 현장에서 조사함
- 정거장 위치, 교량의 위치, 터널 도서구의 적부 여부를 조사함
- 문화재, 군부대, 광구, 고압송전선 등 이설이 어려운 지장물을 조사함
- 경제성이 있고 지장물이 적은 비교안을 택함

③ 예측(Preliminary Surveying)

- 채택된 비교노선에 대해 현지에서 개략 측정함
- 중심선 양쪽 100～300m 범위의 선로평면도(1:5,000)와 선로종단면도(1:1,000, 1:5,000)를, 50～100m마다 선로횡단면도(1:100)를 작성함
- 주요 구조물의 개략설계를 작성함
- 건설비와 운영비를 산출하여 예산편성자료로 함

④ 실측(Actual or Full Surveying)

- 위에서 최종으로 선택된 도상의 노선을 현지에 이설함
- 선로평면도(1:1,000), 종단면도(1:400, 1:1,000), 20m마다 선로횡단면도(1:100) 정거장 평면도 (1:100)를 작성함
- 실측 후라도 보다 우수한 선형이 발견되면 추가실측을 함
- 시공기면 확정, 정거장 위치확정, 세부구조물 설계를 작성함
- 설계서를 작성함

4) 주변 환경과의 조화

주변 환경과의 조화

- 철도는 소음, 진동, 지역분단, 근린성 파괴, 일조저해, 전파장애, 동식물에 영향 등 다양한 환경적 영향을 초래하기 때문에 영향요소에 대한 충분한 분석과 이에 따른 대책을 수립하지 않으면 안 됨
- 철도 노선이 그 본래의 기능을 적절히 발휘하려면 전철 주변 환경과의 조화가 이루어져야함
- 전철 노선 대안의 평가 시 기술적·경제적 타당성뿐만 아니라 노선 주변의 환경적 영향을 고려해야 함

2.7 철도운전서비스계획

1) 운전계획의 기본흐름도

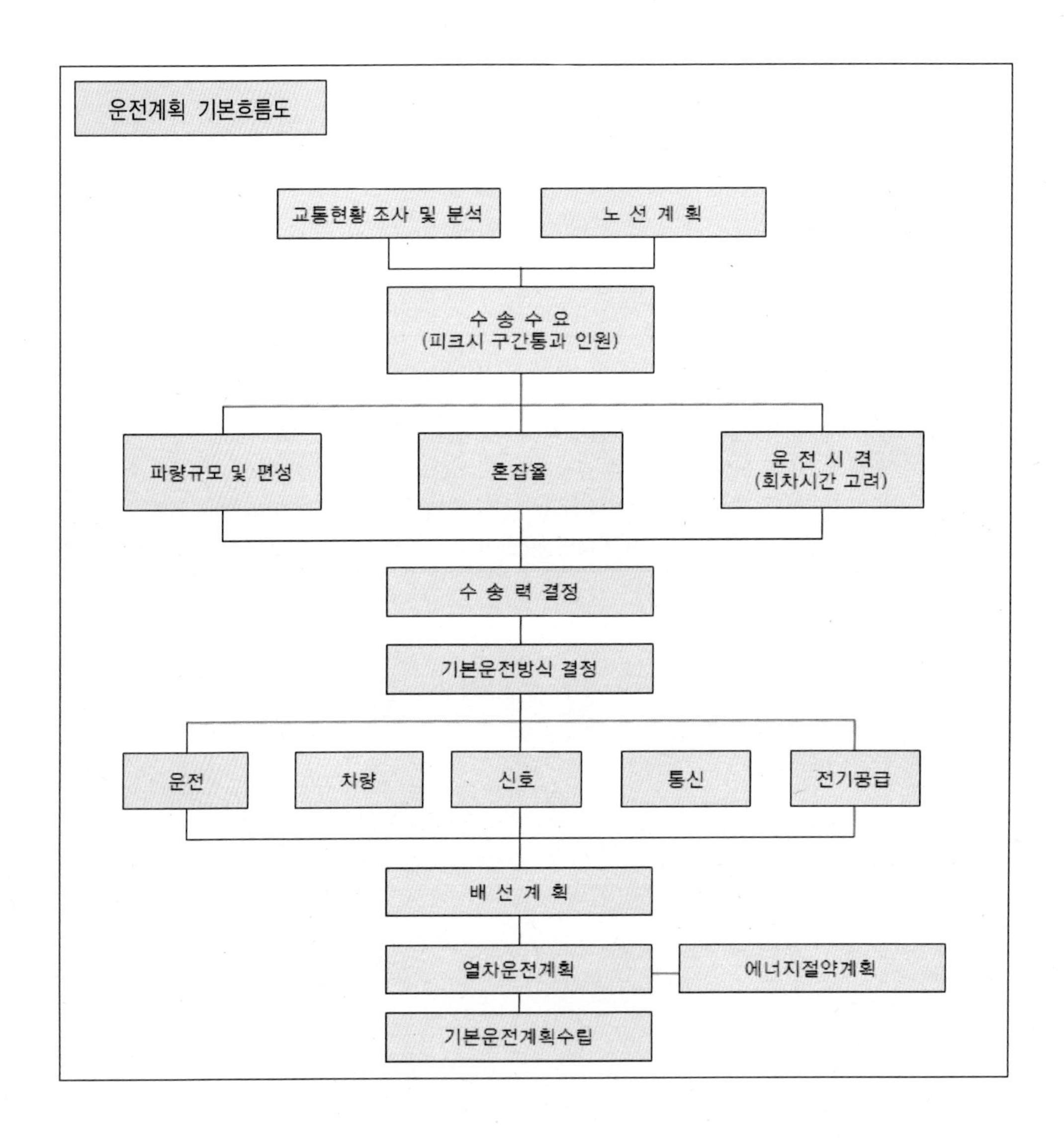

2) 기본운전방식 선정

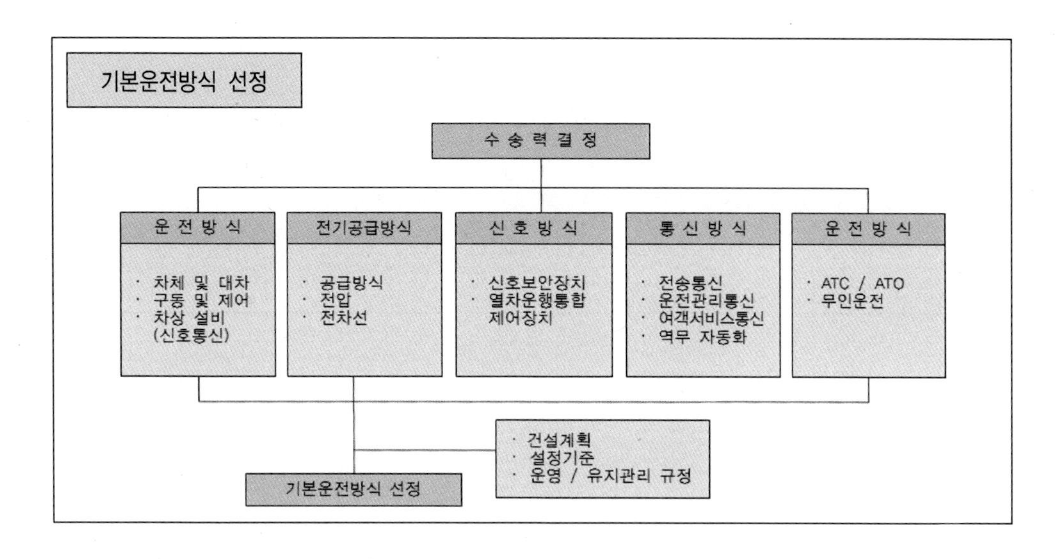

3) 열차운전계획 수립

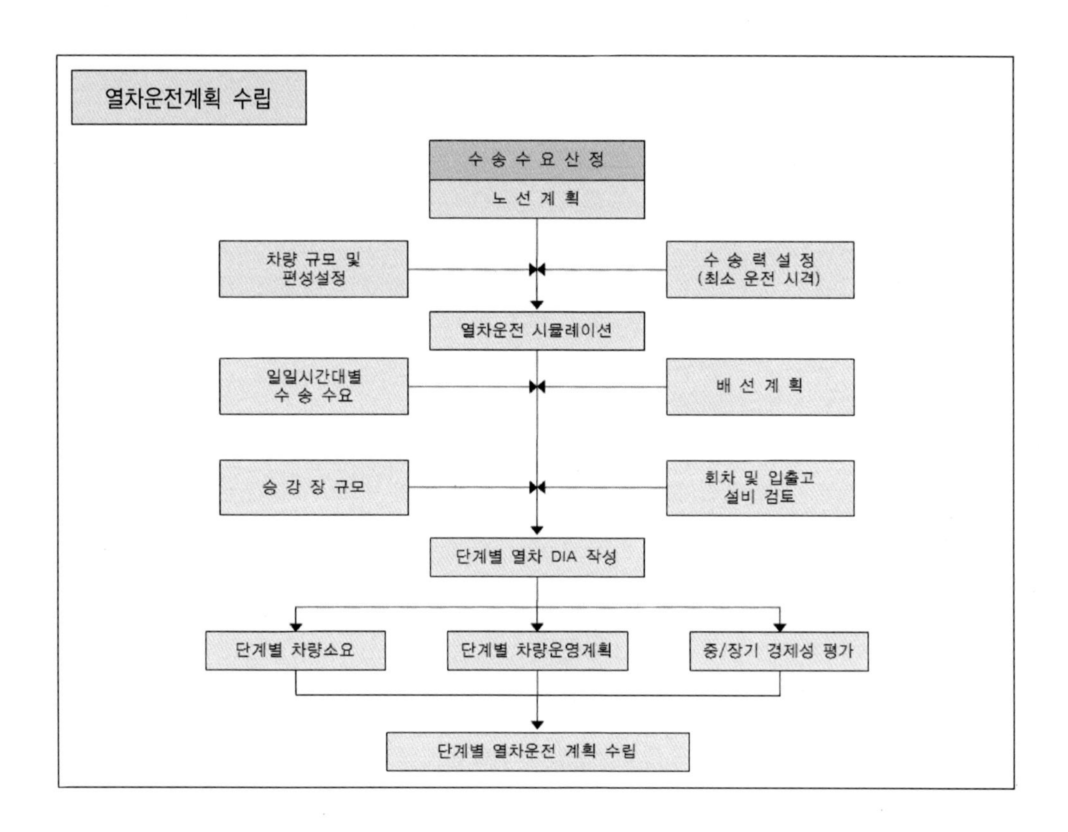

4) 열차운전계획 수립시 고려사항

열차운전계획 수립시 고려사항

- 구간개통 및 전 구간 개통계획에 따른 배선계획
- 피크 시 혼잡집중 예상구간 대책마련
- 승객 수송의 안전성 및 편의성
- 열차운행계획
- 종합운영 관리계획

2.8 시스템 계획

1) 열차운영계획

수송처리계획에 따른 열차 운영계획

① 최소운전시격을 결정함
② 구간별 차량 운행계획을 수립함
③ 단계별 개통계획을 수립함
④ 열차 운전계획을 수립함

열차운전계획

① 차량 투입계획: 기존 간선철도와 연계시킴
② 차량 유치계획: 본선, 주박에 대한 내용을 포함시킴
③ 차량 입출고계획: 기지 내 입출고 배선계획을 수립함

2) 배선계획

배선계획의 개요

- 도시철도의 배선은 노선운영에 있어서 근간이 되는 핵심적 요소임
- 평면 및 종단선형과 함께 차량의 운전성을 좌우하는 중요한 사항임
- 배선계획은 결정된 시스템의 제반규정 및 건설방식에 따라 운전 및 운영관리를 최우선 목표로 하여 수립되어야 함

신호보안 설비계획

① 신호보안 설비계획을 수립함
② 주행거리 확보: 반복설비 시 역 종단에서 40m 이격거리 확보함
③ 제동거리 확보: 유치선계획 시 여유 길이 및 제동 길이 70m 확보함
④ 공주거리 확보

차량 설비계획

① 궤도분기기 배치계획: X-분기, Y-분기
② 차막이 설치: 차막이(11m)+여유 거리(5m)=16m
③ 차량 접촉한계 준수: 23m 확보

유지 관리계획

- 분야별 사무소 및 분소 위치 선정(전기, 신호, 통신, 보선, 영업)함

토목분야 평면 및 종단선형검토

① 평면선형: 직선
② 종단선형: 3% 이하

3) 배선형태

(1) Loop형 배선

Loop형 배선이란

① 가장 일반적인 노선형태, 회차 소요 시간 최소화 가능함
② 교통수요가 많은 지역에 회차 시간 단축에 따른 수송력 증가가 가능함
③ 운행시격을 본선의 시격과 동일하게 할 수 있음
④ 루프(Loop)선 설치에 따른 공간이 많이 소요됨

(2) Y선 배선

Y형 배선이란

① 복선전철 구간에서 전동차의 반복선용으로 사용함
② 회차 시간이 루프(Loop)형에 비하여 많이 소요됨
③ 전동차의 앞뒤가 바뀜

(3) X선 배선

X형 배선이란

① 전동차의 반복선용으로 시서스 분기기를 사용함
② 회차 시간이 Loop형에 비하여 많이 소요됨
③ 전후 전동차의 순서를 바꿀 수 있음

■ 이야깃거리

1. 철도 계획과정을 하기 위해 검토해야 할 상위계획들에는 어떤 계획들이 있는지 이야기해보자.
2. 철도 계획과정은 어떻게 이루어지는지 그림을 그려 이해해보자.
3. 철도 계획 중 기본계획의 주요내용에는 무엇이 있나 설명해보자.
4. 교통 현황조사 및 분석을 하기 위한 과정에 대해 그림을 그려 설명해보자.
5. 교통 계획 시 교통지구 설정, 통행특성, 사회경제지표는 어떠한 영향을 미치는지 이해해보자.
6. 철도 계획의 기본계획을 수립하는 과정을 이해해보자.
7. 철도 계획의 노선 대안 선정과정과 노선망 선정 시 고려해야 될 사항을 이야기해보자.
8. 정거장 위치 선정과정의 기본적인 원칙은 어떠한 것들이 있을지 논의해보자.
9. 정거장 위치 선정과정 중 필요한 사항들에 대해 이야기해보자.
10. 도시철도 건설과정에 대해 이해해보자.
11. 철도 노선계획의 배경에 대해 설명해보자.
12. 철도 노선 계획과정을 그림을 그려 이해해보자.
13. 도시철도의 수요 추정방법에 대해 논의해보자.
14. O-D표를 이용한 도시철도 수요 추정과정에 대해 이해해보자.
15. 개략설계 시 고려해야 될 사항에 대해 설명해보자.
16. 예비설계란 무엇이며 예비설계 사항에 대해 이야기해보자.
17. 선로계획 시 고려사항에 대해 이야기해보자.
18. 노선선정 시 고려해야 될 사항에 대해 논의하여보자.
19. 철도운전 계획에 대해 그림을 그려 이해해보자.
20. 철도의 수송력이란 무엇이고, 수송력을 설정하는 방법에 대해 논의해보자.
21. 열차운전계획 수립 시 필요한 사항들이 무엇인지 논의해보고 흐름을 이해해보자.
22. 배선계획 시 주요 고려사항에 대해 논의해보자.

3장 / 철도 서비스 계획 및 평가지표

1. 철도 서비스 계획

1.1 단기 철도 서비스 계획과정

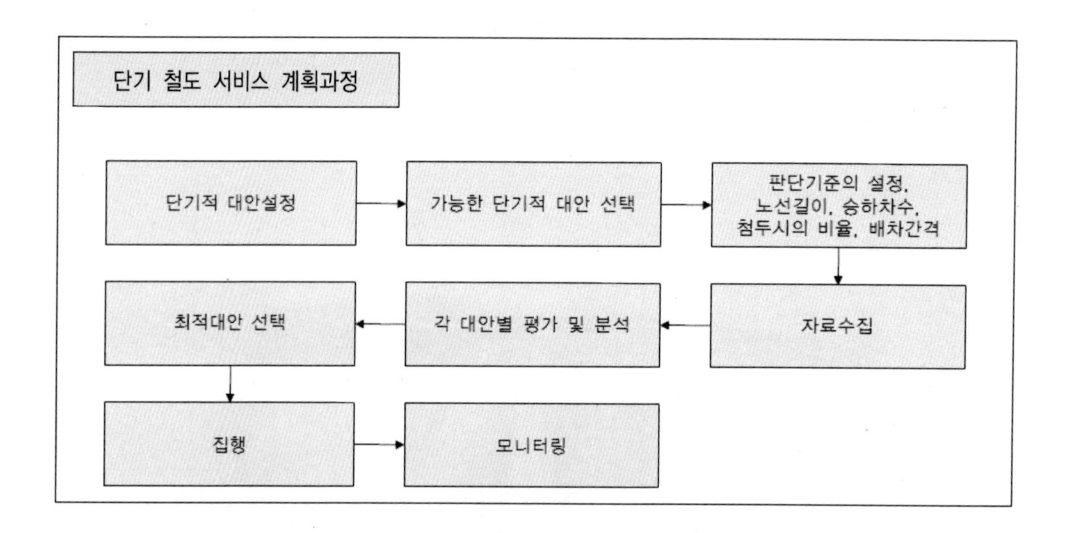

1.2 단기적 개선대안의 진단

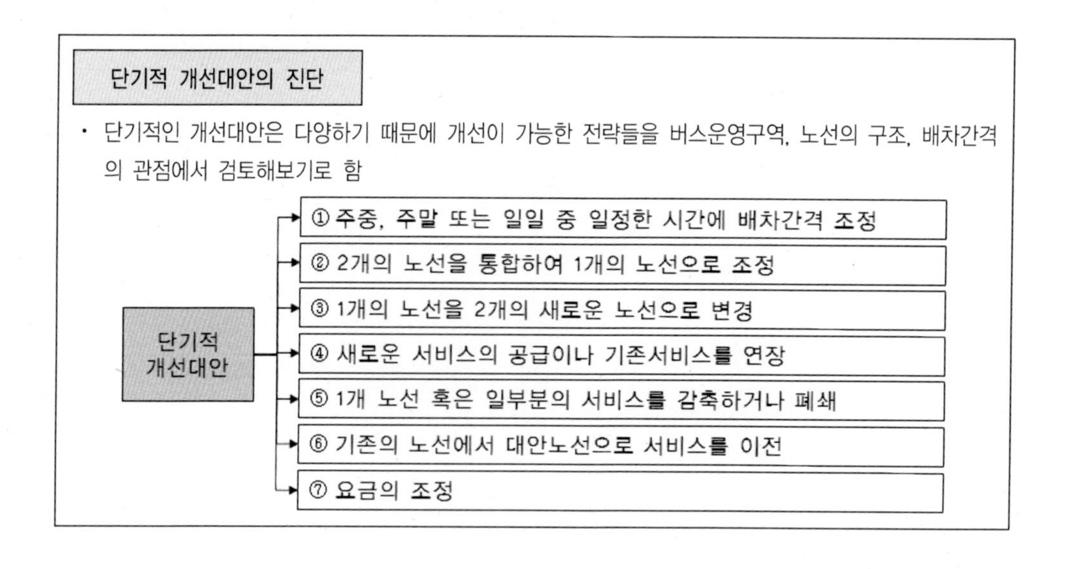

1.3 철도 노선의 변경가능 형태

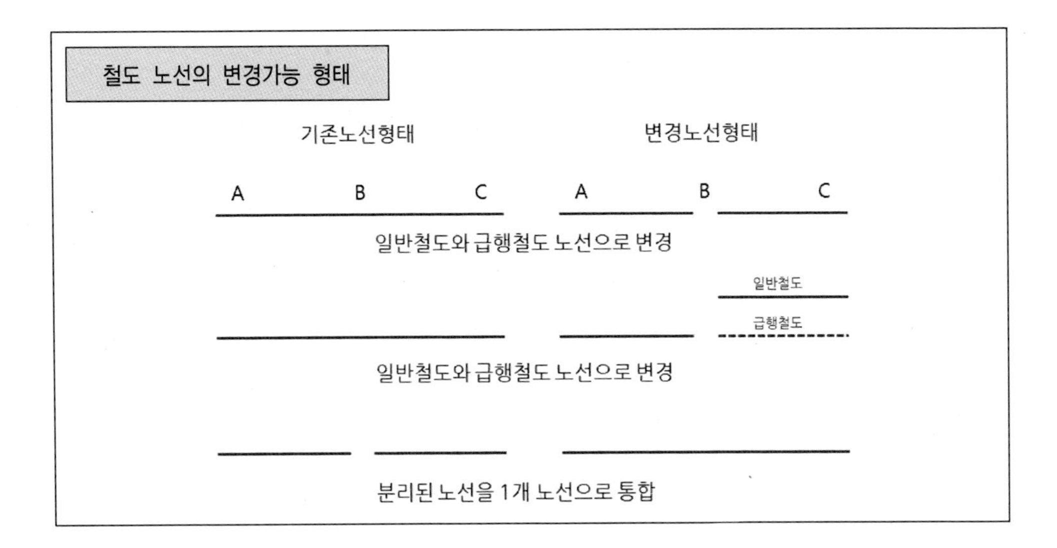

1.4 개선대안 필요성의 원인이 되는 요소

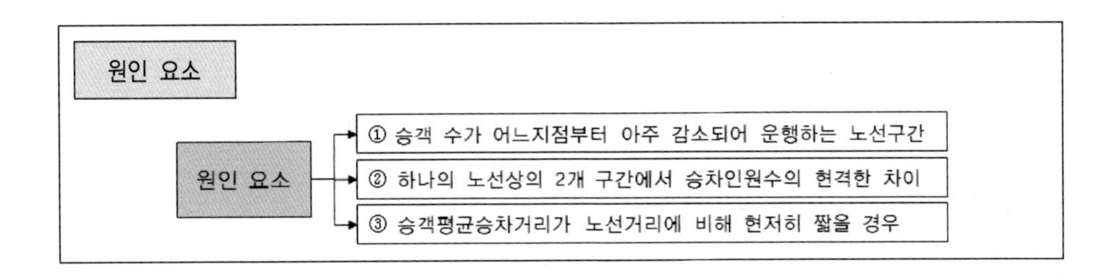

1.5 완 · 급행 혼용 운용

1) 완 · 급행 혼용 운용의 개요

완 · 급행 혼용 운용의 개요

- 철도는 노선상에 일정 시간 때에 집중하는 승객을 신속, 정확, 안전하게 수송하는 교통수단으로 구간의 수요 · 공급 특성에 따라 완 · 급행을 적절히 혼용하여 운영해야 함
- 철도차량의 운영은 균일 고정편성이며 열차속도가 일정하며, 설정된 열차 다이아에 따라 일정 시간에 규칙적으로 운행하는 것이 특징이므로 완행과 급행열차를 동시에 혼용 운행할 경우 이에 따른 충분한 검토가 선행되어야 함

2) 완 · 급행열차 혼용 시 고려사항

완 · 급행열차 혼용 시 고려사항

① 대피선을 설치하여 급행과 완행을 함께 운행
② 급행열차의 운행속도, 운행시격, 정차역 및 대피선 설치역 등 운행계획을 검토, 확정

3) 설계 측면의 고려사항

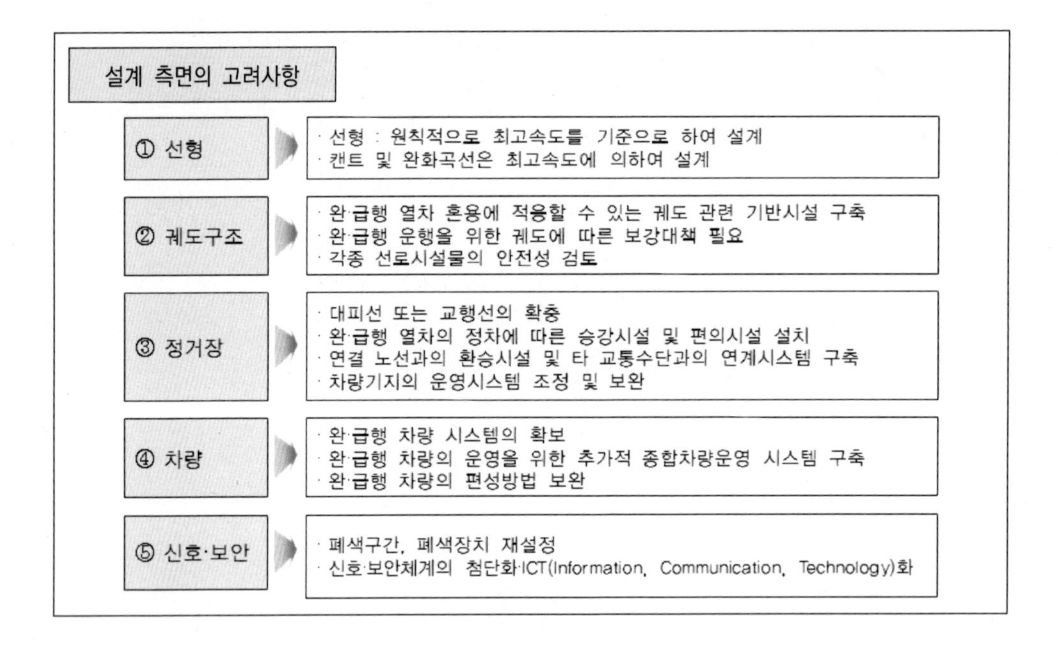

2. 판단기준지표

2.1 노선분리 · 통합 시 판단지표

1) 노선분리 대안

노선분리 대안

- 철도 정류장 "i"에서의 승 · 하차 인원을 각각 "bi"와 "di"로 표시하고 노선상의 정류장 번호를 "0"부터 N까지 번호를 부여함
- 여기서 "ri"는 정류장 "i"에서 철도 노선을 쪼개는 것이 타당한가의 여부를 판단해주는 지표가 됨

$$r_i = \frac{\sum_{j=1}^{i}(b_{j-1} - d_j)}{\sum_{j=1}^{i} b_{j-1}}$$

- 만약 i=3이면

$$r = \frac{[(b_0 - d_1) + (b_1 - d_2) + (b_2 - d_3)]}{[b_0 + b_1 + b_2 + b_3 + b_4 + b_5 + b_6]}$$

- 여기서 "ri"는 "0"에서 "1"까지로 표시되는 지표로서 그 값이 "0"에 근접할수록 노선분리 대안으로 적합함

2) 최대 재차인원 수의 비율

최대 재차인원 수의 비율

- 새로운 2개의 노선 대안의 최대 재차인원 수의 비율

$$S_i = \frac{\underset{k=1,\dots,i}{Max}[\sum_{j=0}^{k}(b_j - d_j)]}{\underset{k=i+1,\dots,N}{Max}[\sum_{j=0}^{k}(b_j - d_j)]}$$

- i=3까지

$$Max \begin{vmatrix} b0 - d0 \\ b1 - d1 \\ b2 - d2 \\ b3 - d3 \end{vmatrix}$$ ——〉이 중 최대 재차인원

- i=4까지

$$Max\begin{vmatrix} b4-d4 \\ b5-d5 \\ b6-d6 \end{vmatrix} \longrightarrow$$ 이 중 최대 재차인원

- 여기서 "Si"가 "1"보다 상당히 크거나 "1"보다 아주 작거나 할 때는 노선을 쪼개는 것이 타당성이 있다고 하겠음

최대 재차인원 수의 비율 예제

bi	15	8	6	1	15	17	2	3	0
di	0	1	2	23	1	3	10	14	3
$\sum(b_{i-1}-d_i)$		14	20	3	3	15	22	10	0
정류장 번호	0	1	2	3	4	5	6	7	8
ri		0.21	0.30	0.04	0.04	0.22	0.33	0.15	0

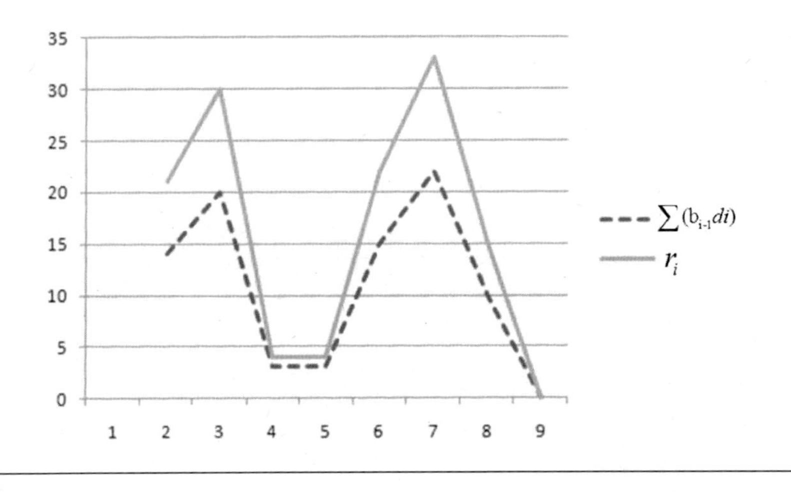

2.2 급행철도 서비스의 타당성 판단지표

1) 급행철도 서비스

급행철도 서비스란

- 출발지에서 목적지로만 가는 승객 수가 많을 때 고려해볼 만한 철도 서비스 대안임
- 주로 일반철도 노선에 추가로 급행철도 노선을 설정하는 방식임

2) 급행철도 서비스 타당성 판단 과정

급행철도 서비스 타당성 판단 과정

$$\overline{P_{af}} \geq \frac{k(60)}{H_{\max}}$$

$\overline{P_{af}}$=외곽 존 "a"와 도심 존 "f"의 승객 수요(중방향/1방향/피크 시 1시간)
k=철도가 허용할 수 있는 용량
H=최대로 가능한 평균배차간격
$\frac{k(60)}{H_{\max}}$=1시간 최대서비스 용량

- 만약 $\overline{P_{af}}$가 급행철도 노선을 도입할 정도로 크다면 차량 운행 시간 감소에 대한 편익을 계산해볼 필요성이 있음

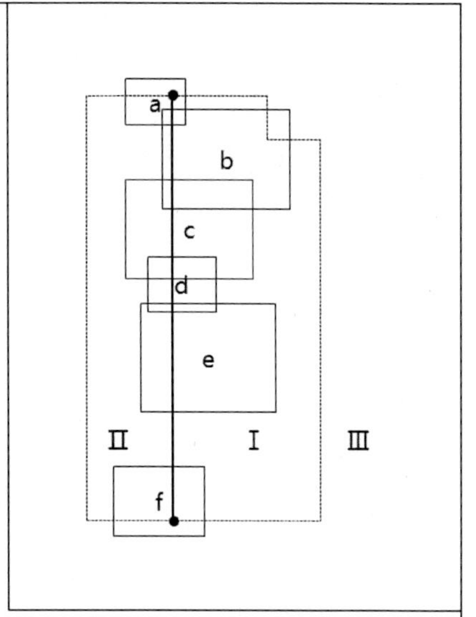

$$q=\frac{\overline{p_{af}}}{k}(t_L - t_E)$$

q=급행철도 투입으로 감축되는 철도 대수
t_L=일반철도 서비스의 왕복운행 시간
t_E=급행철도 서비스의 왕복운행 시간

- q가 크면 클수록 급행철도 서비스 도입으로 인해 철도회사와 승객이 많은 혜택을 보게 됨

급행철도 서비스 타당성 판단 과정 예제

- a→f 승객 수요 20,000명
- b→f 승객 수요 10,000명
- c→f 승객 수요 5,000명
- d→f 승객 수요 1,500명
- e→f 승객 수요 1,500명
- 철도가 허용할 수 있는 용량(k): 1,500명
- 최대로 허용 가능한 평균 배차간격(H): 5분
- 일반철도의 운행 시간(t_L): 260분
- 급행철도의 운행 시간(t_E): 200분

$$\overline{P_{af}} \geq \frac{k(60)}{H_{\max}}$$

$$\overline{P_{af}}=20{,}000 > \frac{60 \cdot 1500}{5} = 18{,}000$$

∴ a→f 존 간 급행 노선을 신설하는 것이 타당함

- 급행철도 투입으로 감소되는 철도편성(q)은

$$q=\frac{\overline{P_{af}}}{60 \cdot k}(t_L - t_E) = \frac{20000}{60 \cdot 1500}(260-200) = 13.3$$

2.3 역방향 논스톱(Deadheading) 판단지표

1) 역방향 논스톱이란

역방향 논스톱이란

- 역방향 논스톱(Deadheading)은 도심과 외곽으로의 운행방향에 있어 방향별 용량이 많은 차이가 날 때 사용함
- 용량이 적은 방향에서 원래 서비스할 때 사용되는 철도보다 더 빨리 운행할 수 있는 노선이 있을 때 승객을 태우지 않고 논스톱으로 운행하는 것임
- 첨두 시간의 운영비용을 감소시킬 수 있는 효과적인 전략임

2) 역방향 논스톱의 효과

역방향 논스톱의 효과

① 운행하는 차량이 정해진 노선에서 경방향의 이용 가능한 차량을 감소시키고 중방향의 이용 가능 용량을 증가시킴
② 차량의 왕복통행 시간이 빨라질 수 있으며 주어진 시간 동안 중방향의 운행횟수를 늘릴 수 있음

3) 역방향 논스톱의 유형

역방향 논스톱의 유형

① 부분적 Deadheading
- 경방향으로 몇 대의 차량은 서비스를 계속하고 몇 대의 차량은 Deadheading 하는 것임
- 단일노선이나 중첩노선에서 사용할 수 있음

② 완전 Deadheading
- 노선의 모든 차량이 Deadheading 하는 것임
- 경방향에 대해서 다른 노선이 서비스할 수 있는 중첩노선에서만 가능함

4) 부분적 역방향 논스톱(Deadheading)의 이론

부분적 역방향 논스톱의 이론

Deadheading	A: 중방향 노선 B: 경방향 노선 t_A: 중방향 노선의 운행 시간 t_B: 경방향 노선의 운행 시간	t_D: Deadheading 시 경방향의 운행 시간 h_A: 중방향 배차간격 h_B: 경방향 배차간격

① 경방향으로 Deadheading이 없을 때 소요편성 수

$$Nc = \frac{t_A + t_B}{h_A}$$

② 경방향에서 모든 차량이 Deadheading할 때 소요편성 수

$$N_A = \frac{t_A + t_D}{h_A}$$

③ 경방향에서 모든 차량이 Deadheading 계산은 항상 N_A보다 적어도 1번의 편성을 더 필요로 함. 그러므로 만약 $N_A > N_C - 1$이면 부분적 Deadheading은 이 노선에서 편성 수를 줄일 수 없음

④ 부분적 Deadheading 노선에서 편성감소효과는 서비스 시 운행 시간과 Deadheading 시 운행 시간 차인 $t_B - t_D$에 의함

⑤ 혼합 Deadheading은 여분의 운행기종점에서의 여유 시간(회차 시간, 승무원 휴식 시간 등) r을 포함하므로 "효율적인 감소 효과" π 는 $(t_B - t_D)$와 $(t_B - t_D - h_A)$ 사이에 있음

$$\pi = t_{A+} t_B - h_A n_A$$

⑥ 경방향 배차간격과 중방향 배차간격의 비인 $r = h_B / h_A$ 또한 중요한 변수임

Deadheading이 없으면 r=1이고 절반이 Deadheading이면 r=2임

⑦ 만약 r이 정수이면 매 r통행의 첫 번째는 완전한 서비스를 하고 나머지 (r−1)은 Deadheading 한다는 뜻임

⑧ 정수가 아닌 서비스 배차간격 비율은 균등하게 배분된 서비스차량의 출발을 유지하기 위해서 더 긴 Layover(차고지)가 필요함. 이러한 여분의 Layover를 산정하기 위해 함수 $g(r) = y - 1/y$을 사용함. 여기서 y는 r이 정수의 비율로 표시될 때 가장 작은 수이다. r이 정수라면 r/1로 표시됨. 이때 g(r)=0이 됨. 예로서 r=3.4이면 3.4=17/5이므로 g(r)=5−1/5이므로 0.8임

⑨ 부분적인 Deadheading을 사용하는 노선에서 필요한 철도편성의 총수는 정수이며, 각 방향으로의 출발이 동등하다고 가정하면 다음 식에서 구할 수 있음

$$Np(h_{A,} r) = n_A + n_B$$

$$= \frac{t_A + t_A}{h_A} + \frac{\pi + g(r) h_A}{r h_A}$$

$$n_A = \frac{\pi + g(r) h_A}{r h_A}$$

- Deadheading의 운영 및 효과분석을 위해서는 다음과 같은 자료가 필요함
  - 첨두시 정책적 배차간격, 차량용량, 도심방향 및 외곽방향으로의 승객 수요, 현재 운행되고 있는 편성 수, 운행 시간, 회차 시간

■ 이야깃거리

1. 철도서비스란 무엇을 의미하는가?
2. 철도서비스 계획과정의 흐름에 대해 그림을 그려 이해해보자.
3. 철도서비스 계획 중 단기적 개선대안들에 대해 이야기해보자.
4. 철도노선의 변경가능 형태에 대해 그림을 그려 이해해보자.
5. 철도서비스 개선대안의 필요성의 원인이 되는 요소에 대해 논의해보자.
6. 철도서비스의 완·급행 혼용이란 무엇이며 설계 측면에서 고려해야 될 사항은 무엇인지 논의해보자.
7. 철도 노선분리, 통합 시 판단지표에는 어떠한 것들이 있는지 생각해보자.
8. 노선분리 대안으로 적합한지 판단할 수 있는 방법에 대해 논의하여 보자.
9. 최대재차인원수 비율을 적용하는 방법에 대해 논의하여 보자.
10. 최대재차인원수 비율을 예를 들어 표로 작성하고 그래프를 그려보자.
11. 급행철도서비스란 무엇이고 타당성 판단 과정에서 필요한 지표는 무엇이 있는지 논의해보자.
12. 급행철도서비스의 타당성 판단 과정에 대해 이해하고 그림을 그려 이해해보자.
13. 급행철도서비스의 타당성 판단 과정을 논의하여 보자.
14. 완행철도노선에 급행열차를 도입한다고 할 때 고려해야할 요소는 무엇인가?
15. 완행철도노선에 급행열차 도입 시의 편익은 어떤 항목들이 있는가?
16. 급행철도서비스 방법이 적용 가능한 우리나라 노선들에 대해 이야기해보자.
17. 역방향논스톱이란 무엇이고 유형에는 무엇이 있는지 이야기해보자.
18. 역방향논스톱의 타당성 판단 지표로 필요한 항목들이 무엇이 있는지 논의해보자.
19. 철도서비스에 역방향논스톱 방법을 적용할 시 얻을 수 있는 효과에 대해 논의해보자.
20. 역방향논스톱 방법을 우리나라에 적용할 수 있는 노선을 모색해보자.
21. 일반 역방향논스톱 방법과 부분적 역방향논스톱 방법의 차이점에 대해 논의해보자.

제2부

철도 특성 및 철도망

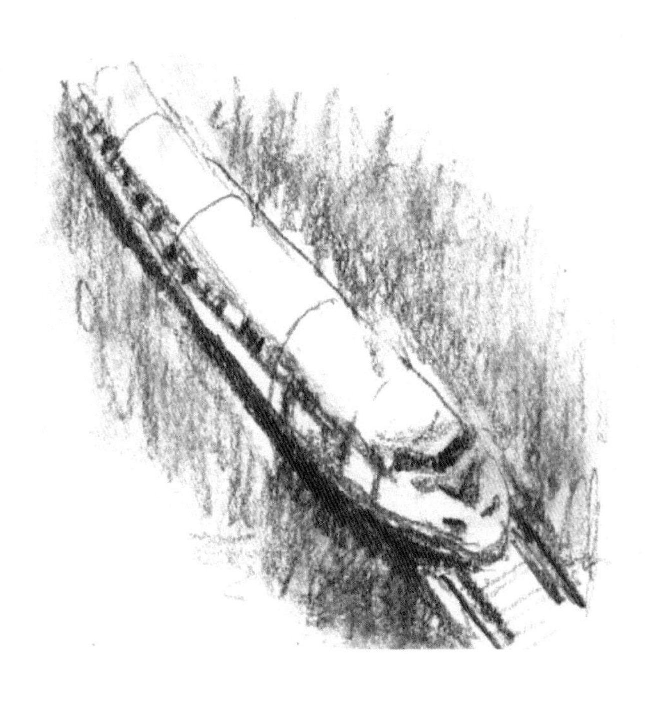

1장 / 철도교통의 특성

1. 대중교통수단

1.1 대중교통수단

1) 대중교통수단이란

대중교통 수단이란	· 대중의 이동권을 확보해주기 위한 교통량으로 많은 승객을 처리하는 수단임 · 기점과 종점이 있으면서 중간에 여러 정류장을 갖고 운행하는 수단임

2) 도시교통체계상에서 대중교통수단의 연결성

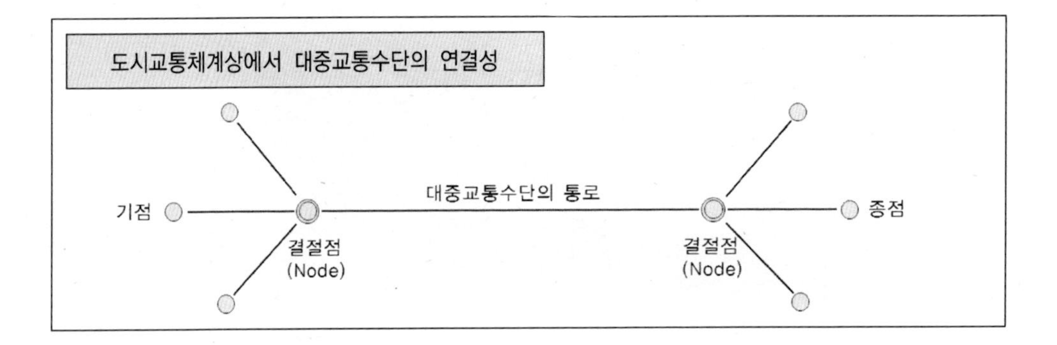

3) 대중교통수단의 특성

대중교통수단의 특성

- 대중교통은 사람의 이동을 짧은 시간 내에 효과적으로 처리하는 대량수송방식임
- 여객을 짧은 시간 내 대량 수송할 수 있는 대중교통의 특수한 시스템임
- 대중교통을 이용하는 승객들은 여러 기점과 종점이 연결되는 통행을 필요로 함
- 대중교통은 기점–결절점과 결절점–기점의 통행을 승객의 몫으로 생략함
- 결절점간을 버스나 철도와 같은 대량의 수송수단을 이용하여 단시간에 고효율로 이동함

4) 대중교통수단의 노선 유형

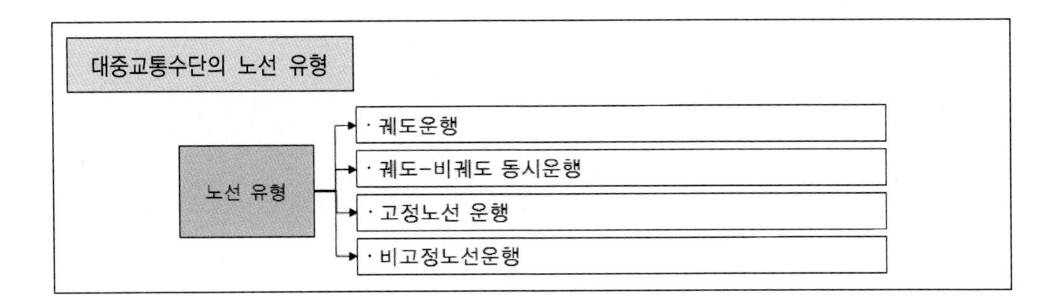

5) 이용형태에 따른 분류

이용형태에 따른 분류

- 대중교통수단은 개인교통수단이 아닌 교통수단을 의미함
- 일반적으로 버스, 철도만을 대중교통수단으로 생각할 수 있지만, 항공기, 여객선과 같은 교통수단도 대중교통수단에 포함될 수 있음
- 대중교통수단과 개인교통수단의 중간적인 특성을 갖는 준교통수단으로 택시와 지트니(소형버스) 같은 교통수단도 있음
- 대중교통수단은 대중교통을 바라보는 관점 또는 특성별로 다음과 같이 분류될 수 있음

6) 정차 및 운영 특성

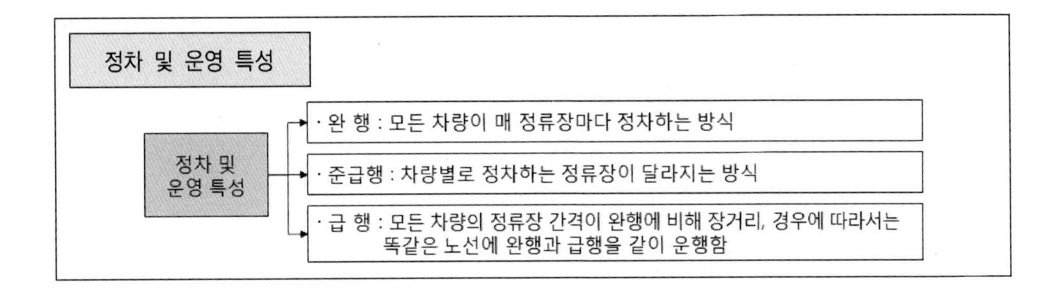

7) 대중교통수단의 기본적인 역할

기본적인 역할

- 공공성에 입각한 서비스를 제공함
- 대량의 승객처리
- 신속한 교통서비스를 제공함
- 저렴한 요금으로 교통서비스를 제공함
- 노선운행과 운행스케줄을 엄수함
- 노선, 시각 등에 대한 정보를 승객에게 제공함

8) 대중교통수단의 기능

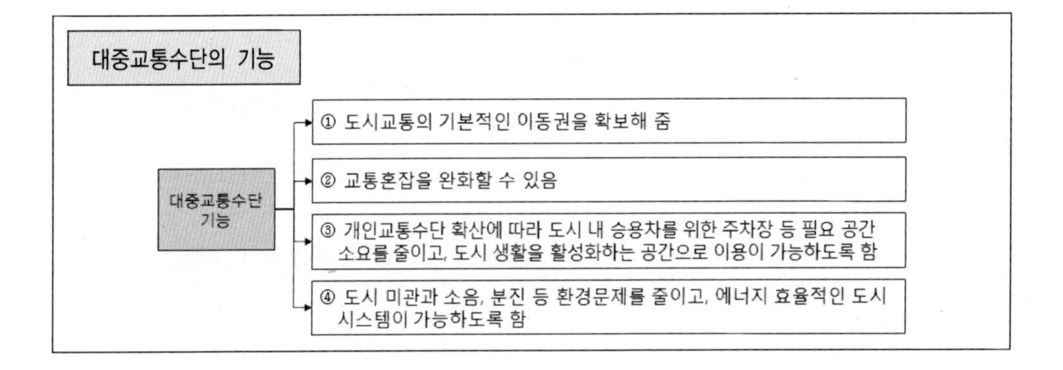

9) 통행범위의 특성과 통행시간의 종류

통행범위의 특성

- 단거리교통수단(short-haul transit)
- 시내교통수단
- 시외(지역 간)교통수단

통행 시간의 종류

- 정규 또는 전일운행: 거의 하루 종일 운행되는 것으로서 대부분의 대중교통수단이 이에 속함
- 통근운행: 출퇴근 시간 등 피크 시간에만 운행되는 것으로서 정규운행의 보완 역할
- 비정규운행: 운동경기나 전람회 등의 특별한 행사기간 동안만 운행

10) 대중교통수단의 도입효과

대중교통수단의 도입효과

- 대용량수송수단으로 대중의 이동권 확보해줌
- 자동차로 인한 도로상의 혼잡완화 및 주차수요를 감소시킴
- 교통에너지 절감해줌
- 자동차로 인한 소음, 대기오염 등 환경문제를 개선해줌

1.2 대중교통수단의 특성

1) 대중교통수단의 정부개입의 이유

정부개입의 이유

① 대중교통은 시민이 도시경제활동을 함에 있어서 없어서는 안 될 중요한 요소이므로 필요한 수준만큼의 대중교통서비스 공급은 사회보장이나 완전고용의 경우처럼 정부의 책임으로 간주하게 됨
② 대중교통서비스는 도시경제뿐만 아니라 국가 전체의 경제적 효율성을 높이는 데 기여하므로 정부의 조정기능이 필요함
③ 대중교통은 외부경제와 외부불경제라는 서로 상충되는 효과를 지니고 있으므로 정부가 공공성에 입각해서 두 가지 효과를 적절히 조정할 필요가 있음
④ 대중교통은 대중을 위한 서비스이므로 서비스의 공정한 분배와 광범위한 분배를 위해 정부의 개입이 필요함
⑤ 주요 대중교통수단인 버스가 사기업에 의하여 운영될 때는 일부 회사의 황금노선 독점, 변태적 운영, 불량한 서비스 행위 등을 통제하기 위해 정부의 개입이 불가피함

2) 대중교통수단별 특성

대중교통수단별 특성

- 지하철이나 전철은 건설비가 많이 소요되는 대신에 대량성 · 신속성 · 저렴성 · 안전성 면에서 우수함
- 버스는 추가적인 건설비가 필요 없는 장점이 있으나 다른 차량과 같이 노면 위를 운행하므로 신속성이 미흡함
- 택시는 준대중교통수단으로서 건설비가 필요 없고, 기동성 · 쾌적성도 있으나 요금이 비싸고 대량성이 부족함
- 대중교통수단 중 자가용승용차와 유사한 성격을 갖는 택시를 자가용승용차와 비교하면, 이용 비용 면에서 특징이 두드러짐
- 준대중교통수단인 택시는 일정한 요금만 지불하면 이용이 가능하지만 자가용승용차를 운행하려면 구입비가 많이 지출되는 단점이 있음

3) 대중교통수단별 장 · 단점

대중교통수단별 장 · 단점

대중교통수단	판단 기준								개선가능성
	대량성	신속성	쾌적성	기동성	저렴성	안전성	건설비	기타문제점	
지하철	○	○	×	×	○	○	×	버스와의 연계에 따른 불편	진동 · 소음제거, 냉 · 온방시설 설치, 피크 시 급행선 배치 운영, 새로운 공법개발 적용가능
전철	○	○	×	×	○	○	△	지하철과 버스요금의 정산에 따른 불편	전철과 국철의 연결(통근열차) 가능
버스	△	×	△	△	○	△	○	정시성의 부족, 노선이 복잡, 버스 회사 간 과다 경쟁, 노선 조정의 난이, 배기가스	버스전용차선, 우선통행, 차량의 개선, 지하철과 연계 노선
택시	×	△	○	○	×	×	○	노사분규 소지, 배기가스	차량의 개선, 요금구조 조정
자가용승용차	×	△	○	○	×	×	×	배기가스, 사회비용창출, 주차장 문제	매연가스 제거장치, 안전성 장치, 자동 방향안내기

주: ○ 우수, △ 보통, × 불량

4) 대중교통수단의 특성 비교

대중교통수단의 특성 비교

구분	시간당 최대 수송인원	장점	단점
버스	6,000~9,000명 굴절 버스는 8,500~12,000명	- 노선조정 용이 - 서비스수준 조정 용이 - 수요에 대처 용이 - 직접적인 시설투자를 필요로 하지 않음	- 수요가 높을 경우→증차→교통 혼잡을 초래→속도 및 서비스 수준 저하→다른 교통수단으로 승객 이전 가능성 - 석유에 의존, 공해 배출, 다른 노면 교통수단에 영향을 미쳐 전체적인 속도 저하
전용 도로상의 버스	20,000~30,000명 (터미널 용량에 좌우됨)	- 서비스수준 조정 용이 - 수요에 대처 용이	- 도로건설비의 소요 - 공해배출
경전철 (light rail transit)	10,000~25,000명	- 전기사용으로 공해 및 연료상의 문제가 용이 - 버스에 비하여 노선설정 용이 - 지하철에 비하여 노선설정 용이 - 건설형태 다양(지상, 지하, 고가) - 지하철과 같이 승객이 상하로 보행하는 불편을 감소 - 지하철에 비하여 수요변화에 유동적	- 장기간 건설 - 건설비가 지하철의 25~75% 정도 소요
지하철	30,000~63,000명	- 고용량, 고속 - 전기사용으로 공해 및 연료상의 문제가 용이 - 다른 노면 교통수단에 영향을 미치지 않음 - 소음이 없으며 도시미관에 영향을 미치지 않음	- 막대한 건설비 - 장기간의 건설 - 노선 및 정차장 위치의 경직성

2. 철도교통수단

2.1 철도의 특징

1) 철도의 정의

철도란

- 철도에 의해 사람과 화물을 수송하는 교통수단임

정의	철도산업발전기본법, 철도건설법	· 여객 또는 화물을 운송하는데 필요한 철도시설임 · 철도차량 및 이와 관련된 운영·지원체계가 유기적으로 구성된 운송체계임
	광의의 철도	· 레일 또는 일정한 가이드웨이에 유도되어 여객, 화물운송용 차량을 운전하는 설비임 · 철도종류 : 점착철도, 강색철도, 가공삭도, 모노레일, 신교통시스템, 자기부상열차임
	협의의 철도	· 레일을 부설한 노선위에 동력을 이용한 차량을 운행하여 사람과 물건을 운반하는 교통시설임

2) 철도의 역사

철도의 역사

① 1899년 9월 18일: 노량진~제물포 간 33.2km 개통
1925년 영국에서 세계 최초의 철도 개통 후 74년 만임
② 1905년 경부선 전 구간 개통
경의선, 호남선, 함경선, 전라선, 중앙선
③ 1945년 광복 후 남북 철도로 갈라짐
– 당시 영업 6,000km, 역 762개, 기관차 76대, 객차 2,700대, 화차 15,300량, 종사자 160,000명
– 분단으로 남한 영업 2,600km, 역 300개, 기관차 500대, 객차 1,280대, 화차 8,000량, 종사자 55,000명
④ 1963년 철도청으로 분리, 독립채산제
⑤ 1967년 전기기관차 종운
⑥ 1972년 컨테이너 화물수송
⑦ 1977년 수도권 CTC 설치
⑧ 1980년 안산선 복선전철, 과천선 복선전철 완공
⑨ 1981년 디젤 기관차(150㎞) 국산 기관차와 자동차 개발
⑩ 1987년 새마을 동력차(150㎞) 중장거리용으로 국내에서 제작
⑪ 2004년 4월 1일 경부고속철도 개통 및 운영
⑫ 2007년 차세대 한국형 고속전철(350㎞) 3.8~300㎞ 시험 주행성공
⑬ 2011년 경부고속철도 전구강 개통 및 운영

1899년 경인철도

3) 철도교통의 특징

철도교통의 특징

- 철도교통은 장거리 승객·화물을 수송할 수 있음
- 철도교통은 지역 간·대도시 간 승객·화물의 수송에 적합함
- 철도교통은 대도시 내 및 대도시 주변 지역의 승객을 위한 도시철도 서비스를 제공할 수 있음
- 철도교통은 고용량 교통수단으로서 대량의 승객과 화물을 수송할 수 있음
- 소단위, 즉 적은 수의 승객이나 화물의 수송에는 적합하지 않음
- 자동차처럼 문전에서 문전(door-to-door) 서비스가 제공되지 못함

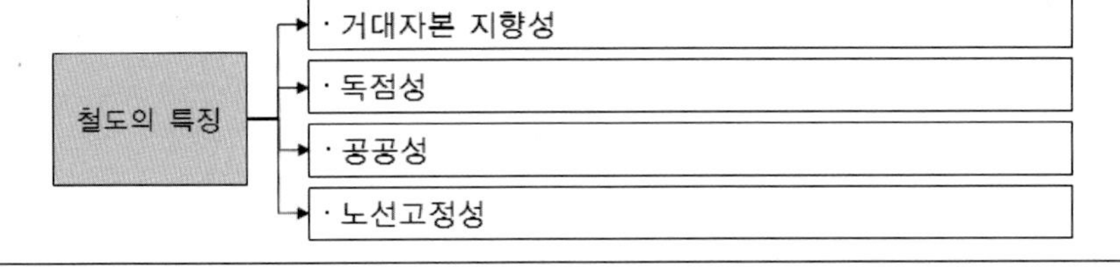

4) 철도의 장점

철도의 장점

① 대량수송성	· 적은 에너지로 많은 차량을 일시에 대량 수송 가능, 정해진 운전시격으로 고속운전 가능함
② 안전성	· 각종 보안설비를 통하여 수송을 위한 일정합 부지를 점유, 레일에 의하여 그 주행을 유도하여 귀중한 인명과 재화를 안전하게 수송할 수 있음
③ 주행저항성	· 레일 위로 철의 차륜을 갖는 차량이 주행하기 때문에 주행저항이 대단히 적으므로 고속주행이 가능하고 등판능력이 그만큼 큼 · 철도를 1로 할 때 버스 1.4, 승용차 7.1, 트럭 5.3으로 에너지 효율이 현저히 우수함
④ 전기운전성	· 동력이 외부로부터 공급되기 때문에 효율적인 전기운전이 가능하며, 과거의 증기 또는 디젤기관차에 필요했던 동력장치의 대폭 감소가 가능함 · 전기동력시스템은 대기오염원을 제거할수 있어 친환경교통수단으로 부각되고 있음
⑤ 고속성	· 전용의 선로를 갖고 있고 IT를 융합한 첨단기술에 의해 고속운전장치가 되어 있어 가능함
⑥ 신뢰성	· 기상조건변화에 영향을 거의 받지 않고 운행이 가능함
⑦ 쾌적성	· 차량공간이 넓으며, 좌석의 폭이 넓고, 승차감이 좋음 · 차내의 소음, 창밖 조방이 타 교통수단보다 우수함
⑧ 저렴성	· 대량운송이 가능하고, 운송능력이 높으므로 저렴한 요금으로 운송이 제공될 수 있음
⑨ 장거리성	· 지역간 철도는 장거리 이동교통시스템이 갖추어야할 제반특성을 지니고 있음 · 안전한 차량구조와 과학적인 정비로서 양질의 서비스가 제공됨
⑩ 저공해성	· 배기가스에 의한 대기오염이 발생되지 않음 · 철도시스템의 첨단화로 소음진동으로 인해 철도변 지역주민에게 미치는 영향이 적음 · 자동차, 트럭 등 도로교통수단에 비해 자연환경의 파괴가 월등히 적음

5) 철도의 단점

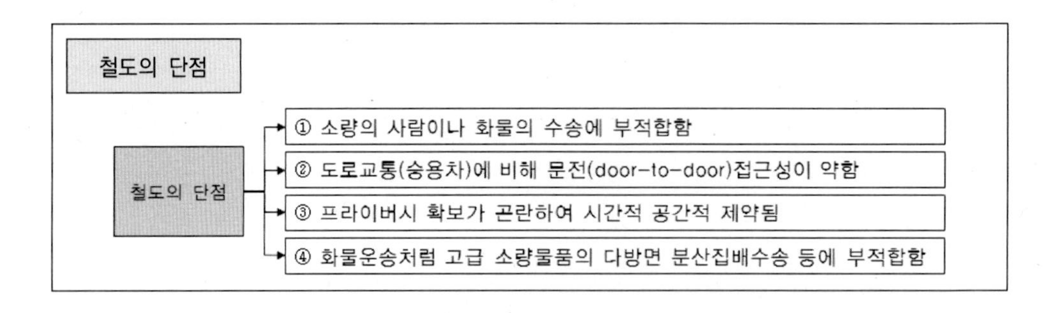

2.2 철도의 종류

1) 고속철도

고속철도란

- 고속철도는 주요구간을 매시 200km/h 이상의 속도로 주행하는 철도로서 국토해양부장관이 지정 · 고시하는 철도를 말함
- 현재 경부고속철도의 설계속도는 350km/h이며, 영업 속도는 300km/h로 운행하도록 설정되어 있음

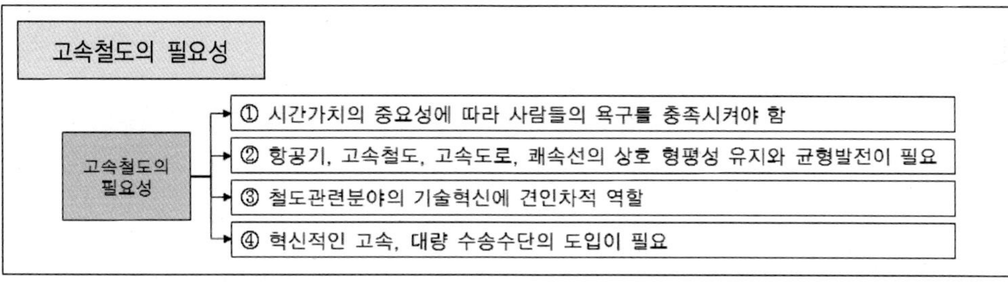

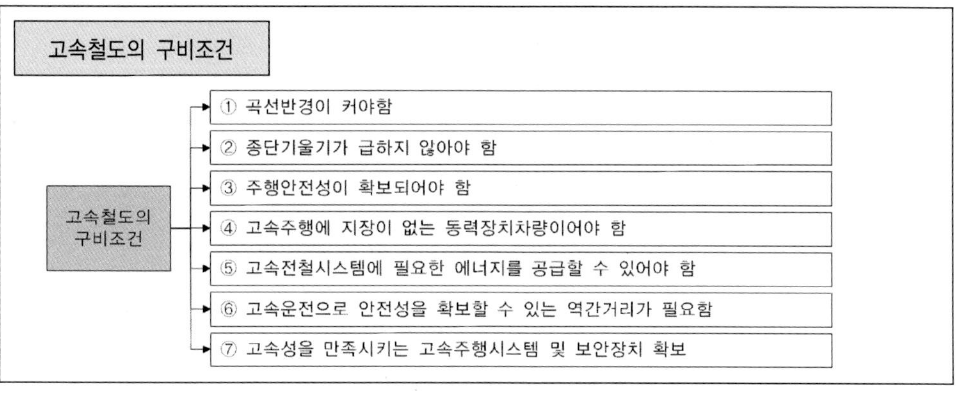

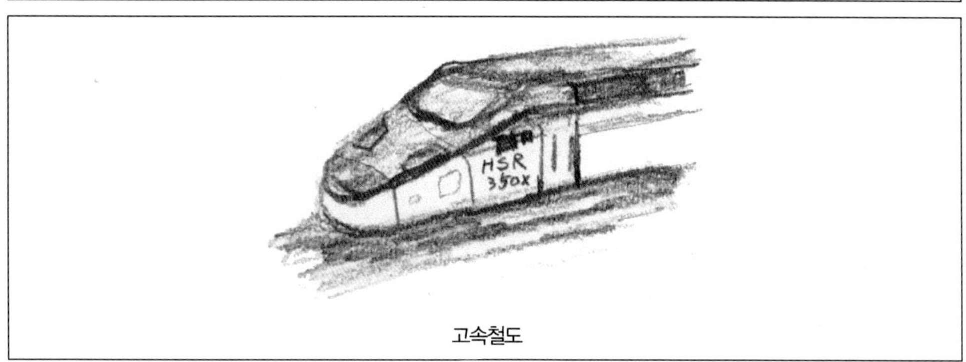

고속철도

2) 도시고속전철(rapid rail transit)

도시고속철도란

- 4~10개의 차량으로 연결 운행되며 속도 200km/h 이상의 고속으로 운행하는 철도 시스템임
- 도심지에서는 일부 또는 완전히 지하의 전용차선으로 운행되는 도시전철로서 정류장을 갖고 있음
- 운행의 최소단위는 몇 대의 차량으로 되어 있으며, 시간당 25,000명 이상일 때 적당함
- 도시고속전철은 일반적으로 전기궤도 시스템을 지니고 있음
- 최근에는 기술발전에 따라 첨단무인자동운전장치, 고속주행 및 안전장치 등이 실용화되고 있는 추세임

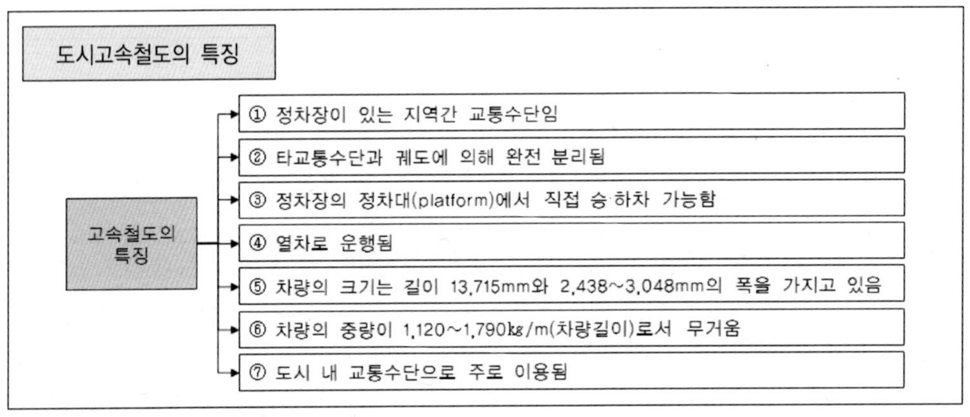

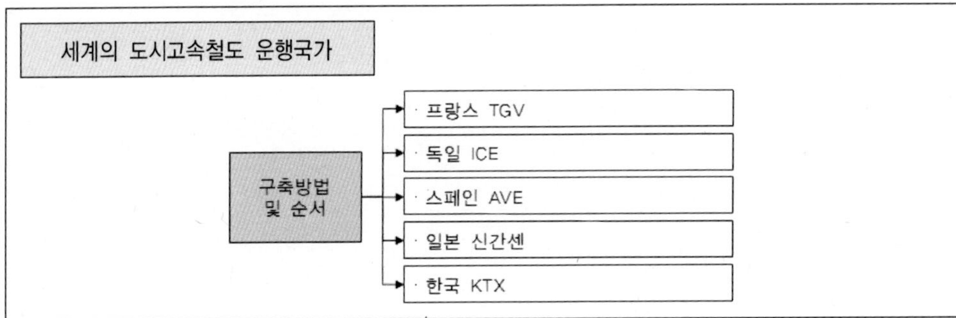

우리나라 도시고속철도 KTX

- KTX는 우리나라 고속철도로서 2004년 4월 1일 서울~부산, 서울~목포 간이 개통되어 최고 운행속도 시속 300km/h로 운행 중임
- KTX 이외에도 국내에서 개발한 한국형 고속열차(HSR-300X), KTX 2를 호남선에 운행할 예정임

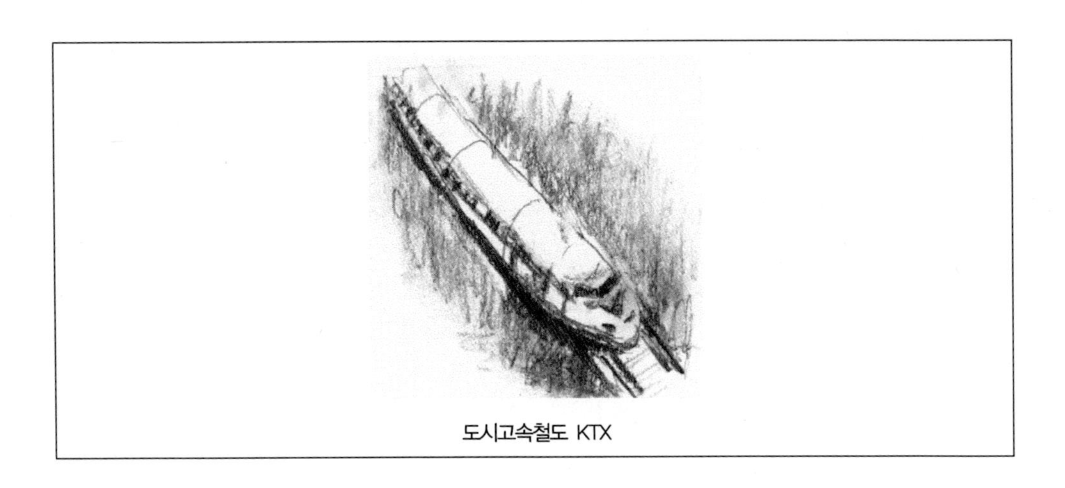
도시고속철도 KTX

3) 경전철(Light Rail Transit: LRT)

경전철이란

- 지하철과 같은 중전철(Heavy Rail Transit)과 대비하여 가벼운 전철을 의미함
- 궤도나 타 차량과 함께 도로를 운행하는 트램이나 노면전차와 같은 시스템임
- 시간당 수송량은 10,000~20,000명에 달함

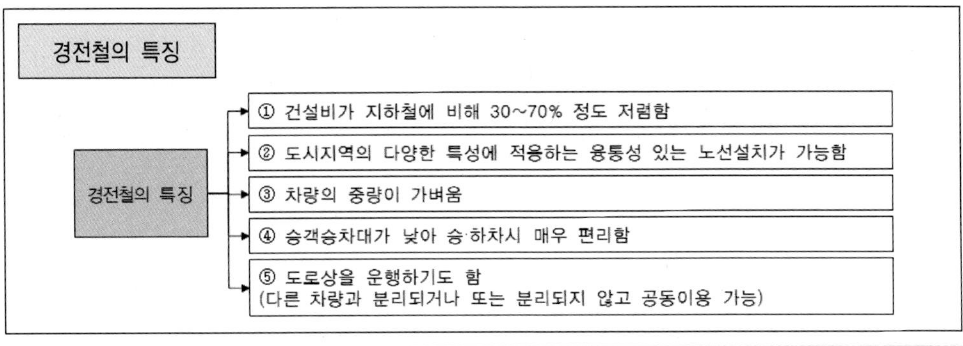

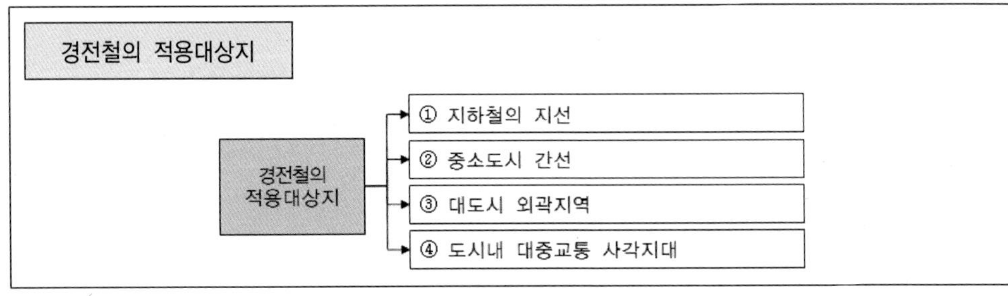

LRT의 적용 예

LRT(우리나라 용인)

경전철의 장점

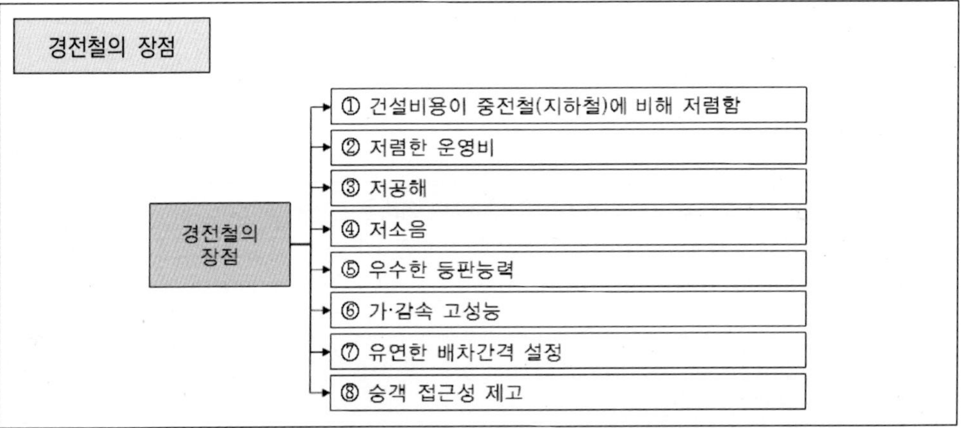

주요 대중교통수단의 수송용량

교통수단 \ 내역	구분	배차간격 (초)	대당 수송인원 (명/대)	최대 수송인원 (명/시간)	일반버스에 대한 수송량비
일반버스	최소	30	75	6,000~9,000	1.0
	일반	40	75	4,000~6,300	1.0
굴절버스	최소	33	150	8,500~12,000	1.4
	일반	45	110	5,000~8,500	1.3
노면전차	최소	33	20~50	14,000~22,000	2.4
	일반	40	20~50	10,000~16,000	2.5
경전철(LRT)	최소	60	100	12,000~20,000	2.1
	일반	80	100	8,000~15,000	2.2
도시고속전철	최소	100	50~150	40,000~63,000	6.9
	일반	120	50~150	30,000~42,000	7.0
지방전철	최소	120	50	30,000~48,000	5.2
	일반	180	100	30,000~32,000	5.0

경전철

4) 도시철도

도시철도란

- 대도시에서는 개인교통수단의 급격한 증가로 도로교통이 포화되어 도로교통 속도저하(상습정체), 인명사고, 주차문제 등 도시의 생산성 저하 및 공해 등 환경문제가 대두되고 있음
- 도시철도는 안전, 신속, 정확, 친환경성, 대량수송성의 장점을 가지고 도심과 도심 및 교외 간의 승객을 수송하여 도시의 교통문제를 근본적으로 해결할 수 있는 기능을 가지고 있음

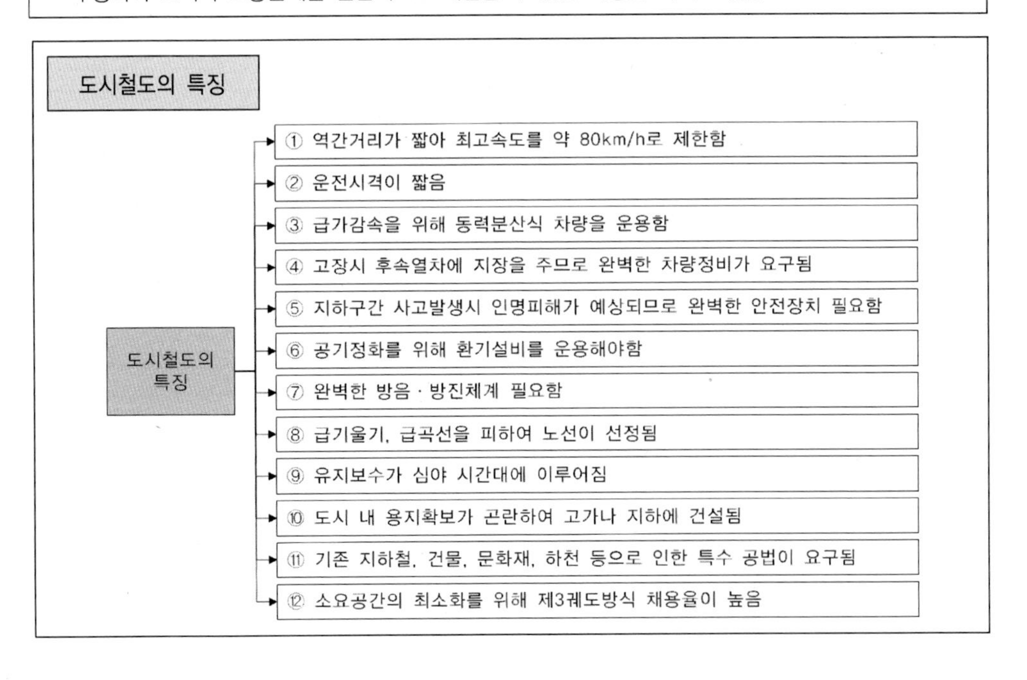

도시철도의 조건

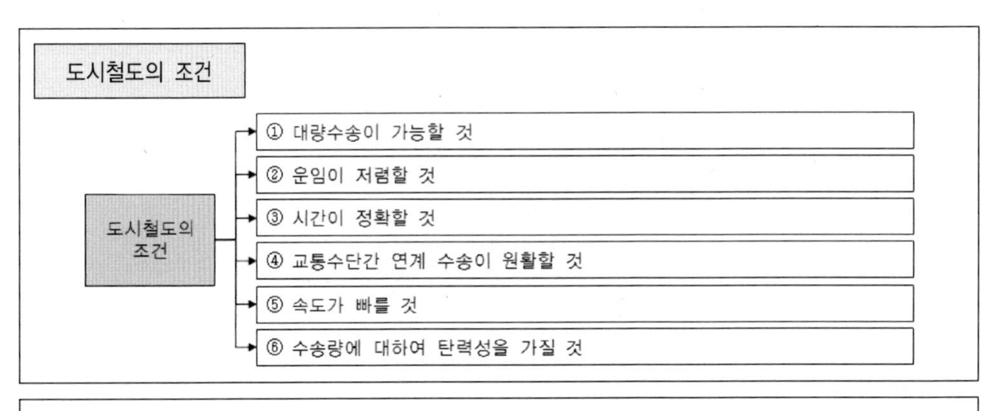

도시철도

일반철도와 도시철도 비교

구 분	지역간 철도	도시철도
공통사항	안전성 및 승차감확보, 정시, 신속, 정확, 대량수송	안전성 및 승차감확보, 정시, 신속, 정확, 대량수송
교통형태	지역간 교통	도시간 교통
운전형태	정시착발	수시착발
열차운행형태	급/완행, 화물 혼용	전용공간, 동질/동격차량 운행
운전시격	긴 시격(긴 배차간격)	짧은 시격(짧은 배차간격)
수송량	동시 대량수송	일정시간 대량수송
시공기면위치	주로 지상	주로 지하

수송능력에 따른 도시철도 구분

구 분	용량	수송능력 (PPHPD)	편성량 수	운영중인 도시
중량(重量)전철 (HRT: Heavy Rail Transit)	대형	4만명~9만명	6~10량	서울시지하철 1~7, 9호선
중량(中量)전철 (MRT: Medium Rail Transit)	중형	2만~4만명	6~10량	대전, 대구, 인천 지하철
경량(輕量)전철 (LRT: Light Rail Transit)	소형	5천~3만명	2~6량	의정부 용인

* PPHPD(Persons per hour per direction): 편도 1시간당 수송인원(명/시간/방향)

우리나라의 도시철도

- 우리나라 도시(주로 대도시)에서는 지하철(중량전철) 위주로 건설하여 운영해왔음
- 중도시(대구, 대전, 광주 등)에서는 중전철(Medium Capacity Rail) 중심으로 건설하여 운영해왔음
- 도시의 대중교통 사각지대나, 일부 중소도시의 철도수요 발생지역에는 중량전철보다 경량전철을 건설하여 운영하고 있음
- 경량전철은 부산 반송선을 포함하여 용인, 의정부등에 건설하여 운행중에 있음

3. 철도 신교통수단

3.1 신교통수단

1) 신교통수단의 개념 및 유형분류

신교통수단의 개념 및 유형

- 신교통수단이란 궤도를 운영하는 대중교통수단 또는 독립 대중교통수단에 신호제어, 통신, 무인자동운전 등 첨단교통운영 기술을 접목시킨 대중교통 시스템을 총칭함
- 궤도형태는 AGT(Automated Guideway Transit), 모노레일, 노면전차, 버스형태로는 BRT(Bus Rapid Transit) 그리고 자기부상열차 등의 5가지로 구분함

2) 신교통수단의 통행거리와 이용자수 간의 관계

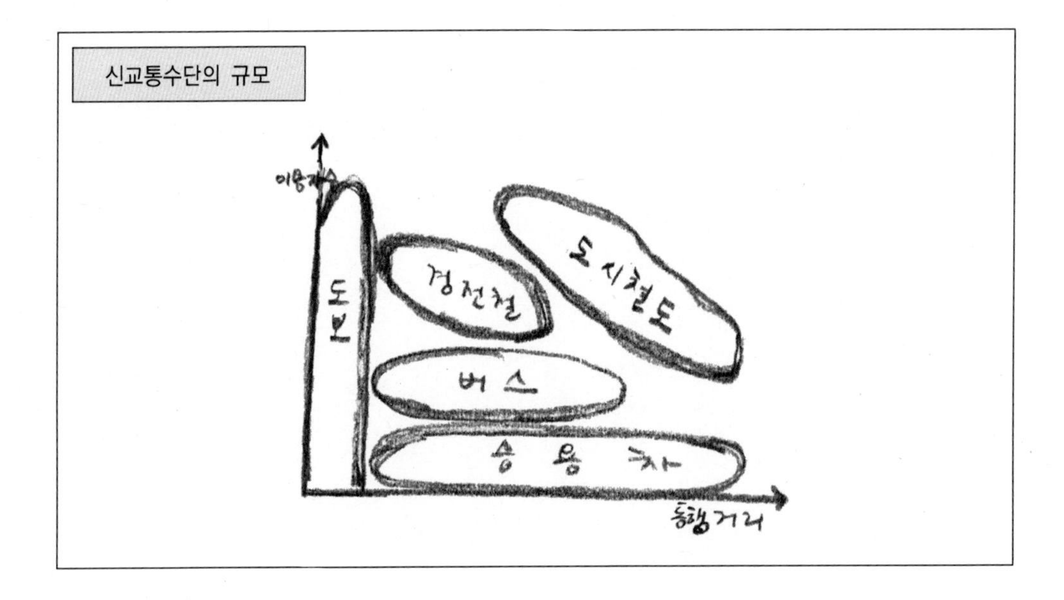

3) 신교통수단의 특성 비교

신교통수단의 특성 비교

구분	AGT			모노레일		노면 전차	BRT	자기 부상 열차
	고무 차륜	철제차륜		과좌식	현수식			
		로터리	LIM					
승객정원(량)	60~90	75~100	60~130	45~80	79~82	110~120	60~240	60~120
차량수 (편성)	2~6	2~4	1~6	2~6	2~3	1~7	1~2	2~4
수송 능력 (시간 · 방향)	7,000~25,000	17,000~20,000	25,000~30,000	3,200~20,000	3,000~12,000	5,000~15,000	5,000~12,000	–
차륜형태	고무차륜	철제차륜	소형철제	고무차륜	고무차륜	철제차륜	고무차륜	자기판
최고속도 (km/h)	60~80	70~80	80~90	56~85	65~75	80	50~60	80~500
최급구배(%)	5~7	4~6	5~6	8~10	6~7.4	4~8	–	6
최소회전반경 (m)	30~35	25~40	70~100	50~120	50~90	20	20	30

4) 신교통수단의 수송능력 비교

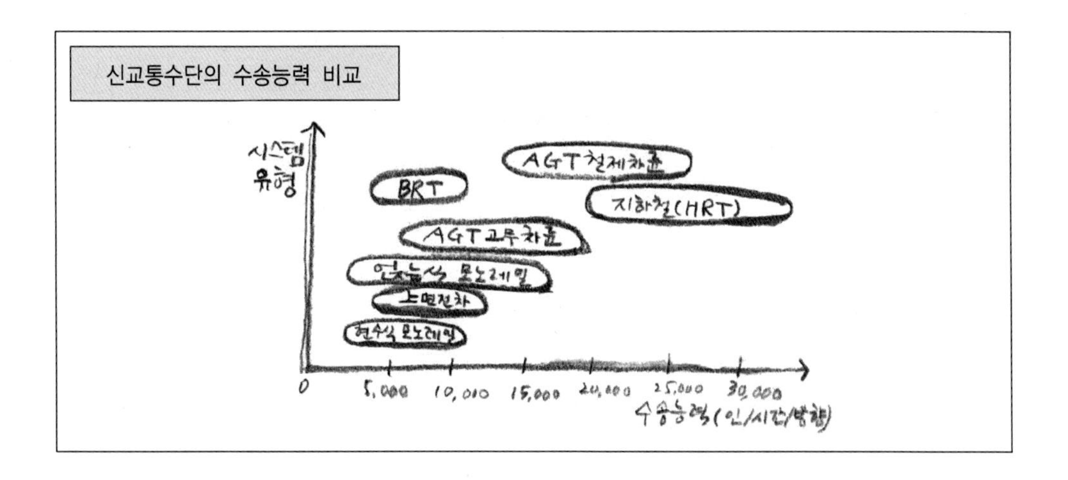

3.2 신교통수단의 종류

1) 무인자동대중교통수단(Automated Guided Transit: AGT 또는 Automated People Mover: AMP)

무인자동대중교통수단이란

- 차량이 서로 중앙의 안내궤도를 따라 주행하거나 또는 차량 외측에 부착된 유도차륜이(Guided Rail 혹은 Tire) 측방의 측벽을 지지하면서 주행하는 열차운행방식
- 중앙자동운행 시스템에 의해 최소간격으로 운행되고 무인운전이 가능한 신교통 시스템임
- 우리나라에서는 철제차륜형/고무차륜형 AGT, 리니어모터(LIM) 등 3개형을 대표 시스템으로 선정하여 시스템 개발 사업을 진행하고 있음

무인자동대중교통수단의 종류

① 고무차륜형 AGT: 프랑스 릴리시 VAL System, 일본 도쿄 유리카모메, 요코하마 Sea Side Line 등
② 철제차륜형 AGT: 영국 DLR

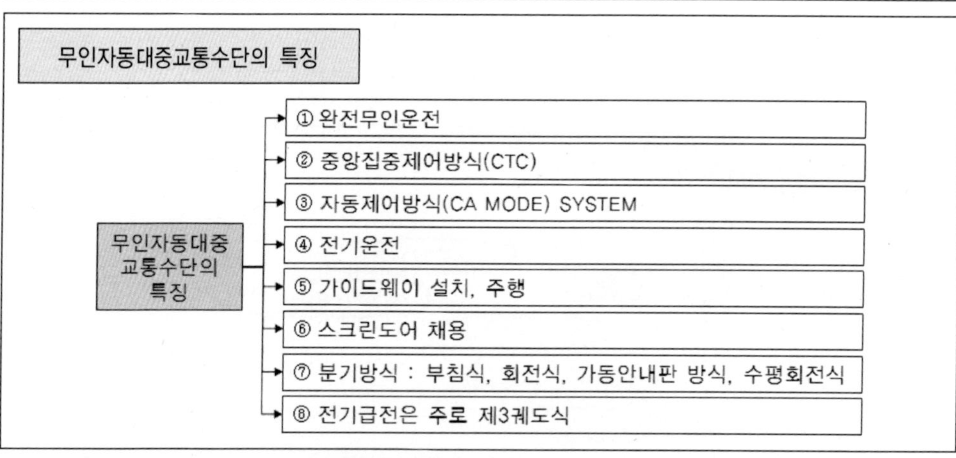

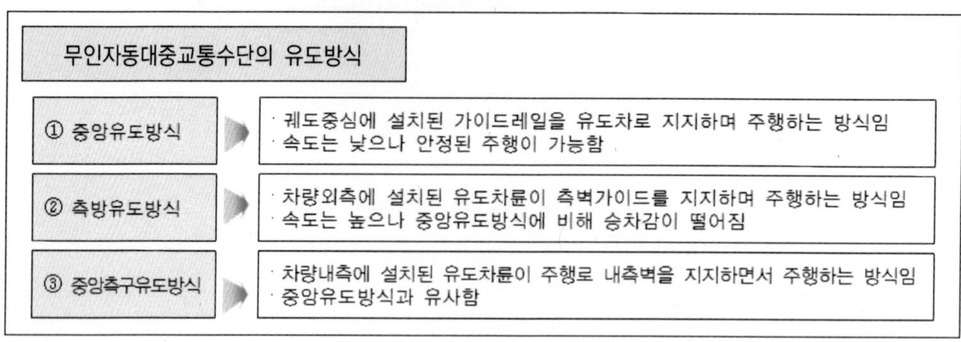

우리나라의 적용가능성

① 정거장 간격 축소로 토지이용이 집적된 고밀도 도시지역에 서비스제공이 가능함
② 수송수요가 15,000명/시간/방향 내외임
③ 약 10km 내외 구간에 적용이 바람직함
④ 노선연장이 길고, 정거장 간 길이가 길 때 부적합함
⑤ 적설에 대한 대책 마련이 필요함

무인자동대중교통수단의 예

유리카모메(일본 동경) 무인자동열차(인천공항)

2) 선형유도모터(Linear Induction Motor: LIM)

선형유도모터란

- 전통적인 회전모터(원통형)가 아닌 판상의 선형모터인 선형유도모터(Linear Induction Motor)를 활용함
- 1차 코일을 차량에 설치하고 2차 코일(Reaction Plate)을 궤도에 설치하여 전기에 의해 발생되는 자기력에 의해 주행하는 자기부상열차(Maglev)와 동일한 개념의 신교통 시스템임

선형유도모터(LIM)와 자기부상열차(Maglev)의 차이점

① 차륜의 유무
- 선형유도모터(LIM)와 자기부상열차(Maglev)의 추진방식은 동일함
- 선형유도모터(LIM)와는 바퀴를 이용하여 지면과 일정한 간격 유지함
- 자기부상열차(Maglev)는 자기력에 의해 열차가 지면에서 부상하여 지면과 간격을 유지함

② 하중전달
- LIM은 일반열차의 차륜과 동일한 형태의 차륜이 상부하중을 지지(하중 직접지지)함
- 자기부상열차(Maglev)는 자기력이 상부하중을 지지(하중 간접지지)함

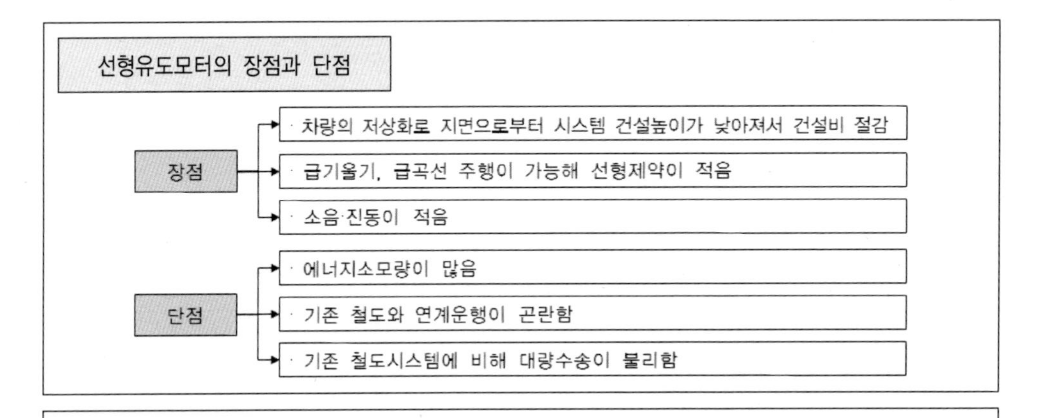

선형유도모터의 국내 적용 가능성

- 고무차륜형/철제차륜형 AGT, 리니어모터(LIM) 등 3개 형식을 대표 신교통 시스템으로 선정 기술개발 중임
- 수송수요 20,000명/시간/방향에 적합함
- 고무차륜형 AGT(10km 내외)보다 긴 노선운영에 적합함
- 적설에 대한 대책마련 필요함

선형유도모터 적용수단의 예

스카이트레인(캐나다, 밴쿠버)

3) 모노레일(Monorail)

모노레일이란

- 1개의 궤도를 따라 주행하는 고무바퀴 장착식 또는 강재의 차륜에 의해 주행하는 신교통 시스템임
- 궤도는 일반적으로 고가형식의 구조로 운행속도는 30~50km/hr로 최대속도는 80km/hr까지 가능함
- 차량의 지지방식에 따라 과좌식(독일 ALWEG, 미국 Look Heel), 현수식(프랑스 SAFAGE)이 있음

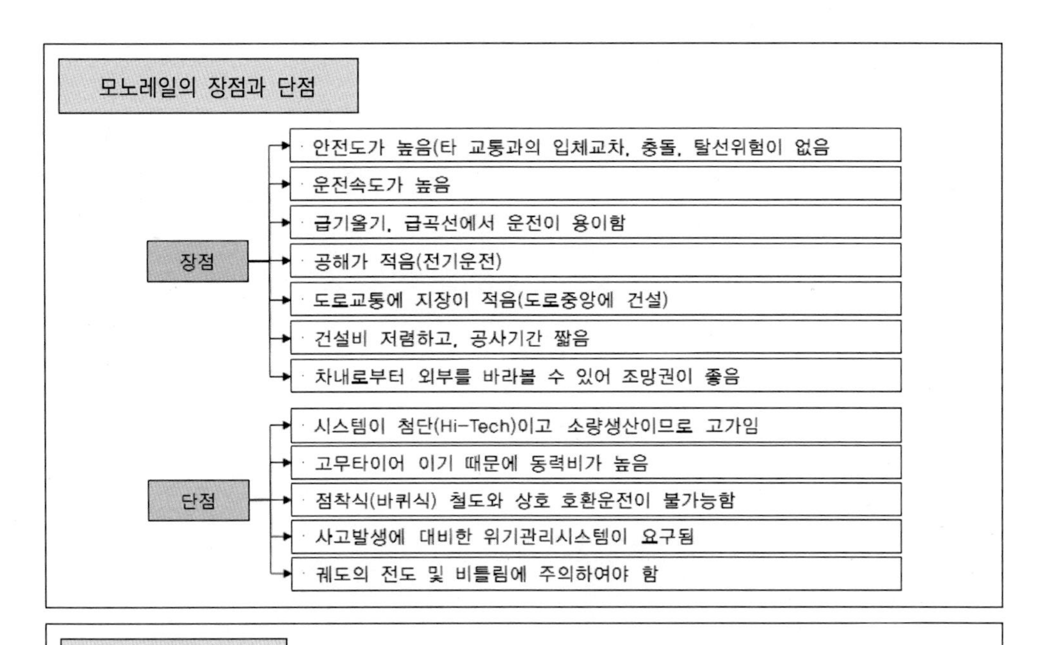

모노레일 적용 예

① 일본: 동경 디즈니랜드, 오키나와, 오사카, 고베, 쇼란, 지바 등
② 미국: LA, 시애틀 등
③ 독일: 부퍼탈 시, 푸퍼탈(현수식) 등
④ 오스트렐리아: 시드니 달링하버 등

과좌식 모노레일(시드니 모레일) 현수식 모노레일 (일본 쇼난)

4) 노면전차(Light Rail Transit: LRT)

노면전차란

- 일반적으로 일반도로 상에 레일을 부설하여 차량이 주행하는 시스템임
- 기존의 구형 노면전차에 비해 최고속도와 가・감속 성능을 개선하고, 연결대차 및 연결기를 이용하여 수송능력을 향상시킨 신교통수단임
- 신형노면전차는 승객의 승차 시간 단축을 통한 표준속도 향상을 도모하기 위하여 차량 내에서 요금을 징수하는 시스템을 적용하고 있음

노면전차 적용 예

노면전차(슬로바키아)

노면전차(프랑스 스트라스부르그)

5) 궤도승용차(Personal Rapid Transit: PRT)

궤도승용차란

- PRT(Personal Rapid Transit: 궤도승용차)란 3~5인이 승차할 수 있는 소형차량이 궤도(Guide way)를 통하여 목적지까지 정차하지 않고 운행하는 새로운 도시교통수단으로서 일종의 궤도 승용차임
- 무인자동화 시스템으로서 운행정보를 제공하며 운행하여 승객 대기 시간이 최소화됨
- 모노레일이 버스 수준의 서비스인데 비하여 PRT는 택시 수준의 서비스가 가능함

궤도승용차의 특성

① 출발지에서 목적지까지 논스톱 운행
② 수요에 따라 24시간 수시로 운행
③ 4명까지 승차할 수 있는 안락한 좌석
④ PRT 전용트랙에 의한 완전 자동운전 시스템

궤도승용차의 적용 예

① 미국 웨스트버지니아 모건 대학 내 10km 운행 중
② 국내 포항공대 내 시험트랙

궤도승용차(우리나라 순천만)

궤도승용차(영국, 독일 실험운행 중)

우리나라의 적용 가능성

① 구조물의 규모가 작아 좁은 면적에서도 슬림형 지지기둥(Column) 설치가 가능함
② 좁은 지상구간에도 구조물 설치가 가능함
③ 출발지에서 목적지까지 논스톱(Non-Stop)으로 운행함
④ 중앙관제센터에서 운영하는 무인자동 시스템이므로 24시간 운영이 가능함
⑤ 출발지와 도착지가 다양하게 형성되는 지역이나 분산교통이 많은 지역에 적합함

6) BRT(Bus Rapid Transit)

BRT란

① 도시 간 또는 지역 간 경량전철 수준의 장거리 버스승객 수요가 존재할 때 주요 간선도로축에 고용량 버스를 도입하여 승객을 처리하는 버스 중심의 교통 시스템임
② 시간당 5,000명~20,000명의 승객처리 용량을 지닌 광역 급행버스 시스템임

BRT의 특징

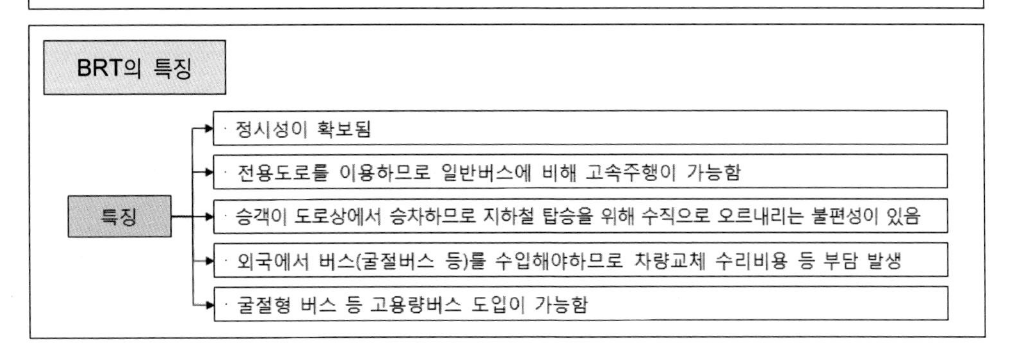

BRT의 장점과 단점

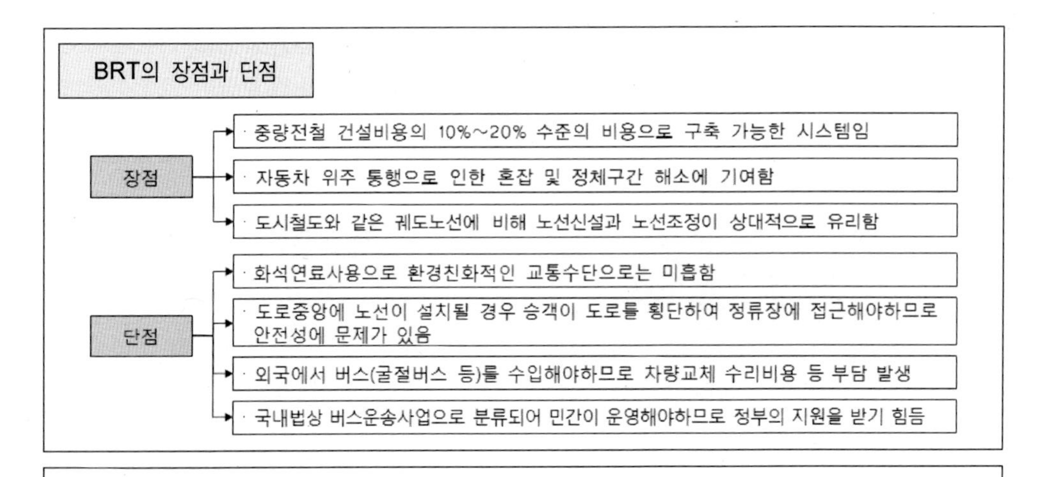

BRT의 발전방향

① 고용량 대중교통서비스를 제공할 수 있는 급행버스 교통수단으로 정부의 지원을 위한 제도적 장치 마련이 필요함

② 친환경 연료사용이 가능하도록 버스 시스템 도입이 필요함

BRT의 적용 예

① 국외: 미국, 남미지역을 중심으로 약 42개 지역에서 운행 중

② 국내: 대전시, 전주시, 서울시 등에서 BRT 도입 추진 중

BRT 전용차로(중국, 북경)

BRT 버스 시스템(브라질, 쿠리치바)

7) 자기부상열차(Magnetic Levitation: Maglev)

자기부상열차란

- 자기부상식 철도 시스템(Magnetic Levitation Linear Motor Car System)을 약칭하여 Maglev라 함
- 레일과 차륜이 없이 통행로 지반 위에서 열차가 자기력에 의하여 부상하여 선형모터(Linear Motor)에 의하여 주행함
- 점착식 철도에서는 시설 및 보수문제로 350km/h가 영업최고속도로 되어 있으나, Maglev는 차체가 공중에 부상(10~100mm)하여 주행하기 때문에 소음・진동이 없이 500km/h의 초고속 주행이 가능함
- 국내에서는 흡인식으로 중저속(110km/h) 자기부상열차를 시험・운행하고 있음

자기부상열차의 유형

① 초전도 반발식
- 강한 자력으로 유도통로(Guideway)상면에서 10cm 부상하여 주행함
- 초전도방식은 상업화에 이르기까지 극저온 공학, 신소재 등 연구가 필요함
- 초전도의 강력한 자력이 차내 승객에게 미치는 영향 검토 필요함

② 상전도 흡인식
- 유도통로(Guideway)상면에서 1cm 부상하여 주행함
- 지진 등으로 유도통로(Guideway)상면에 약간의 부정면이 있을 경우 안전문제 발생함
- 상전도 방식은 개발 완료로 상업화 용이함

③ 초전도 반발식과 상전도 흡인식의 공통점
- 지상으로부터 전류를 공급하고 속도를 제어함
- 차내에 배터리를 탑재하여 차량용 자석이 작동함

자기부상열차의 기능 및 원리

- 자석의 같은 극끼리 반발하는 원리에 따른 초전도식 차량 부상임
- 유도통로(Guideway)에 영구자석을 사용하지 않고 외부와 연결되지 않는 코일을 사용함
- 차량이 주행하면서 자력선이 코일을 관통하게 되어 전자유도현상에 따라 코일에 전류가 발생하고 전류가 흘러 자석이 됨
- 자석은 이동하는 자력선에 대하여 자연적으로 반발력이 생겨 부상함
- 차량이 움직이면 부상하고, 정전되어도 바로 낙하하지 않음

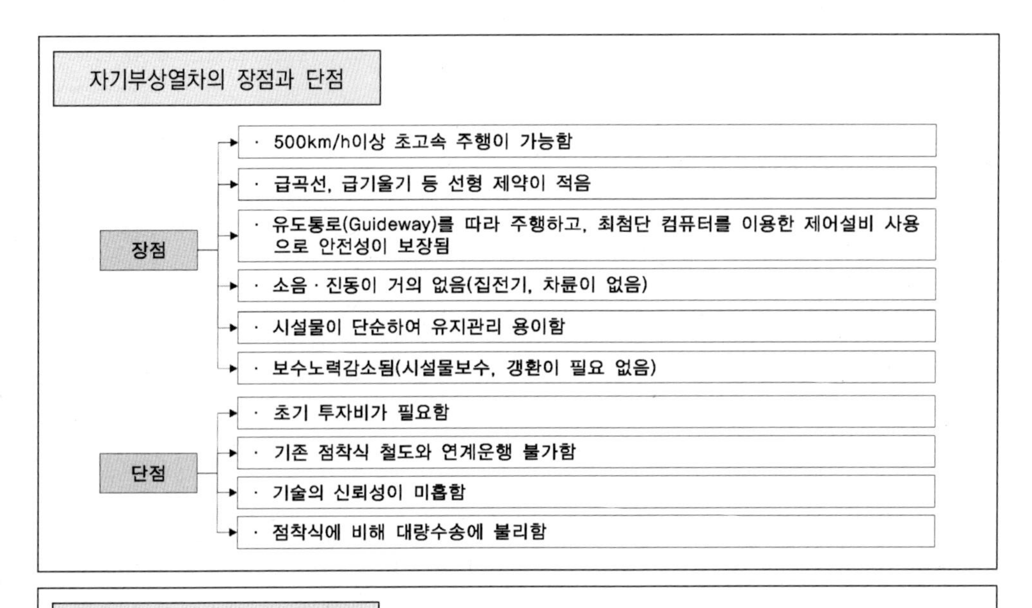

도시형 자기부상열차의 특징

① 교통계획 측면
- 대도시, 중소도시의 교통문제 해결 및 연계 교통수단으로 역할
- 기존철도와 버스의 중간 정도의 다양한 수송용량(5,000~30,000명/시간)
  (버스: 1,000~5,000명/시간, 기존 철도: 30,000~80,000명/시간)
- 차량 간의 운전시격이 짧아 승객 대기 시간 최소화
- 정거장 길이가 기존 철도 및 전철의 약 1/2 정도로 짧음
- 차륜식과는 달리 주상전력이 소요되기 개문에 대량화물 수송용으로는 적합하지 않음

② 기술적 측면
- 선형전동기에 의한 비점착 주행으로 급구배 등판능력(7%) 및 급곡선 통과능력(50mR)이 우수, 가감속 능력(4.0km/h/s) 우수
- 부상하여 추진되는 기술적 특성상 고도의 안정된 제어와 전장품의 높은 신뢰도가 요구되는 첨단 시스템

③ 경제적 측면
- 타 경전철에 비해 건설비는 비슷하나 유지보수 비용은 낮음(약 70% 수준)
- 분산하중에 따른 선로구축물의 슬림화를 통해 건설비 절감 가능

실용화사업 추진 시 보완사항

① 시범노선 선정 및 건설
② 관련 법령 및 제도 정비
③ 시스템 설계 및 제작(일부 미비 시스템 보완)
④ 시험평가체제 구축 및 종합 본선 시운전 시험
⑤ 기존 도시철도 시스템과의 연계방안 모색

향후 추진 방향

① 차량 경량화
② 궤도 슬림화
③ 분기기 고속화
④ 철도 시스템 기술 신뢰성 확보를 위해 운행이 가능한 시범노선 구축 필요
⑤ 자기부상열차의 발전을 위한 시스템적 접근 및 표준화 등이 필요함
⑥ 자기부상열차의 기술적 발전을 위한 정부의 제도적·재정적 지원이 필요함

자기부상열차의 적용 예

자기부상열차(우리나라 대전 시험 중)

8) 초고속철도(Ultra High Speed Railway)

초고속철도란

- 기존 300km/h를 주행하는 고속철도보다 고속주행이 가능한 새로운 형식의 유도된 고속 시스템임
- 초고속철도의 실현을 위해서는 현재의 차륜지지에 의한 점착구동으로는 한계가 있어 새로운 기술방법이 연구·개발되고 있음

초고속철도 개발방식이란

① 개량형: 재래차륜과 개량점착형
② 리니어모터형(linear Motor): 차륜지지차상
③ 공기부상방식: 공기부상지지와 프로펠러 또는 제트추진형
④ 자기부상방식: 자기부상지지와 지상 1차 리니어모터형
⑤ 튜브(Tube) 철도: 압력차, 동력형

초고속철도 동력의 형식

① 차륜지지방식: 종래 철도 동력형식으로 한계극복이 안 됨. 비점착 구동방식이 채택됨
② 리니어모터형(linear Motor)
③ 프로펠러, 제트, 로켓 추진형
- 기체의 반동을 이용한 것으로 항공기의 원리와 유사함
- 동력원으로서 가스터빈을 사용함으로써 엄청난 소음이 발생함
- 대기환경 등 환경에 악영향을 초래함
④ 튜브(Tube)방식
- 일반튜브, 진공튜브방식이 있음
- 열차주행에 대한 공기저항의 문제가 크게 지장이 됨
- 환경영향 등을 고려할 때 터널화 방안이 우수함

초고속철도의 지지방식

① 차륜지지
② 공기부상
③ 자기부상
④ 활동지지*

초고속철도의 적용 예

초고속철도(프랑스 TGV)

초고속철도(일본 신칸센)

* 활동지지: 지상을 음속보다 조금 느린 약 1,000km/h/의 초고속으로 활주하려는 교통기관임.
미국이 연구 중이며 2,000~5,000km/h의 속도 실험이 행해졌고, 소음, 슈(Shoe)의 마모, 저속 시의 주행저항 등 문제가 있음.

9) 바이모달 트램(Bimodal Tram)

바이모달 트램이란

- 철도의 정시성과 버스의 유연성을 조합한 신교통수단으로 국가교통 핵심기술 개발사업 대상임
- 연료전지를 에너지원으로 하여 버스처럼 일반도로를 주행하기도 하고, 전용궤도의 유도장치를 따라 자동운전이 가능한 차량임

타 수단과의 수송능력 비교

구분	수송능력	표정속도	건설비
바이모달 트램	1~1.5만 명/시간	30~40km/h	100~300억 원/km
경전철	1~2만 명	30~40km/h	300~800억 원/km
지하철	2~4만 명	30~40km/h	1,200~1,500억 원/km

바이모달 트램 차량의 특성

① 편성: 3량 1편성
② 최고속도: 80km/h
③ 동력원: CNG 또는 수소연료 전지
④ 최대경사 등판 능력: 13퍼밀리
⑤ 운행방식: 자동운행(고무바퀴)
⑥ 궤도형태: 전자기식 매설궤도

바이모달 트램의 특징

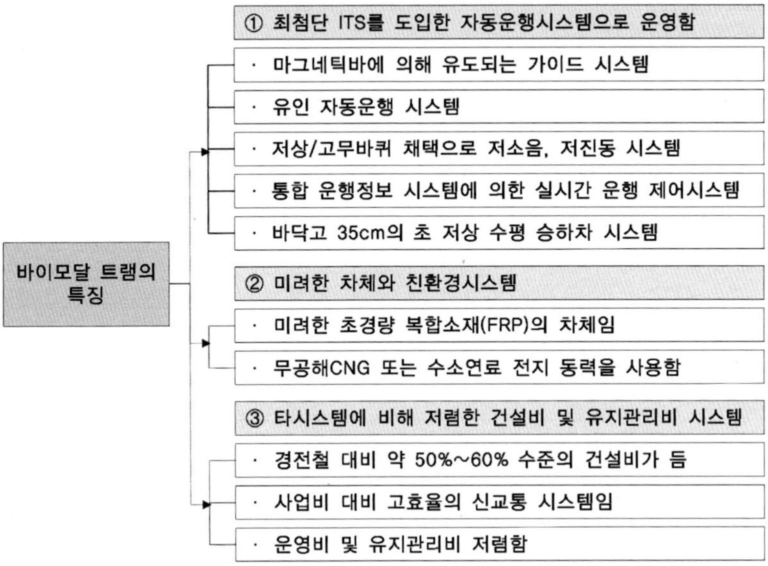

바이모달 트램의 특징

① 최첨단 ITS를 도입한 자동운행시스템으로 운영함
- 마그네틱바에 의해 유도되는 가이드 시스템
- 유인 자동운행 시스템
- 저상/고무바퀴 채택으로 저소음, 저진동 시스템
- 통합 운행정보 시스템에 의한 실시간 운행 제어시스템
- 바닥고 35cm의 초 저상 수평 승하차 시스템

② 미려한 차체와 친환경시스템
- 미려한 초경량 복합소재(FRP)의 차체임
- 무공해CNG 또는 수소연료 전지 동력을 사용함

③ 타시스템에 비해 저렴한 건설비 및 유지관리비 시스템
- 경전철 대비 약 50%~60% 수준의 건설비가 듬
- 사업비 대비 고효율의 신교통 시스템임
- 운영비 및 유지관리비 저렴함

바이모달 트램의 적용 예

- 동동탄 신도시 또는 검단신도시에 도입 검토
  - 동동탄 순환 또는 인근 광교신도시, 용인, 오산, 세교지구 연결 구상 중
  - 인천 검단신도시 순환 및 인근공항철도(인천공항~서울역)에 연결 구상 중

바이모달 트램

10) 노웨이트 시스템(No Wait System/No Wait Transit)

노웨이트 시스템이란

- 승객이 승강장에서 기다리지 않고 바로 열차에 탑승하는 시스템임
- 승강장 혼잡을 완화하고, 24시간 연속 운행이 가능한 LIM주행방식의 신교통 시스템임

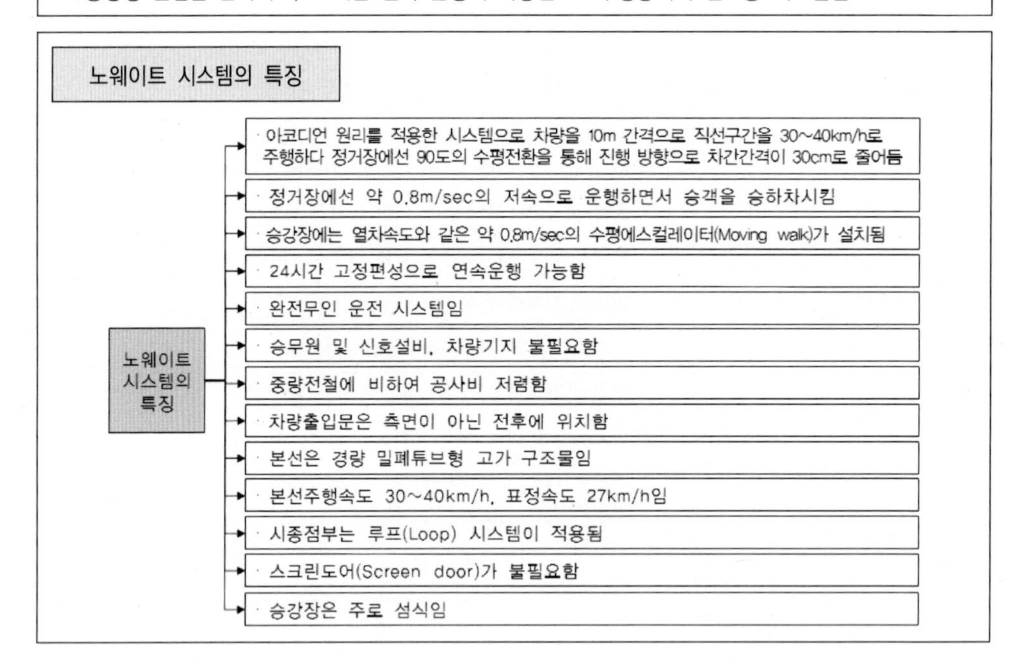

노웨이트 시스템 적용 시 고려사항

① 정거장에서 저속으로 운행하는 동안 승객의 승차 및 하차가 이루어져야 함
② 시·종점부에서는 루프(Loop) 시스템이 채택되어야 함
③ 24시간 고정편성으로 운행되어야 함
④ 첨두시와 비첨두시 모두 동일한 편성으로 운행되어야 하므로 비첨두시에는 수송효율이 감소함
⑤ 정거장에서는 차량이 90° 회전되므로 정거장 폭이 크게 설계되어야 함

우리나라에 적용 검토

① 양산 물금 신도시 도입 추진 검토
 – 스웨덴 보트니아사와 경상남도가 투자양해각서 체결
② 광주 조선대 병원
 – 스웨덴 노웨이트사에서 민간투자사업으로 건설검토
③ 부산시 용호선에 도입검토
 – 스웨덴 노웨이트사와 투자양해각서 체결

11) HSST(High Speed Surface Transit)

HSST란

- 레일이나 차륜 없이 자기력에 의하여 부상하고, 선형모터(Linear Induction Moter)에 의해 주행하는 도시 내 신교통 시스템임
- 상전도 흡인식 자기부상식(EMS, Electro-Magnetic Suspension)으로 일본에서 개발 중인 시스템임
- 차체에 부착된 U형 전자석에 통전시키면 자석이 레일을 끌어당겨 차체가 10mm 정도 부상함

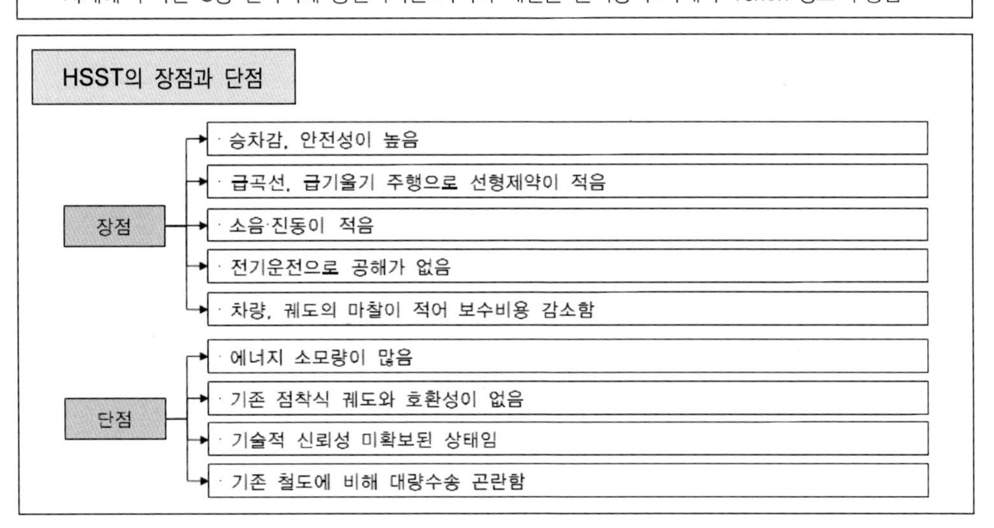

HSST의 개발현황

① 당초 200~300km/h(HSST-200, 300)을 목표로 개발되었음
② 급곡선, 급기울기 주행성능이 뛰어나 도시 내 교통 시스템으로 100km/h 정도의HSST-100 시스템으로 개발하여 실용화됨
③ 도시형자기부상열차(UTM-01) 시제품생산(한국기계연구원, 로템) 중임

우리나라의 적용가능성

① 소음과 진동이 적어 환경에 민감한 지역에 적용 가능함
② 도심지 교통의 특성인 급곡선, 급기울기 주행 가능함
③ 적설대책 수립 필요함

12) GRT 시스템(Guided Rapid Transit)

GRT란

- 일반버스와 동력 및 외형은 동일함
- 도로에 설치된 막대자석과 차량의 감지 센서로 운영되는 시스템임
- 철도의 높은 건설비와 버스의 불편함을 동시에 해결할 수 있는 시스템으로 향후 발전 가능성이 높고 국내 도입 시에도 효과가 클 것으로 전망함
- 현재 네덜란드, 프랑스, 포르투갈 등 유럽국가와 콜롬비아, 브라질 등에서 운영되고 있는 시스템임

GRT의 특징

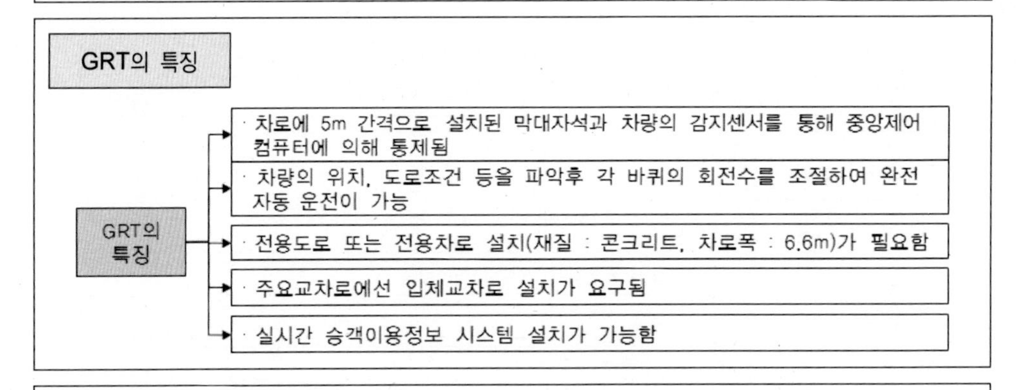

우리나라의 적용가능성

- 서울시는 도로교통체증의 완화를 위해 교통상습정체구역인 관악구 난곡지역 도입 검토 중임
- 서울 난곡선(난향초등학교~신대방역~보라매공원): 노선연장 4.77km
- 정거장 9개소로 운행 검토 중

GRT의 적용 예

GRT(미국 워싱턴 D. C.)

13) 이중동력버스 DMT(Dual Mode Transit)

이중동력버스란

- 전동기와 디젤엔진 등 두 종류의 동력장치를 부착한 대중교통 수단임
- 궤도 구간에서는 전동기를 사용하여 노면전차와 같이 궤도를 주행하고 일반 도로구간에서는 디젤엔진을 사용하여 버스처럼 운행함

이중동력버스의 특징

이중동력 버스의 특징

- 궤도가 없는 구간은 자동차처럼 운행할 수 있음
- 혼잡한 시가지에 궤도를 부설하므로 투자비가 저렴함
- 궤도구간은 지하철과 같이 종합자동관리시스템을 이용하여 짧은 시격으로 안전한 운행이 가능함

이중동력버스의 발전방향

- 디젤엔진 대신 환경성이 좋은 천연가스를 사용하여 운행하면 일반도로 구간에서의 대기오염을 줄일 수 있음

이중동력버스의 적용 예

DMT(캐나다 몬트리올)

14) LRV(Light Rail Vehicle)

LRV란

- 고성능의 전차로 4~5km/h/sec의 가감속 기능과 최고속도 80km/h까지 운행가능
  - 3차체 4대차 연접차를 연결하여 운행하는 수송력을 증강시킨 시스템임
- 도심부에서는 평면 교차하지 않는 지하화가 가능함
  - 교외선에는 전용궤도에 의해 운행 가능함
- 노면전차를 발전시켜 첨단자동화한 전차형 시스템으로 속도향상, 승차감을 크게 개선하였음

LRV의 특징

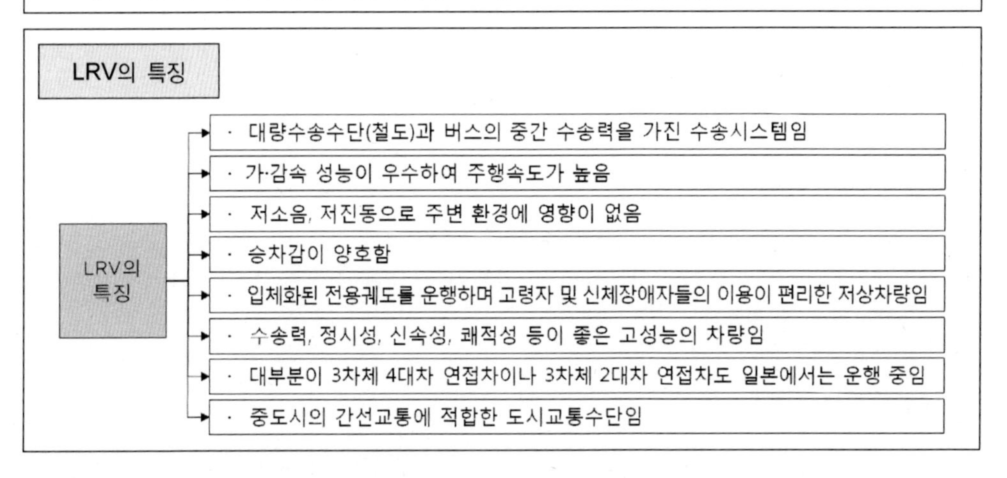

15) Aero-Train(CX-100)

Aero-Train이란

- 공기에 의하여 부상 및 지지하는 방식임
- 500km/hr 이상의 속도로 고속주행이 가능함
- 탄소GAS 등 유해물질을 전혀 배출하지 않는 미래형 환경친화적 운송 시스템임

Aero-Train의 주행원리

① 항공기 이착륙 시 지면 가까이에서 날개와 지면 사이를 흐르는 공기의 기류가 압축되어 날개의 부양력을 증대시키는 현상인 "지면효과"를 이용함

② 주행궤도에 내리쬐는 태양 등 자연에너지만으로 운행이 가능할 정도의 적은 에너지를 소비함

Aero-Train의 안전설비

① 선로종점부에 유압식 차막이 설치됨
② 문에 센서가 있어 사람, 짐 등 지장물이 있으면 출입문이 닫히지 않으며 열차도 출발하지 않도록 시스템이 설계됨

Aero-Train의 승객 동선처리

① 승강장이 차량 양쪽에 설치되어 있음
② 정거장에 열차가 도착하면 열차의 양쪽 문이 열리는데 하차 쪽이 약 10초 정도 빨리 열려 하차 승객을 출입구 쪽으로 완전히 나가게 한 다음 타는 승객이 승차하는 시스템임
③ 2개선 중간은 승객이 타는 승강장으로 양쪽으로는 승객이 내리는 승강장으로 운영됨

Aero-Train의 적용 예

- 말레이시아 쿠알라룸푸르 공항의 경량전철 시스템임
- 공항을 확장함에 따라 공항 터미널 간을 연결하기 위하여 설치함
- 2량 단위로 편성된 2개선이 각각 셔틀(Shuttle)방식으로 운행함
- 노선연장이 짧아 차내에는 의자가 없고, 단지 차량 전후부에 각각 4명이 앉도록 되어 있어 대부분 입석으로 운행함

Aero–Train(일본)

3.3 도시형 신교통수단 서비스 유형별 용량 및 노선 길이

도시형 신교통수단의 유형별 용량 및 노선 길이

- 근거리 수요 밀집지역을 연결하는 신교통수단 노선은 노선 길이가 5km 미만이나15,000~30,000명/시간의 수요를 처리할 정도로 수송용량이 큼
- 공항 내부의 신교통수단은 3km 미만의 거리를 순환하면서 1,000~5,000명/시간의 승객 수요를 담당함
- 중소도시의 간선교통수요를 담당하고 있는 VAL과 같은 경전철은 2,000~35,000명/시간의 승객 수요를 충분히 처리할 수 있음
- 중소도시의 핵심 교통수단으로 자리 잡고 있음

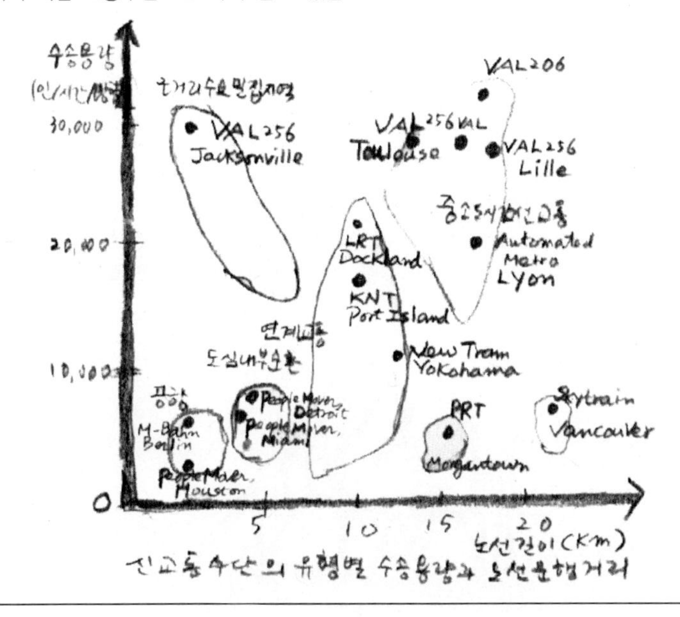

신교통수단의 유형별 수송용량과 노선운행거리

■ 이야깃거리

1. 대중교통수단의 역할이란 무엇이며 특징은 어떠한 것들이 있는지 이야기해보자.
2. 도시교통체계상에서 대중교통수단의 연결성을 그림을 그려 이해해보자.
3. 대중교통수단의 노선 유형에 대해 설명해보자.
4. 대중교통수단을 이용형태에 따라, 정차 및 운영 특성에 따라 분류하여보자.
5. 대중교통수단의 기본적인 역할에 대해 논의하여보자.
6. 대중교통수단의 기능에 대해 논의하여보자.
7. 대중교통수단을 통행범위와 통행 시간에 따라 구분하여보자.
8. 대중교통수단의 도입으로 우리가 얻을 수 있는 것들이 무엇인지 생각해보자.
9. 대중교통수단에 정부가 개입하는 이유가 무엇인지 논의해보자.
10. 정부가 개입한다면 어느 수준까지 개입할 필요가 있는지 논의하여보자.
11. 대중교통수단별 특성을 이해하고, 수단별 장·단점에 대해 이야기해보자.
12. 대중교통수단별 문제점을 파악하고 개선가능성에 대해 논의하여보자.
13. 철도교통수단이란 무엇이며 다른 수단과의 차이점은 무엇인지 설명해보자.
14. 철도교통수단의 장점에 대해 이야기해보자.
15.. 철도교통수단의 단점은 무엇이고 그 해결방안에 대해 논의해보자.
16. 철도교통수단의 종류에 대해 나열하고 종류별 필요성에 대해 논의해보자.
17. 철도교통수단별 구비조건을 비교하여보자.
18. 일반철도와 도시철도를 비교하여 표로 나타내어보자.
19. 수송능력에 따라 도시철도를 구분하고 현재 운영 중인 노선들의 예를 들어보자.
20. 우리나라에 적합한 철도교통수단들의 종류와 특징들에 대해 설명해보자.
21. 철도 신교통수단의 종류에는 무엇이 있고 우리나라에 가장 적용가능성이 높은 신교통수단은 무엇인지 논의해보자.

2장 / 철도망

1. 한국 철도의 현재와 미래

1.1 구상 및 계획 철도노선

1) 국가 철도망 구축계획

국가 철도망 구축계획

- 국가 간선철도망 구축계획('00~'19)
  - 고속철도: 경부, 호남고속철도 건설
  - 일반철도: 인천국제공항철도 건설 외 29개 노선
  - 광역철도: 중앙선 개량 외 11개 노선
  - 도시철도: 7호선 연장 외 11개 노선
- 동~서(6축), 남~북(6축) 간선철도구축
- 철도경쟁력 향상 및 지역균형 발전도모

2) 대륙횡단철도

대륙횡단철도의 종류

- TSR: 보스토치니 항~모스크바 9,441km, 러시아 광궤 1,520mm
- TCR: 연운 항~자우랄리에 역 8,613km, 중국 표준궤 1,435mm, 카자흐 광궤 1,520mm
- TMR: 도문~카림스카야 역 7,721km, 중국 표준궤 1,435mm
- TMGR: 중국 천진~울란우데 역 7,753km, 몽골 광궤 1,520mm

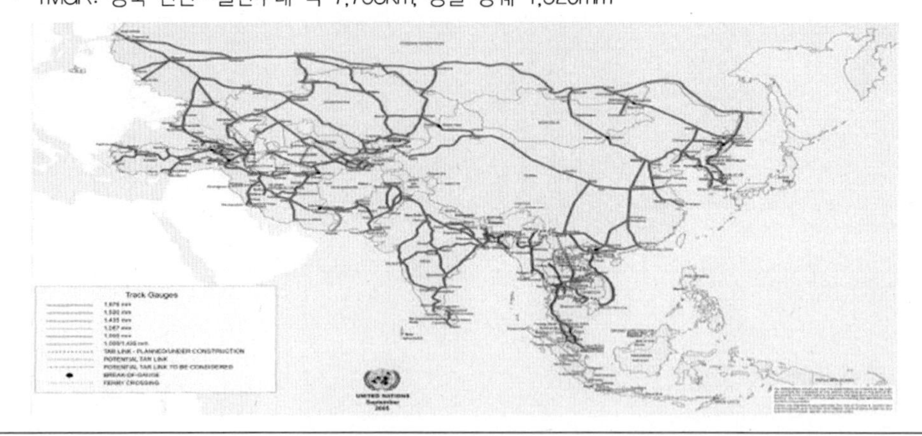

3) 제주도 해저터널 구상

제주도 해저터널

- 목포~해남, 보길도~추자도~제주도
  - 목포~해남: 66km(지상건설)
  - 해남~보길도: 28km(해상교량)
  - 보길도~추자도~제주도: 73km(해저터널)
- 사업비: 약 14조 6천억 원 소요
- 사업기간: 11년 예상

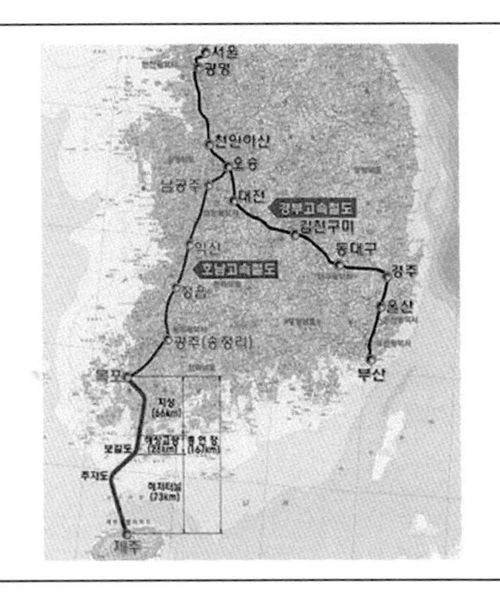

4) 대심도 광역급행철도계획

대심도 광역급행철도

- 토지소유권이 미치지 않는,
- 지하 40~50m에 건설하는 철도
- A구간: 고양 킨텍스~동탄 신도시(77.6km)
- B구간: 청량리~인천 송도(50.3km)
- C구간: 의정부~군포 금정(49.3km)
- B구간 건설계획 중

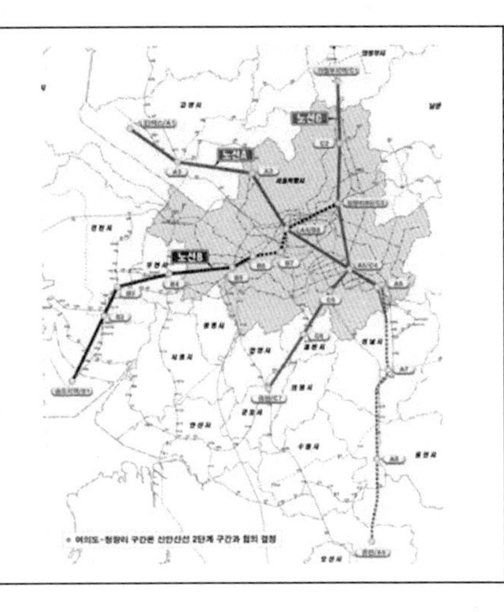

5) 7호선 연장노선계획

7호선 연장노선

- 구간: 온수역(서울 7호선)~부천시 상동~부평구청역(인천 1호선)
- 사업규모: 10.2km, 정거장 9개소, 1조 1,331억 원 소요
- 사업기간: 2003~2014년

6) 신분당선 연장선 운영

신분당선

- 구간: 분당(정자역)~판교~양재~강남
- 사업규모: 연장 18.5km, 정거장 6개소, 1조 5,808억 원
- 싱가폴 SMRT사와 MOU체결
- 정자역~강남 16분 소요
- 본사: 경기도 성남시 분당구
- '04. 04: 광역철도 5개년 기본계획에 반영
- '05. 07: 1단계 착공
- '11. 11: 28일 개통
- 현재 운영 중

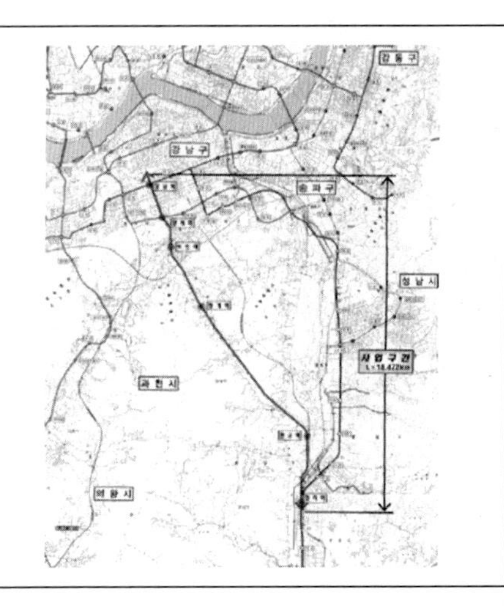

7) 국내 신교통사업 추진 및 계획

국내 신교통사업 추진 및 계획

지자체	계획 노선 수	지자체	계획 노선 수
서울특별시	14	경기도	19
부산광역시	11	경상남도	9
인천광역시	5	경상북도	3
대전광역시	4	전라남북도	2
광주광역시	2	제주도	1
대구광역시	3	충청남북도	3
울산광역시	1	강원도	1

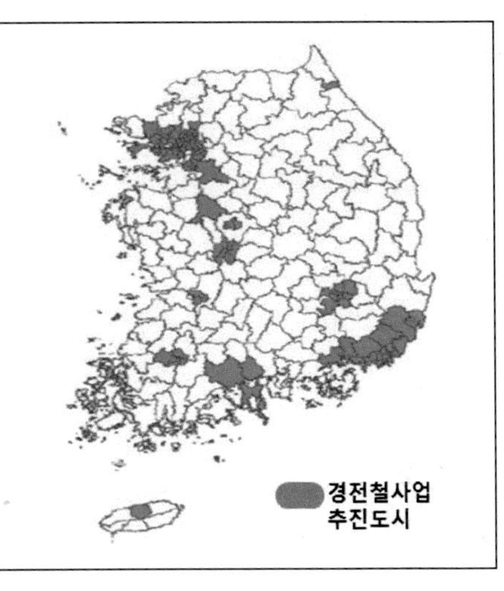

8) 우이~신설 경전철

우이~신설 경전철

- 구간: 우이동~삼양로~성신여대~신설동
- 사업규모: 11.5km, 정거장 13개소
  6천961억 원(민간사업자 제안)
- 사업기간: 2008~2015년(기공식 '08.10.31)
  12만 명/일 이용 예상
- 동북부 지역 교통체계 개선 및 균형발전
- 대중교통 취약 지역 신교통수단 도입

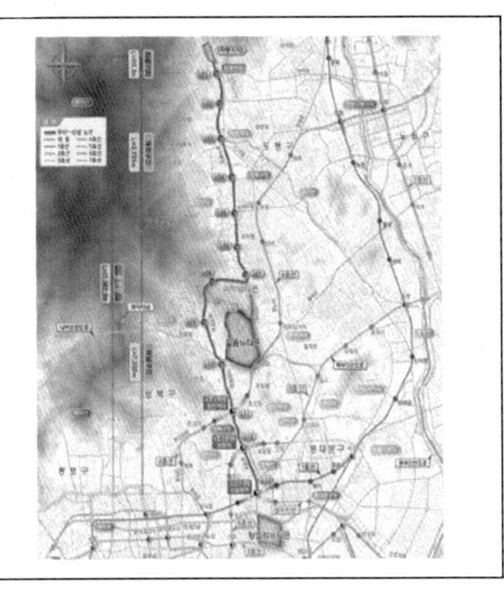

9) 용인 경전철

용인 경전철

- 구간: 구갈~동백~에버랜드
- 사업규모: 18.44km, 정거장 15개소, 9천149억 원 소요
- 2010년 6월 개통 목표
- 용인시 동서지역 연결
- 민속촌, 에버랜드, 대학교 효율적 연결
- 2012년 개통

10) 대구시 3호선

대구시 3호선

- 구간: 북구 동호동~수성구 범물동
- 사업규모: 34.95km, 정거장 30개소, 1조 1,326억 원
- 과좌식 모노레일(Monorail)
- 도시철도 1, 2호선과 환승
- 2014년 개통 예정

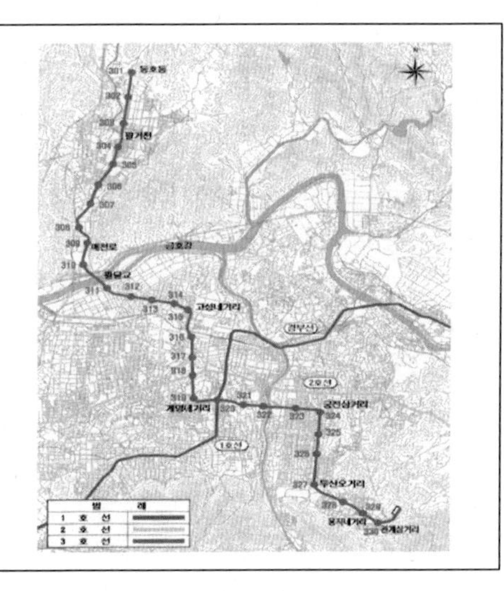

11) 부산 반송선

부산 반송선

- 무인운전이 가능한 최첨단 신교통 시스템
- 기존의 중전철에 비해 건설 및 유지 운영비가 80%밖에 소요되지 않음
- 소음과 진동이 적고, 가감속 및 등판능력과 승차감이 월등히 뛰어남

12) 부산~김해 경전철

부산~김해 경전철

- 구간: 부산 사상~김해 삼계동
- 사업규모: 23.76km, 7,742억원
- 2011년 8월 30일 완공 승인
- 2011년 9월 16일 개통 후 운영 중

13) 의정부 경전철

의정부 경전철

- 총연장 11.085km, 정거장 14개소, 차량기지 1개소
- 2011년 8월 완공을 목표로 총사업비 4천750억 원 투입
- 2012년 운영 중

14) 울산 노면전철

울산 노면전철

- 구간: 효문역~대학로~굴화지역
- 사업규모: 15.95km, 정거장 21개소, 4,690억 원
- B/C 분석 결과 1.25
- 13만 6천 명/일 통행 예상
- 2016년 개통예정

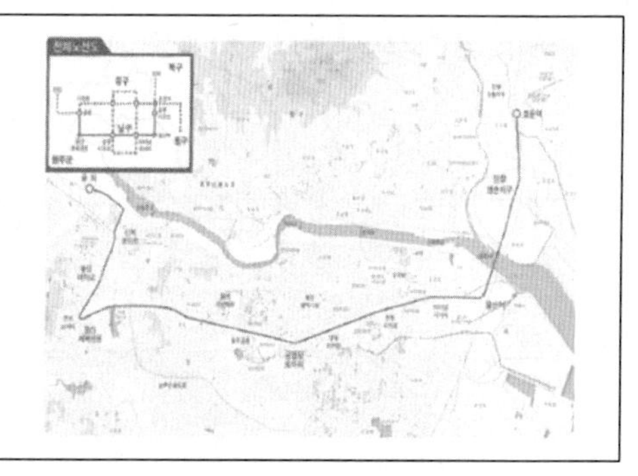

1.2 철도영업 현황 및 전망

1) 철도정책 기본방향

기본방향

- 환경친화적인 철도망 지속적인 확충망
- 수도권 광역교통의 효율적 처리를 위한 급행노선 확충
- 수송수요에 대응하는 경전철 등 도시철도 시스템 검토
- 철도기술 선진화 및 철도산업 국제 경쟁력 확보
- 철도물류 활성화

2) 우리나라 철도영업의 규모

연간 15조의 시장

- 코레일 5조 원, 철도시설공단 4조 원
- 도시철도 3조 원, 철기원, 로템, 우진산전 등 기업 3조 원

관련인력 약 7만 명

- 코레일 3만 명, 도시철도 2만 명
- 기업 등 2만 명, 철도차량협회에 약 100개 기업

3) 철도영업현황 및 전망

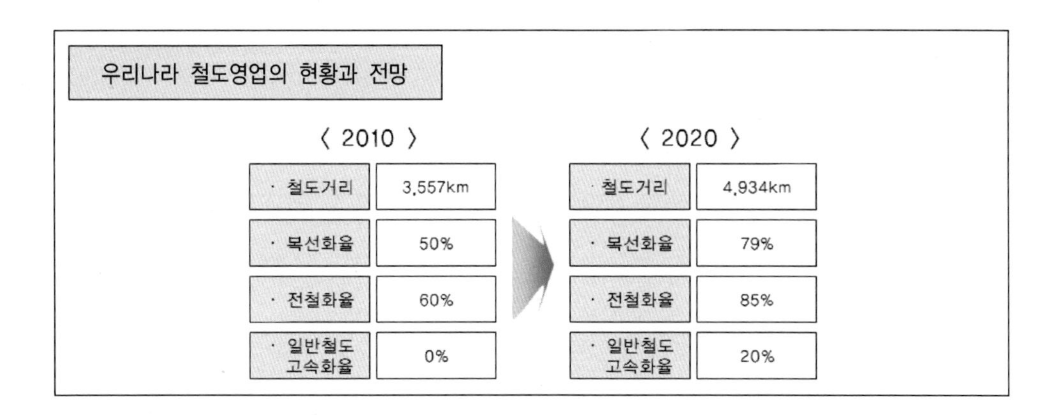

우리나라 철도영업의 현황과 전망

구분	〈 2010 〉	〈 2020 〉
· 철도거리	3,557km	4,934km
· 복선화율	50%	79%
· 전철화율	60%	85%
· 일반철도 고속화율	0%	20%

우리나라 철도기술 해외 수출

- 중국은 2020년 까지 20,000km 확장 계획이 있으므로 우리 철도기술의 해외수출 가능성이 큼
- 베트남, 인도네시아, 브라질 등 철도건설 활성화로 국내 철도기술의 해외수출 비상국이 다변화 되고 있음

4) 철도운영에 대한 소요인력의 전망

소요인력 현황 및 전망

- 미래교통체계
  - 에너지 절약적 교통수단 필요
  - 지구온난화에 따른 자동차 이용 감소
  - 고속교통수단에 대한 욕구증대
  - 친환경적 교통수단 등장
- 지역 간 철도와 도시철도 경쟁력은 전문인력이 필요함
  - 매년 자연감소분(정년퇴직자)은 약 1,000명 규모
  - 현재 철도종사자는 노령화로 환경변화에 따른 새로운 전문인력 필요
  - 분야는 운송, 사업개발, 물류, 국제화 등 다양한 영역으로 확장

2. 우리나라 철도망 구축계획

2.1 장래 국가 철도망 구축 기본계획

1) 국가 철도망 계획이 왜 필요한가?

계획 수립 배경

① 국가 SOC(사회간접자본) 투자정책의 편중
- 도로 위주의 투자정책은 자동차 교통량의 급증을 초래하여 환경오염, 시간 낭비 등 사회비용이 발생함
- 도로 중심의 투자는 물류비 증가의 직접적인 원인을 제공함
- 결과적으로는 경제적 손실을 초래하여 국가경쟁력을 약화시키고 있음

② 국가경쟁력 제고
- 최근의 국가 철도망 국가경쟁력은 철도와 같은 녹색 SOC를 확보하는 수준에 달려 있음
- 수송효율이 높은 철도 중심의 기간교통망 구축이 되면 국가경쟁력이 제고됨

③ 효율적인 국가기간 철도망 구축 필요
- 증가하는 철도교통수요 및 물류비 증가가 통합적 국가 철도망을 필요로 함
- 남북통일에 대비하면서 동아시아와 유럽과의 사회경제적 교류를 촉진시키기 위한 SOC가 필요함
- 국가균형발전이란 목표를 위해 종합교통체계 차원의 국가기간 철도망이 구축되어야 함

④ 국토 공간구조 및 교통 환경 변화에 대비하여 장기적인 철도망의 마스터플랜이 필요함

⑤ 통합적이고 체계적인 계획수립
- 국가 간선교통망 계획과 조화되는 통합적인 수송 분담구조 형성을 위한 국가 철도망의 기본골격이 필요함

2) 국가 철도망 계획수립의 목적은?

국가 철도망 계획수립의 목적

① 국가 기간교통망 계획으로서 통합적인 철도망 기본계획 수립을 목적으로 함

② 고속철도와 지역 간 철도, 지선철도, 광역철도 등을 통합하는 철도 네트워크를 구축할 필요가 있음

③ 철도유형 노선 기능에 따른 기본계획 및 투자 우선순위를 확립함

④ 상위 국토종합계획에 입각한 도로 등 타 수송수단과의 연계를 통한 통합 환승 시스템(Intermodalism)을 구축함

⑤ 철도 노선 운영 및 역세권 개발 등 철도산업 활성화를 위한 중장기 정책방향을 모색해야 함

⑥ ICT(Information · Communication · Technology) 등의 접목을 통한 차세대 철도 시스템을 구축하기 위한 철도 시스템 기본골격이 필요함

3) 도시교통권역이란

도시교통권역이란

- 도시교통정비촉진법 제3조의 규정에 의한 도시 교통정비지역임
- 교통권역은 인접한 도시지역과 연계된 지역을 말함

도시교통권역의 배경

- 2004년 6월 21일부터 국토해양부는 도시교통정비촉진법에 의해 수도권 및 중·소도시 교통난 완화를 위해 교통권역을 서울특별시, 부산광역시 등 24개 권역의 대도시 중심에서 각 도시가 주도적으로 교통문제를 해결하도록 79개 개별도시 위주로 도시교통정비 사업을 시행하도록 하였음
- 교통권역은 인접한 도시지역과 연계된 광역지역이 범위가 됨
- 교통정비지역은 도시철도법에 의한 도시철도건설 및 운영의 공간적 범위가 됨

2.2 장래 철도의 발전방향

1) 장래 철도의 발전방향

장래 철도의 발전방향

- 지속가능한 개발, 정보화, 인간중심화 등의 패러다임에 따라 걸맞은 철도 시스템이 구축되어야함
- 사회경제적 변화추세가 철도의 고밀도화, 고속화, 대량수송체계 구축을 요구하고 있음
- 철도, 공로, 항로를 유기적으로 연결하는 통합적이고 효율적인 교통체계 구축의 필요성이 대두됨
- 동북아의 경제권역 형성 등으로 인하여 한반도와 주변 국가 및 도시 간의 장거리 철도 수송 수요가 증대할 것으로 전망됨

2) 장래 철도 어떻게 구축해야 하나?

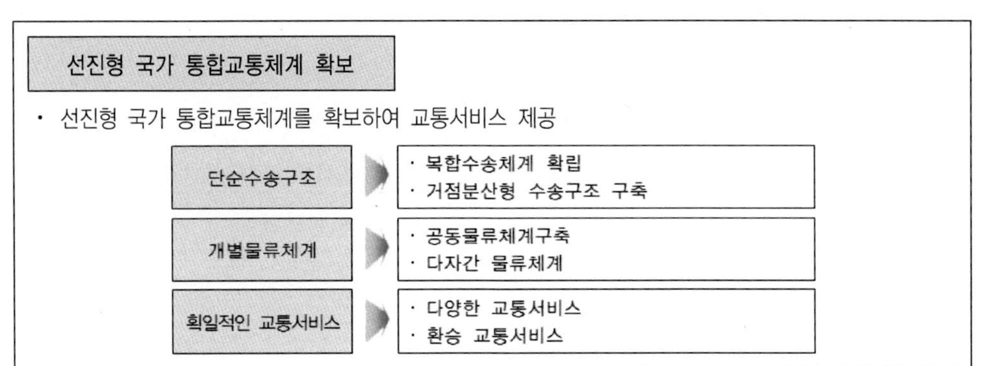

철도중심 네트워크로 통합

· 자동차중심 네트워크를 철도중심 네트워크로 통합하여 연계 수송체계 확립

자동차교통체증	철도중심교통망구축으로 사회비용을 절감시킴
자동차중심 네트워크	· 철도중심 네트워크로 전환하여 지속가능한 교통망 구축
개별교통수단별 운영	· 철도 · 도로 · 항공 등 교통수단간의 상호보완성을 극대화시킴 · 통합연계 수송 체계 확립

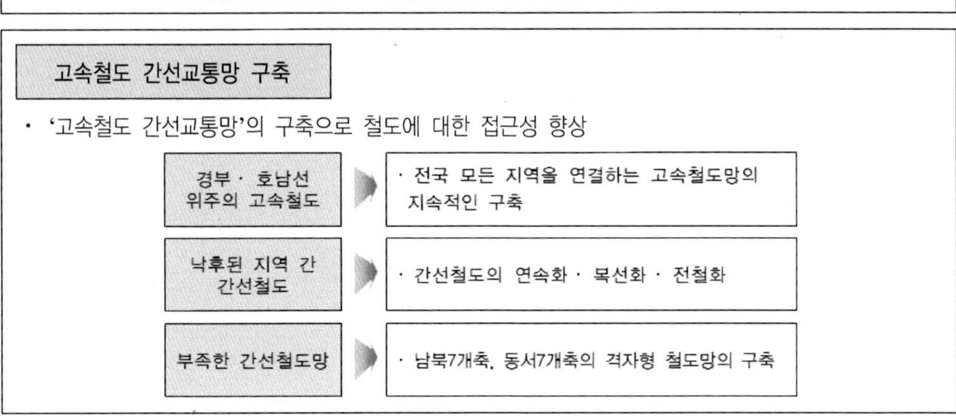

3) 장래 철도 유형별 역할분담

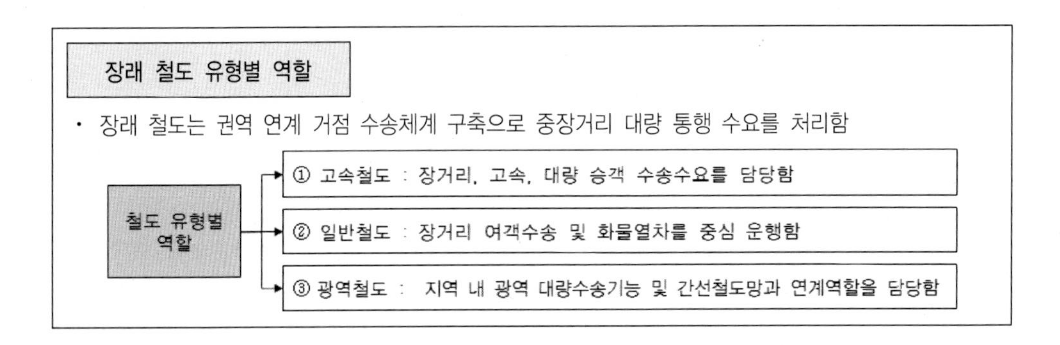

4) 제4차 국토종합계획 수정계획(2006~2020)

제4차 국토종합계획 수정계획이란

① '21세기 통합국토 실현'이라는 국토종합계획의 이념을 계승하면서 계획한 새로운 국토전략임
② 국토종합계획에는 국토를 이용·개발·보전함에 있어 미래의 경제적·사회적 변동에 대응하여 국토가 지향하여야 할 장기발전 방향을 제시하고 있음
③ 계획의 기조는 국가의 도약과 지역의 혁신을 유도하는 약동적인 국토 실현, 지역 간 균형발전과 남북이 상생하는 통합국토의 실현임

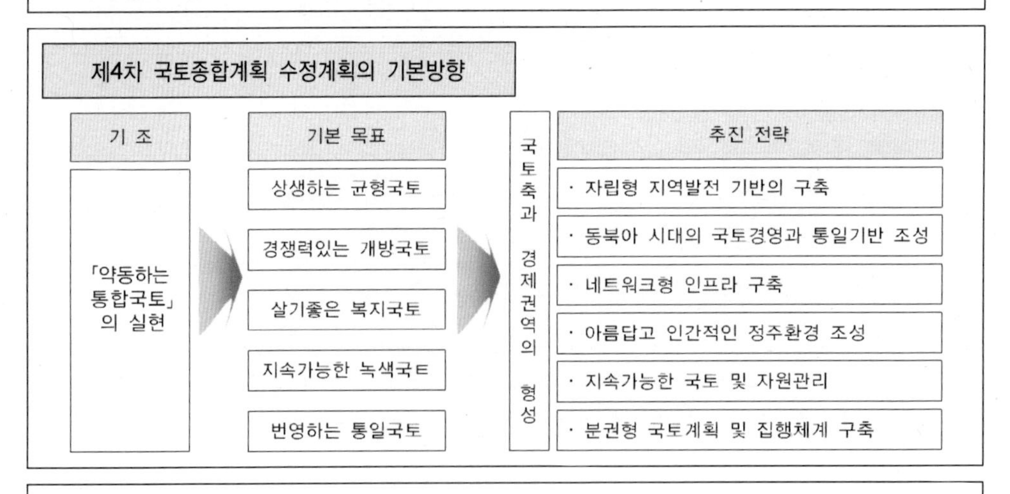

국토공간구조 구축방향

① 대외적 개방과 국내 지역 간 연계를 지향하는 새로운 국토구조의 구축
② 대외적으로 유라시아 대륙과 환태평양을 지향하는 개방형 국토 발전축의 구축
③ 대내적으로 자립형 지방화와 지역 간 상생을 촉진하는 다핵연계형 국토구조의 구축

계획의 추진전략

① 수도권의 기능을 지방에 분산시키는 동시에 지역이 자립적으로 발전할 수 있도록 기반을 구축해 줌
② 동북아 시대의 국토를 경영하고 통일기반을 조성해야 함
③ 네트워크형 인프라를 구축함
④ 아름답고 인간적인 정주환경을 조성함
⑤ 지속가능한 국토와 자원을 관리함
⑥ 분권형 국토계획과 집행체계를 구축함

네트워크형 철도 인프라 구축방향

- 고속철도망
  - 장기적으로 고속철도망이 TCR, TSR과 연결되어 한반도가 아시아·유럽대륙의 관문역할을 할 수 있도록 국제철도 수송기반을 구축함
- 일반철도망
  - 경부선, 호남선, 중앙선, 전라선 및 장항선의 5대 간선철도망을 정비하고, 주요 간선철도망과 대량수송기반을 구축함
  - 일반철도의 복선화율 및 전철화율을 제고하여 환경친화적이고 안전한 철도 수송의 원활화를 도모함
- 고속철도와 일반철도망이 연계되는 체계적인 국가 철도망 구축계획을 수립하고 추진함

5) 국가기간교통망 수정계획(2000~2019)

국가기간교통망 수정계획이란?

① 20년 단위로 육상, 해상, 항공교통의 국가 종합교통체계의 효율적인 구축방향을 제시하는 계획임
② 해상 및 항공 교통정책과 도로, 철도, 공항 및 항만 등 교통시설확충 등 상호연관성 없이 단편적으로 추진되는 한계를 극복하고 교통체계의 운영개선을 위한 계획임
③ 글로벌화의 급진전, 환경 및 에너지 문제에 대비한 체계적인 장기 종합교통계획임

국가기간교통망 수정계획의 주요 계획지표

구분		2009	2014	2019(A)
도로	고속국도 연장(km)	3,561	4,521	5,462
	국도 연장(km)	14,280	14,374	14,466
철도	영업연장(km)	3,619	4,118	4,792
	복선화율(%)	59	62	65
항공	전철화율(%)	65	71	78
	여객(천 명/년)	83,173	100,732	123,850
항만	화물(천 톤/년)	4,885	6,432	8,390
	하역능력(백만 톤/년)	678	846	1,010

국가기간교통망 수정계획에 제시된 간선철도축

남북 6개축	동서 6개축
· 호남축: 서울~천안~익산~목포	· 서동축: 서울~춘천~인제~속초
· 서해·전라축: 인천~예산~익산~여수	· 서동2축: 평택~여주~원주~강릉
· 경부축: 서울~대전~대구~부산	· 동서3축: 보령~조치원~제천~동해
· 중부내륙축: 수서~여주~충주~진주	· 동서4축: 익산~무주~김천~영덕
· 중앙축: 청량리~제천~경주	· 동서5축: 광주~남원~대구~포항
· 동해축: 저진~강릉~포항~부산	· 남해축: 목포~순천~진주~부산

국가 간선철도망 계획(2000～2019)

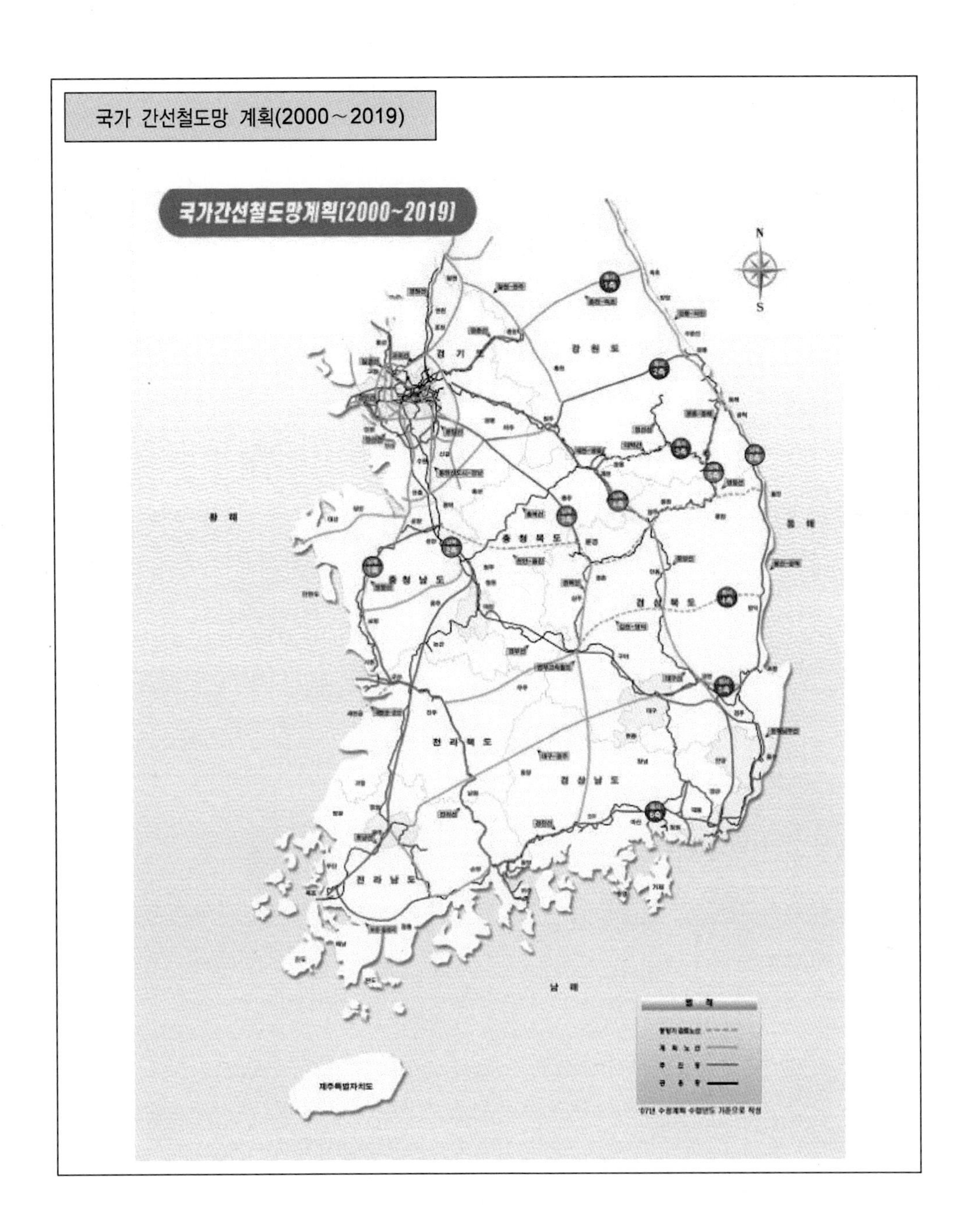

2.3 대륙 간 연계철도망 구축

1) 대륙철도 연결노선 대안

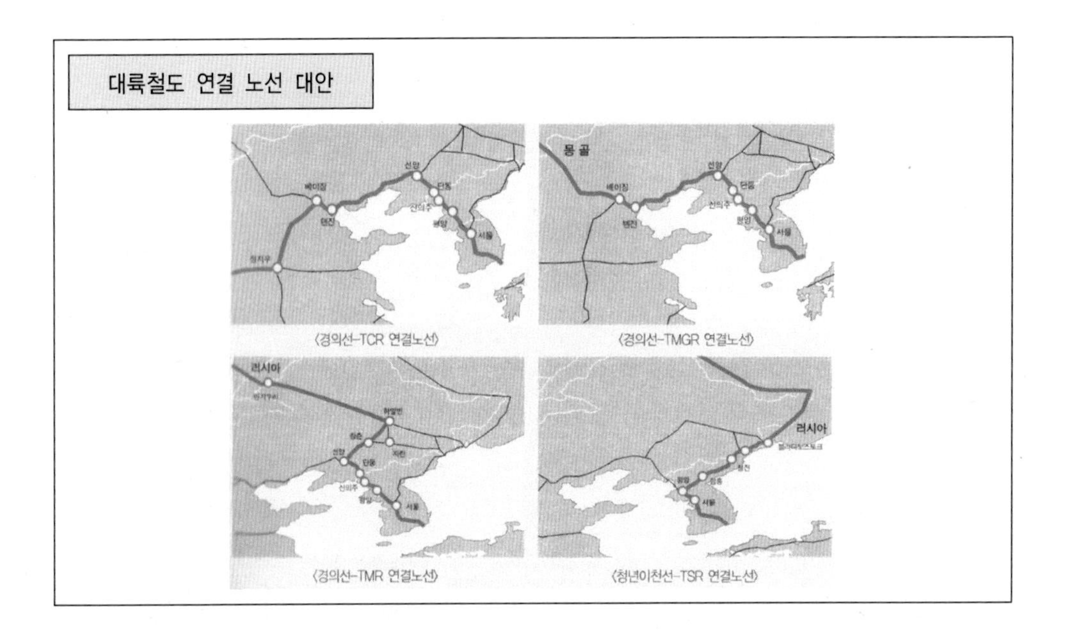

〈경의선-TCR 연결노선〉 〈경의선-TMGR 연결노선〉
〈경의선-TMR 연결노선〉 〈청년이천선-TSR 연결노선〉

2) 기술적 고려사항

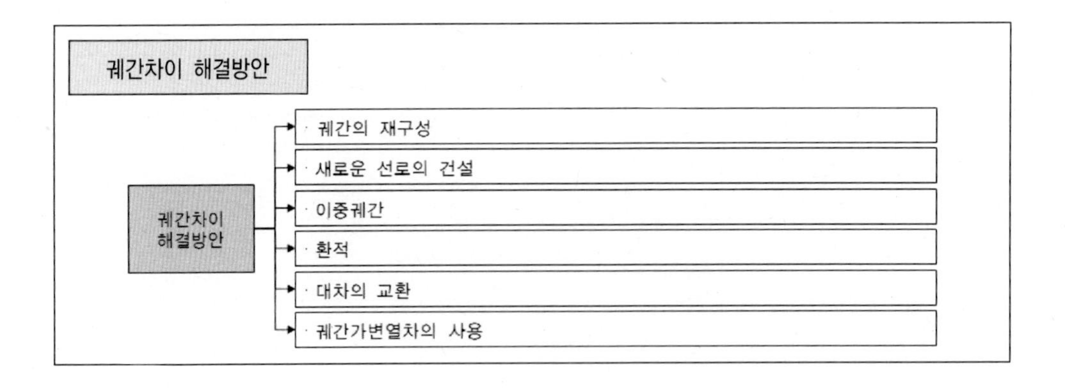

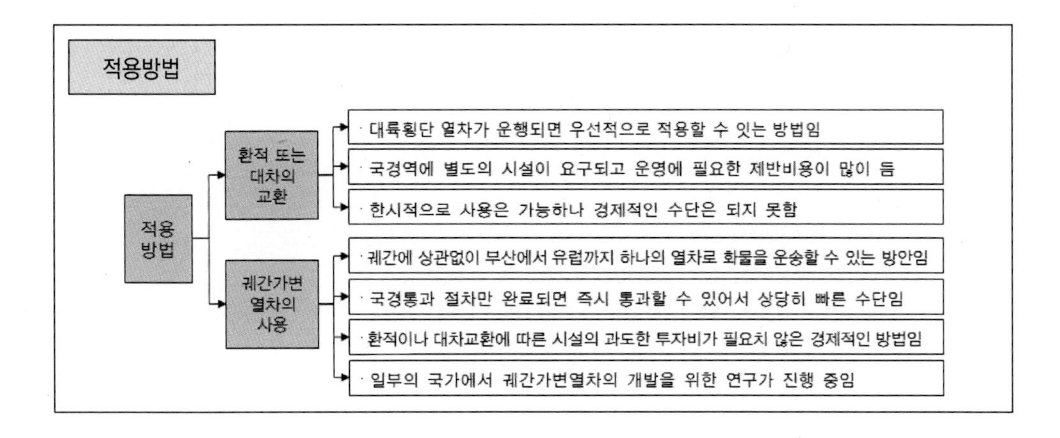

3) 차량 관련 고려사항

차량에 대한 쟁점사항

① 차상신호 시스템
- 국가 간에 서로 상이한 신호 시스템을 표준화하거나 어느 국가에서도 적용 가능한 차상신호장치를 동력차에 설치함

② 추진장치
- 전철화 구간과 비전철화 구간을 운행할 수 있는 융합(Hybrid)방식의 추진장치가 필요함

③ 자동연결기 및 완충기
- 자동연결기와 완충기는 구소련 연방을 제외하고 전 세계적으로 유사한 형식을 가지고 있음
- 자동연결기와 완충기에 대한 표준화와 이중 자동연결기의 개발이 필요함

④ 기타
- 축중, 차량한계, 건축한계 열차의 속도 등이 검토되어야 함

유지보수 시스템

① 국제적으로 표준화된 유지보수품의 공급체계 및 생산체계가 필요함
② 언제 어디서나 차량 고장이 발생하더라도 신속하게 정비할 수 있는 정비기지와 정비인력이 요구됨
③ 차량 고장 및 정비에 따르는 보수품의 생산 및 조달체계가 필요함
④ 차량 및 부품의 설계, 생산 및 조달에 이르기까지 표준화된 시스템이 필요함

기타

① GPS, RFID 등의 IT기술을 이용한 차량추적 시스템이 필요함
② 글로벌 스탠더드에 따른 표준화된 컨테이너 사용

4) 남북철도 연결사업의 기대효과와 영향

남북철도 연결사업의 개요

- 남북철도의 연결은 대외적으로는 한반도에서의 군사적 대결 상태를 완화시킴
- 남북 간 신뢰관계에 기초한 상호 선린관계의 구축 및 교류의 급진전을 의미함
- 대륙 간 철도와 연계에 의하여 화물유통량의 증가, 통과 톤수의 증가, 열차 속도의 향상 등 기존 철도망 시스템의 획기적인 발전과 철도경쟁력 강화에 기여함

남북철도 연결에 따른 기대효과

① 국가기반시설의 확충
② 한반도에서의 정치·외교·경제적 긴장 완화
③ 남북 상호 신뢰관계 구축
④ 국제관계 개선에 기여
⑤ 운임 비용의 절감
⑥ 수송거리의 단축에 따른 수송 시간의 단축
⑦ 운임 수입의 증대
⑧ 부산항, 광양항이 아시아 컨테이너 중심 항만으로 확고한 위치 차지
⑨ 상설 정부시설 설치에 따른 공적 교류 증대

남북철도 연결계획

① 경의선: 문산~장단
② 경원선: 신탄리~월정리
③ 금강산선: 철원~내금강
④ 동해선: 강릉~온정리

기존철도에 미치는 영향

① 화물물동량의 증가에 따른 화물 톤수의 증가
② 열차속도의 향상
③ 운행횟수의 증가에 대비하여 선로 등급의 향상
④ 레일의 중량화
⑤ 곡선 및 기울기 구간의 개량
⑥ 열차성능의 향상
⑦ 신호방식의 현대화
⑧ 철도기술 수준을 글로벌 스탠더드로 향상하는 계기

남북철도가 연결이 된 지점

남북철도 연결계획을 향한 대책

- 남북한 철도와 대륙철도 간의 원활한 연계를 위하여 한반도 종단철도(TKR)의 건설이 시급함
- 동북아시아 지역에서 급증하는 생산력과 유럽 및 중동지역의 풍부한 구매력을 원활히 연결시키는 동북아의 국가 간 철도망 계획수립이 필요함

1) TKR1: 부산에서 출발하여 서울을 거쳐 경의선 구간을 이용하는 노선
2) TKR2: 부산에서 출발, 경원선을 복원하여 구축하는 노선
3) TKR3: TKR2와 청진까지 같은 노선이며 신탄리에서 평강으로 이어지는 노선

남북철도 연결계획 현황 및 구상안

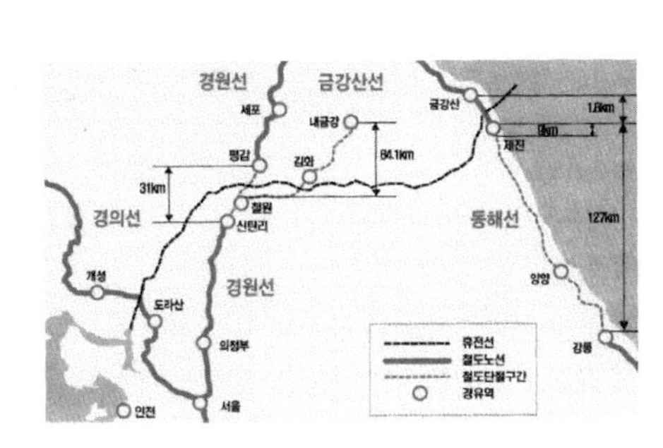

남북철도 단절구간 현황

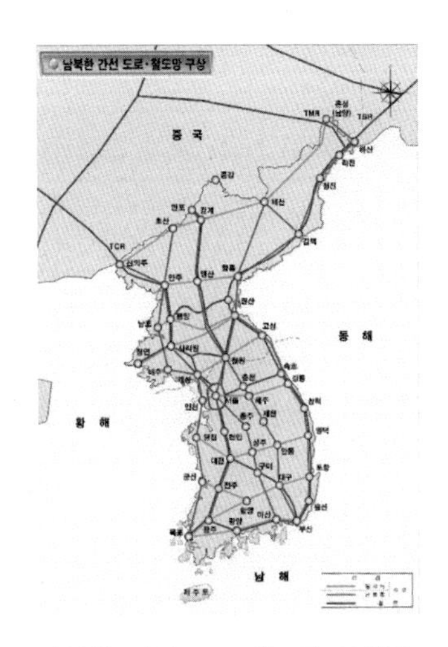

남북한 간선도로·철도망 구상안

5) 경의선 철도 연결 시 검토사항

경의선 철도란

- 남북정상회담 이후 철도 노선 복원을 목적으로 추진된 경의선 공사는 문산에서 개성까지 끊어진 철도 24km(남북 각각 12km)를 연결함
- 남측은 문산~군사분계선 간 12km 철도를 복구하고 국경역인 도라산역을 신설함
- 북측은 군사분계선~봉동 간 8km에 철길을 새로 놓고, 봉동~개성 간 4km를 보수하는 공사를 실시함

경의선 연결에 따른 경제・사회적 파급효과

① 경의선 연결에 따라 운임 비용의 절감
② 한반도 종단철도가 대륙의 철도 노선(TCR, TSR)과 연계운행 시 현재 수송비와 수송 시간이 70% 정도 수준까지 절감 가능함
③ 남북 교역량의 80% 정도가 경의선을 이용 가능함
④ 운임수입이 증대됨
⑤ 한반도~중국~러시아~유럽 연결 철도망 구축으로 한반도는 대륙철도인 TCR, TSR의 물류 전진기지가 됨
⑥ 부산항, 광양항이 아시아 컨테이너 중심 항만으로 확고한 위치 차지함
⑦ 남북한 철도 노선의 연결로 우리나라의 국가 신뢰도 및 국가브랜드 향상에 기여함

경의선 연결 현안과제 및 중단기 극복과제

① 북한 철도의 일부구간이 광궤(1,522mm), 협궤(1,435mm 미만) 등 남한 철도궤간과의 조정 작업이 필요함
② 신호, 통신 시스템 보완장치 및 전력방식 차이로 연결구간 처리를 위해 기관차에 이중 모드 설치가 필요함
③ 공공 운영과제로 우선 명확한 선로용량 산정에 따라서 운행계획을 수립해야 함
④ 차량기지, 기관차사무소 등의 운영방안과 열차운행 계획의 협의와 시설 사용에 따른 사용료와 운임 등에 관한 협정체결이 필요함
⑤ 국경역 설치 시, 군사분계선에 남북공동역은 상징적 효과는 크나, 남북한 간의 까다로운 협상절차가 예상되며, 단기적으로는 별도역으로 운영하고, 장기적으로는 공동역 운영체제로 발전해야 함
⑥ 제도적인 측면에서 남북 간 통행협정의 체결, 협정의 대상과 범위를 정해야 함
⑦ 상호주의 및 불간섭주의 의무, 통행수수료의 정산, 과제 및 수수료 면제범위, 재난 시 구조의무, 기록문서의 상호송달, 통행 관련 정보의 수시제공 등에 관한 협정체결이 필요함
⑧ 대륙으로 연결되기 위해서는 TCR, TSR 노선과 연결되어야 하는데 이에 따른 과제로 러시아와의 궤간 차이를 극복해야 한다. 이를 위해 장기적으로는 대차를 교환하여 운행하는 방법을 모색하고, 동시에 기관차와 화차를 연결하는 연결기의 표준화가 필요함

2.4 국가 간선철도 계획

1) 국가 간선철도 계획의 개요

국가 간선철도 계획의 개요
① 철도망 구축에 관한 기본계획의 미비로 장기적인 정책수립 시 투자 우선순위가 교통시설의 실질적인 효율성 등에 의하는 것보다 상황 대응적 방법에 의해 결정함
② 국토 공간구조 및 교통환경의 변화에 대비하는 차원에서 모든 교통수단을 포함한 교통시설을 망라한 가운데 국가교통계획의 개념을 활용한 장기 철도망 구축을 위한 기본계획의 수립이 절실히 요구됨
③ 장기 종합 국가교통계획은 철도 투자재원의 확보에 있어서도 장기적으로 안정적이고 연속적인 재원확보를 전제로 한 실행계획으로의 성격을 가져야 됨

2) 간선철도망 구축방법 및 순서

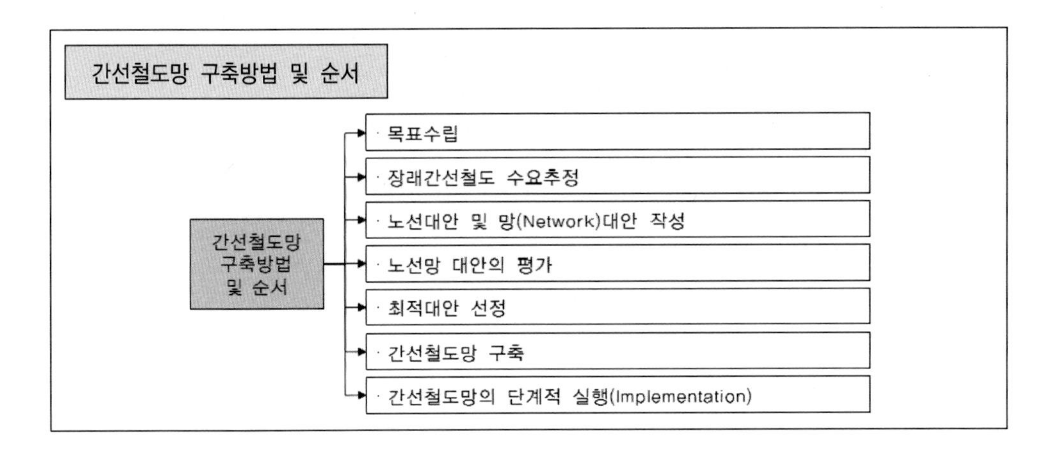

3) 간선철도망 구축의 기본목표

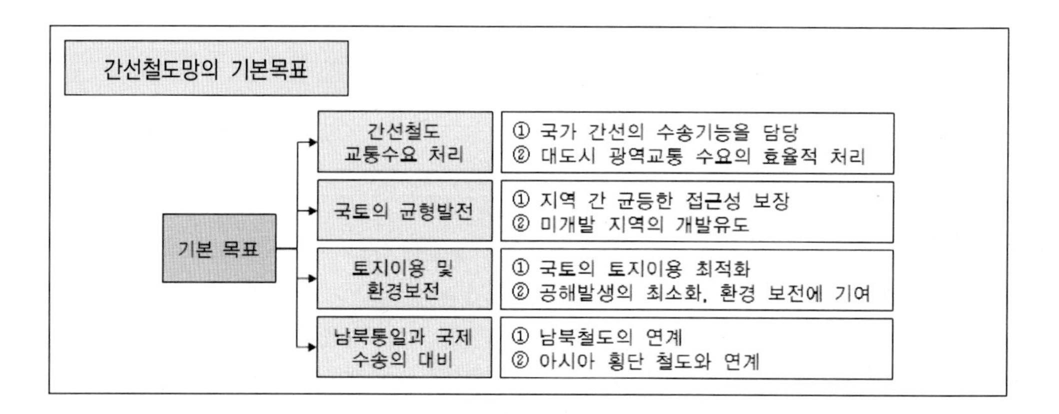

4) 간선철도망 구축의 기본방향

간선철도망 구축의 기본방향

① 장거리 대용량 수송에 필수적인 노선
  – 수도권 및 광역도시 간을 2~3시간대로 연결하는 고속철도망의 구축
② 지역 균형발전과 통행 기본권 확보를 위한 노선
  – 주요 도시에서 고속간선망에 접근 가능토록 간선 철도망의 정비 및 기타 지선 접근체계의 구축
③ 원활한 산업활동 지원체계 구축에 필요한 노선
  – 주요 산업단지와 항만을 기존의 간선 철도망에 연계하는 산업철도망의 구축
④ 기존 철도망의 효율성을 높이기 위한 연계노선
  – 미연결 구간 및 병목구간의 해소로 노선망 효과 증대
⑤ 동북아 및 북한과의 연계철도망 구상 노선
  – 장거리 대용량 노선들과의 연결

5) 간선철도망 구축방향

간선철도망 구축방향

- 수도권과 주요권역을 연결하는 X자형 한반도 종단 고속철도망을 구축함
  - 남북철도의 연계
  - 아시아 횡단철도와 연계
- 주요 간선철도는 기본적으로 고속철도 신설과 연결하여 고속철도 차량을 직접 운행할 수 있도록 선로 개량 및 전철화함
  - 주요 5대 간선 전철화(경부, 호남, 전라, 중앙, 장항선)에 집중투자 원칙
  - 지역 내 철도건설은 지방재정 여건을 감안하여 지자체 주도로 추진

6) 한반도 X자형 철도 네트워크 구상도

2.5 철도의 수송능력 증강방안 및 쟁점

1) 철도의 수송능력과 수송능력 증강 방안

철도의 수송능력과 수송능력 증강 방안
① 수도권 내 주요권역을 연결하는 철도망을 구축함
② 한반도 종단 고속철도망을 구축함
③ 수송능력 증강은 수송수요를 만족시킬 만큼의 수송력을 제공함
④ 통근통행에서는 혼잡률 완화 등 서비스의 향상을 위해서도 수송력을 제고시켜야함
⑤ 차량 및 시설물의 개량으로 수송력을 증강시킴
⑥ 수송력 증강의 기본시책은 선로의 지속적인 증설임

2) 철도 수송능력 현황

철도 수송능력 현황
① 2010년 말 기준 81개 노선(43개지선포함) 3,557km운영
② 복선화율 50%, 전철화율 60%
③ 여객수송은 간선노선의 이용객 감소로 80년대 이후 계속 감소하다가 수도권전철화 이용객 증가 및 고속철도개통으로 전체적으로는 증가추세 → 전철 878백만인, 고속철11만인
④ 단거리 철도교통을 담당하는 통일호 이용객의 현저한 감소
⑤ 중장거리 통행은 고속철도 이용함
⑥ OECD가입국가 중 20개 국가와 비교 철도이용수준에 비해 낮은 시설규모임*

* - 철도운영실적은 20개 국가 평균의 3배 수준
- 철도연장은 20개 국가 평균(11,047KM)의 1/3수준
- 복선연장은 20개 국가 평균(4,515KM)의 30%수준
- 전철연장은 20개 국가 평균(5,775km)의 29%수준

3) 철도 수송능력 문제점

수송력 부족의 영향

① 열차의 표정속도가 늦어짐
② 열차의 지연회복이 곤란하게 됨
③ 수송서비스의 저하됨
④ 배차간격(운행시격)이 수요에 탄력적으로 대응하지 못함

4) 수송력 증강의 제약요인

수송력 증강의 제약요인

① 선형의 제약: 기존 선형의 변경에는 열차운행의 제약과 막대한 예산이 소요됨
② 정거장의 제약: 기존 정거장, 신호장 등의 철도시설은 물론 정거장 주변시설물의 저촉에 따른 제약이 발생함
③ 공사방법상의 제약: 열차를 운행하면서 공사를 수행하여야 하므로 공사기간 장기화, 공사비의 증대 및 안전사고 발생의 제약 발생함
④ 공사공간 및 기간 제약: 공간의 제약으로 각종 중장비의 다량투입이 곤란하고 공사속도가 늦어져 공사기간이 지연되는 경우가 빈번함

5) 철도수송능력 증강 방안

수송력 증강의 원칙

① 경제적으로 유리하고, 투자효과가 클 것
② 시공이 용이하고, 공사기간이 짧을 것
③ 장기간 수송수요에 충분히 대처 가능할 것
④ 일반적 투자순위: 신호→차량→정거장→선로 순임

열차 운행방식 개선

① 열차의 고밀도 운전 : 열차의 운행횟수 증가시킴
② 열차의 고속화 : 열차의 속도 향상시킴
③ 선로용량을 증대시킴 (2층 열차, 열차수 증가)
④ 1개 열차의 수송단위 증대시킴 : 중련운전, 다방향 복합열차
⑤ 효과적 열차 다이어 편성 : 최적열차 운행 다이아를 설정함

ATO 전동차 활용

① ATO(Automatic Train Operation)도입으로 열차 간 근접운행으로 운행시격단축
② 혼잡시간대에 ATO 전동차 집중배치로 혼잡도 완화

신호개량

① 신호장치의 현대화(자동화)
- CTC, ABS를 설치하여 역간에 수개의 열차 운행함

② 폐색구간(역간 거리) 단축
- 단선 구간 중 역간 거리가 긴 곳은 중간에 신호장이나 교행역을 두어 대피선을 설치, 열차를 교행함
- 복선 구간은 자동폐색장치 ABS를 설치하여 역간에 수개(1개 이상)의 열차를 운행함

차량의 개량

① 고 견인력의 기관차를 도입
② 대차의 경량화
③ 틸팅카의 도입

정거장 개량

① 유효장 연장(화물 수송량 증가)
② 승강장의 연장
③ 대피선 추가 설치

선로개량

① 궤도구조강화	Ⓐ 레일 중량화 Ⓑ 레일 장대화 Ⓒ 2중탄성체결 Ⓓ PC 침목 Ⓔ 도상후층화 Ⓕ Slab 궤도 도입 Ⓖ 강화노반
② 선형 개량	Ⓐ 곡선반경 확대 Ⓑ 완화곡선 신장 Ⓒ cant 재설정 Ⓓ 기울기 등 선형개량 Ⓔ 우회노선 개량으로 노선거리의 단축

전철화로 견인력 향상

- 전기기관차를 사용하여 견인력이 향상됨

선로의 복선화·2복선화로 선로용량 증대

- 복선화·2복선화는 방향선별 운전이 가능하여 열차횟수가 증가되고 선로용량이 증가하는 사장 효과적인 방법이나 투자비가 많이 소요됨

6) 철도의 투자

철도의 투자

① 정부의 철도 투자부족으로 시설부족 및 낙후된 상태이나 최근 들어 정부의 철도 투자비 증가로 철도르네상스시대를 예고하고 있음
② 그간의 투자는 선형개량, 보수수준으로 수도권전철 및 경부고속철도를 제외하면 투자가 제한적이었으나 최근에는 고속철도뿐만 아니라 일반철도에 대한 투자가 증가하고 있는 실정임
③ 2001년 이후에는 매년 1조원 이상이 철도에 투자되고 있으며, 특히 2008년도에는 1조5천억 이상이 투자되어 노후된 철도개량 및 복선전철화를 중심으로 선로용량 확대에 있음
④ 유럽연합 등 선진국에 비교하면 철도투자규모는 도로에 비해 절대적으로 부족한 수준임

철도의 용량

① 대부분의 간선철도의 선로용량은 한계에 도달했음
② 철도구간별 시설수준의 상이 등으로 일관적이고 효율적인 열차운행에 차질이 있음
③ 수요증가에 철도노선 공급이 적절히 대비하지 못함
④ 철도망 공급의 미흡으로 균형적 지역발전에 기여하지 못함

철도의 서비스

① 일부 철도노선의 서비스 수준이 낮아 이용자 요구에 부응이 곤란함
② 경부고속철도를 제외한 열차운행속도 향상 미비함
③ 수도권 일부 광역철도를 제외한 열차운행횟수 증가 미흡함

철도의 네트워크

① 연계노선 미비로 이용 불편함
② 노선간 연계시킨 시스템 구축의 미흡으로 일부노선의 이용률이 저조함
③ 고속철도와 일반철도 간 시설수준 격차가 심화됨
④ 고속철도 정차역 환승 및 연계교통시스템이 미비함
⑤ 항만, 산업단지, 화물터미널과 연결 철도망이 미흡함

글로벌 교통 네트워크

① TSR 연결수송로 미비로 글로벌교통수요에 대응하지 못함
② 남북연결 철도의 수도권 우회노선 미비함
③ 철도와 선박간의 연계교통망구축이 미흡함

2.6 기간교통망계획 수립 · 시행 시 우리나라 철도 관련 쟁점사항

개요

- 도로, 철도, 공항, 항만 등 교통체계별로 상호 연관성이 없이 단편적으로 확충함으로서 통합적 국가교통 정책 목표를 달성하는데 한계가 있음
- 교통시설 확충과 병행하여 교통체계의 운영개선 등 효율적인 국가 종합 교통체계를 구축해야 할 필요성이 대두됨
- 동북아 중심시대에 대비 체계적인 장기 종합 교통체계의 구축을 토대로한 기간교통망 계획을 수립함

철도 부문의 문제점

- 철도 여객수송수요는 지속적으로 증가, 철도시설은 거의 답보상태임
  - 여객수송 : 832백만 명('97) → 989백만 명('07)
  - 철도영업연장 : 3,118km('97) → 3,557km('10)
  - 선진국과 비교하여 철도밀도는 독일의 1/4수준, 일본의 1/2수준에 불과
- 철도시설의 부족으로 주요 간선축에 열차 추가 투입이 곤란
  - 한계용량도달 : 경부선('89년), 중앙선('92년), 전라선('94년)
- 철도시설 낙후로 인해 용량한계, 주행속도 제약 및 안전도 저하
  - 복선화율 : 50%
  - 전철화율 : 60%
- 지역 간 교통량 처리에는 한계 장거리(200km 이상) 육상여객 수송부담비율 : 철도 11.2%, 도로 88.8%
- 도시철도망 체계 및 대중교통과의 연계성 미흡
  - 도시철도망과 버스 · 마을버스 등과의 연계 교통시스템 구축이 미흡함
- 지하철도 방식의 중량 정철 시스템에 치중
  - 지하철 건설비용이 1㎞당 2,000억
  - 건설비용이 상대적으로 저렴함 경전철의 투자 미흡
- 불합리한 도시철도노선
  - 일부도시철도노선의 굴곡으로 이용자에게 불편 초래 (서울지하철 3호선 압구정–고속터미널–교대)
  - 강북의 북서축, 강북의 북동측의 남북도시철도노선의 미연결구간으로 교통사각지대가 발생

3. 국제 간 철도

3.1 TSR(Trans-Siberian Railway)

1) TSR의 정의

TSR이란

- 시베리아 횡단철도는 동북아시아와 유럽(또는 중동지역) 간에 Door-to-Door(문전에서 문전까지) 운송 서비스를 수행하기 위해 시베리아 철도를 이용하는 해륙 복합 운송 시스템

2) 운송방법

TSR의 운송방법

- Voctochny 항까지 해상운송이 이루어진 후 여기서 행선지별로 컨테이너 전용화차(Block Train)로 시베리아 대륙을 횡단하여 유럽 또는 중동지역으로 운송함

3) TSR의 장점

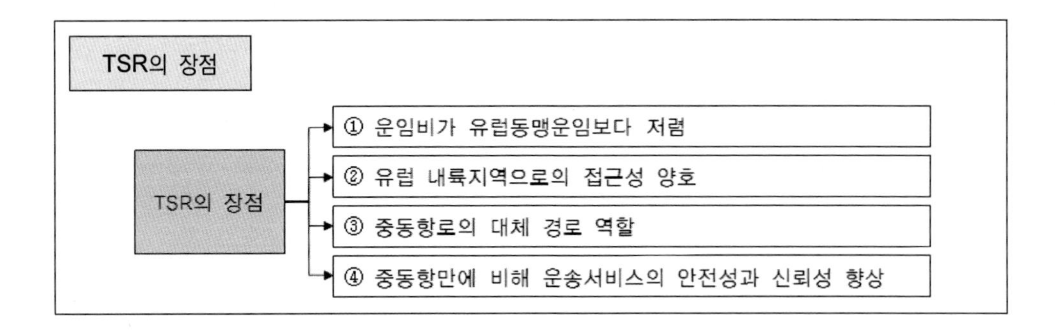

4) 국내 철도와의 관계

국내 철도와의 관계

① 현재 복원 중인 경의선(서울~신의주)철도는 TSR과 몽골횡단철도(TMGR)로 나눠지는데 TMGR은 TSR과 만나게 됨
② 경원선(서울~원산)을 연결하게 되면 TSR 노선의 극동지역 출발역인 블라디보스토크가 바로 연결되기 때문에 이 경우 유럽으로 가는 화물이 중국횡단철도(TCR)를 이용할 필요가 없어지게 됨
③ 남북철도의 연결로 부산에서 유럽까지 전용화차(Block Train)를 이용한 일괄수송이 가능해졌으나 연결 시 궤간이 달라 운행방안이 검토되어야 함

5) 파급효과

파급효과

① 물류비 절감 → 수출채산성 향상
② 운송시간 단축 → 관광수입 증대
③ 자원(석유, 천연가스)의 안정적 확보
④ 미국 의존적 노선 → 러시아, 중국, 유럽 등의 다각화된 노선체계 확보
⑤ 동북 동남아 시장 확보 →국가 경쟁력 강화

6) 궤간 상이구간 운행방안

궤간 상이구간 운행방안

① 궤간 차이 해결방안(국내: 표준궤간, TSR: 광궤)
- 궤간의 재구성, 신설 건설, 이중 궤간, 환적, 대차의 교환, 궤간 가변대차의 사용함

② 적용 방안
- 환적 또는 대차의 교화
  - 국경역에 별도의 시설이 요구되고 운영에 필요한 제반 비용이 많이 소요됨
  - 한시적으로 사용은 가능하나 경제적인 수단은 되지 못함
- 궤간 가변대차의 사용
  - 궤간의 변화와 상관없이 부산에서 유럽까지 하나의 열차로 화물을 운송할 수 있는 방안임
  - 국경통과 절차만 완료되면 즉시 통과할 수 있어서 상당히 빠른 방안임
  - 환적이나 대차교환에 따르는 부수적인 시설이 필요치 않은 경제적인 방법임

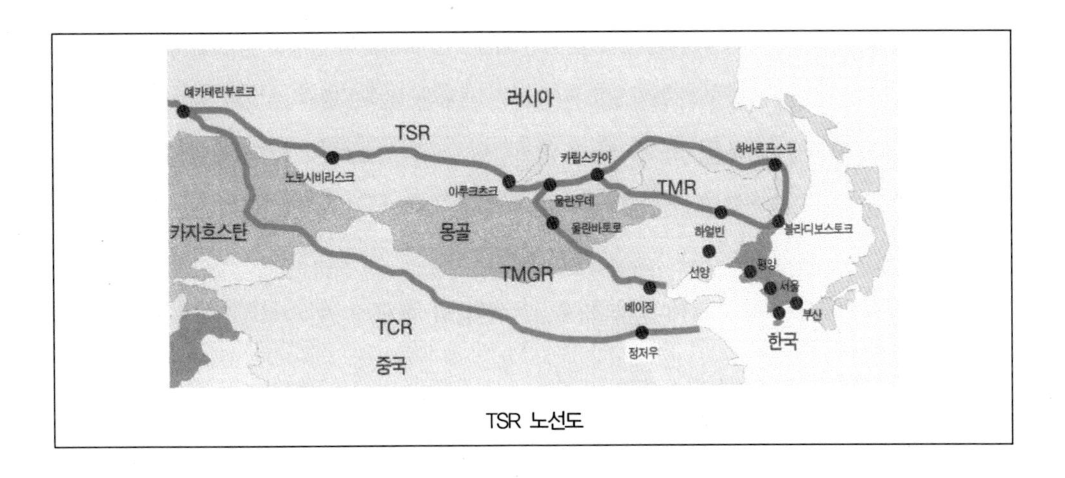

TSR 노선도

3.2 TCR(Trans-China Railway)

1) TCR의 정의

TCR이란	• 중국 횡단철도는 중국의 연해항만도시에서 카자흐스탄, 러시아의 모스크바, 독일의 베를린을 거쳐 네덜란드의 로테르담으로 이어진 운송 시스템

2) TCR의 특징

TCR의 특징	• 중국 내 TCR의 총연장은 4,131km로 10개 성의 주요 중심도시를 관통함 • TCR이 지나는 지역의 인구는 중국 전체 인구의 30%에 해당하는 약 4억 명이며, 면적은 360만㎢로 중국의 36%를 차지함

3) 국내 철도와의 관계

국내 철도와의 관계

① 우리나라와 중국 서부 지역 및 중앙아시아 간 화물운송에서 TSR과 비교하여 거리가 단축됨
② 한국의 대 중국 중앙아시아 화물이 중국의 롄윈강, 르자오 등 연해항만을 통해 철도로 연계 운송되는 해륙복합운송이 가능함
③ 카자흐스탄과 러시아 국경을 통해 유럽으로 연결되는 등 목적지별로 다양한 루트를 제공함

4) TCR과 TSR의 비교

TCR과 TSR의 비교

① TCR이 TSR보다 전구간이 한랭지대에서 벗어나 있으므로 지리적 위치나 기후조건이 더 나음
② 연계된 항만이 국제적 수준의 항만이 다수이며 화물처리능력 또한 크고 사시사철 작업할 수 있는 조건임
③ TCR의 운송거리가 TSR보다 더 짧아 육상운송거리가 2000~5000km 정도 단축됨
④ TCR이 통과하는 국가 및 지역이 모두 30여 개에 이르며 총 면적이 5071㎢, 거주 인구가 세계 인구의 75%를 차지함

5) TCR 노선도

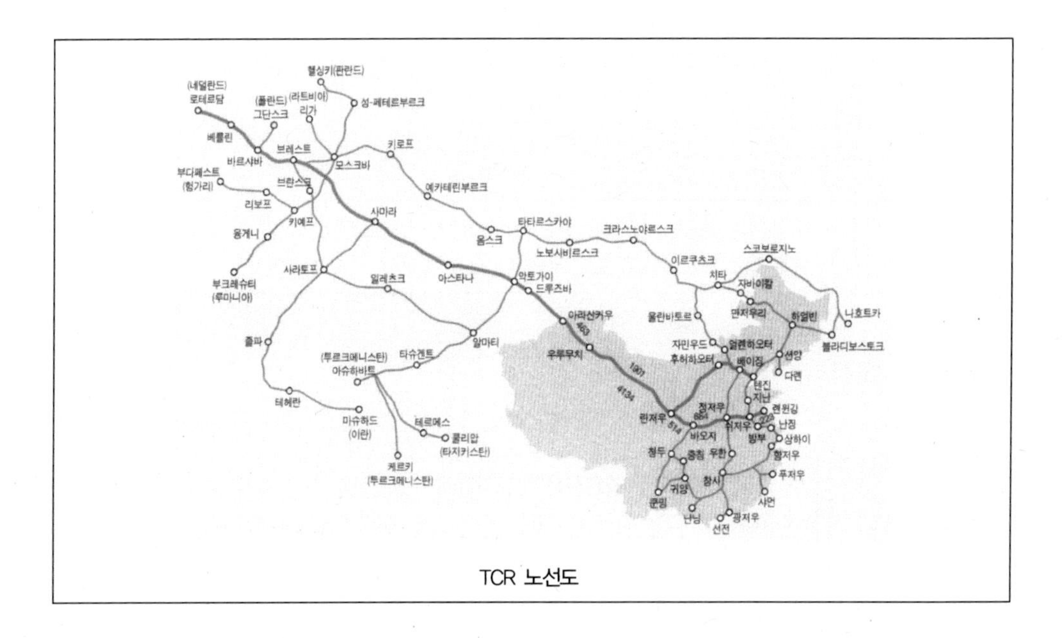

TCR 노선도

3.3 TKR과 TSR 연결 주요 쟁점별 각국의 입장

TKR과 TSR 연결 주요 쟁점별 각국의 입장

구분		한국	러시아	북한
북한 철도 현대화	주체	이해당사국 및 국제협력	이해당사국 및 국제협력	북・러 협정에 근거
	재원조달 방식	모든 방안 검토 (상업자본 적극 활용)	국제컨소시엄	러시아정부 단독 부담
TKR-TSR 연결 선호노선		수도권 통과노선 (동해선 조기 실현곤란, 경원선 선호)	경제성을 우선 고려한 노선 (대안 노선 검토, 경원선 연결 동의)	동해선 (경원선 연결 불가)
북・러 간 북한 철도 실태 공동조사자료 공개		공개 요구	북한 동의하에 공개 가능	공개 불가
남・북・러 3국의 북한 철도 공동조사		경제적 타당성분석 및 상업자본 유치를 위해 필요 (실태자료 공개 시 일부 시설물로 제한 가능)	시간 단축, 비용 절감 측면에서 원칙적 반대 (북한 동의 시 가능)	불필요
컨테이너 시범운송		조기 실현 희망	찬성	원론적 반대 (추후 검토)
한국의 OSJD 가입		조기 가입 요청	지지	반대 (철도 연계 후 검토)

4. 고속철도 설계기준

4.1 고속철도 설계기준

1) 고속철도 설계기준

고속철도 설계기준

- 고속철도 설계기본은 고속운전을 위한 건설기준을 구비해야 하므로 기존철도의 건설기준과는 현저히 다름
- 고속철도 건설의 구비요건

① 고속운전에 제약받지 않을 정도로 곡선반경이 커야 함
② 1개 열차의 견인력에 제약을 받지 않을 정도로 선로 종단기울기가 급하지 않아야 함
③ 고속운전을 효율적으로 운행하기 위해서는 충분한 역간 거리가 필요함
④ 안전운행을 100% 신뢰할 수 있는 2중, 3중의 보안장치가 확보되어야 함

2) 설계요소별 설계기준

설계요소별 설계기준

구분	고속철도	기존철도 1급선	비고
1) 속도	350km/h 이상	200km/h 이상	$R = \frac{11.8 \times V^2}{C_m + C_d}$
2) 최소곡선반경	7,000m 이상	2,000m 이상	
3) 선로 종곡선반경	49,000m 이상	16,000m 이상	
4) 완화곡선장	$L = 10 \times V \times Cm = 3,500Cm$	$L = 8.75 \times V \times Cm = 1,700Cm$ (설치개소: R=5,000m 이하)	C_m: 설정 최대캔트량 C_d: 최대캔트부족량
5) 선로최급기울기	$\frac{15}{1,000}$ (단, 부득이한 경우: $\frac{25}{1,000}$)	$\frac{10}{1,000}$	
6) 시공기면 폭	4.5m	4.0m	궤도중심에서 기면턱까지
7) 궤도중심 간격	5.0m	4.0m	–
8) 교량 부담량	HL 하중 적용	LS-22 하중 적용	–
9) 도상두께	35cm 이상	30cm 이상	–

3) 기타 설계기준 비교

기타 안전관련 건설기준 비교

① 선로 방호설비(선로 양쪽 울타리, 낙하물 방지 및 검지설비 설치)
② 진입도로 및 선로 평행도로 설치(선로 유지보수용 및 비상시의 구조용)
③ 교량하부 등 보호시설 설치(낙하물 방지망 설치)
④ 비상진입 도로 설치

4.2 철도궤간

1) 철도궤간

철도궤간이란

- 일반적으로 철도란 두 개의 평행한 레일 위를 차량이 달리는 것이라고 정의함
- 궤간이란 한쪽 레일에서 마주보는 레일까지의 거리로서 궤도의 폭을 의미함
- 궤간거리는 한쪽 레일의 꼭대기(맨 위)에서 바로 아래 14mm 지점에서 마주보는 레일의 꼭대기까지 내측거리를 말함

2) 표준궤간

표준궤간이란

- 초기의 궤간은 철도시스템 자체가 주문생산이므로 철도회사에 따라 다양한 형태로 생산
- 철도가 짧은 노선과 노선을 연결하고, 중 · 장거리 수송 네트워크로서 중요하다는 점이 인식되면서 철도 궤간을 통일시켜야할 필요성이 제기됨
- 영국에서 1846년 그랜드스톤 내각이 철도의 궤간을 통일시키는 궤간법을 제정하여 궤간 1435mm로 표준화함
- 1435mm가 표준궤이며 이 보다 넓은 것은 광궤, 좁은 것은 협궤라고 부르게됨

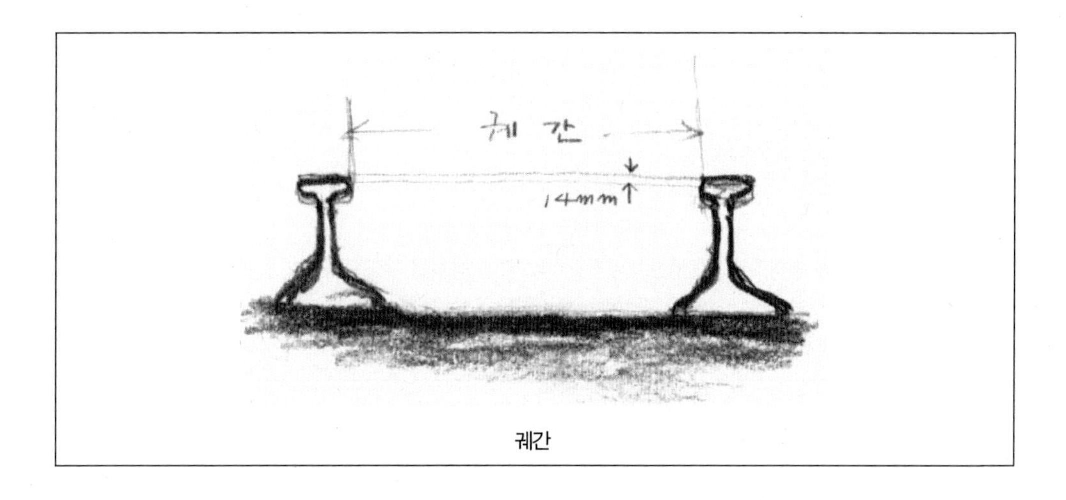

궤간

3) 주요국가의 철도개통 연도 및 궤간

주요국가의 철도개통 연도 및 궤간

국가	개통 연도	궤간(mm)	국가	개통 연도	궤간(mm)
한국	1899	1,435	인도	1853	1,676
영국	1825	1,435	호주	1854	1,067
프랑스	1830	1,435	브라질	1860	1,000
미국	1831	1,435	일본	1872	1,067
러시아	1837	1,520	미얀마	1877	1,000
스페인	1848	1,668			

4) 광궤철도

광궤철도 구축 배경

- 광궤철도는 크게 두 가지 종류로서 하나는 스페인계(1668mm)와, 다른 하나는 러시아계(1520mm)임
- 이 두 나라가 세계적인 표준궤를 포기하고 광궤를 자국 철도로 설정하게 된 것은 프랑스의 침략에 대한 위협때문임
- 당시 도로교통망이 발달되지 않았으므로 철도가 전략적으로 중요한 운송수단이었기 때문에 이런한 철도기반을 바탕으로 프랑스의 침략을 방지한 것임

광궤철도의 특징

- 광궤는 표준궤에 비해 건설비가 많이 소요되지만 고속운전이 가능한 이점을 지니고 있음
- 대형기관차가 운행하게 되어 고용량수송에다 고속주행이 가능함
- 광궤는 궤간이 넓어 열차의 안전성을 유지할 수 있음
- 협궤에 비해 상대적으로 건설비 및 유지비가 추가로 소요됨

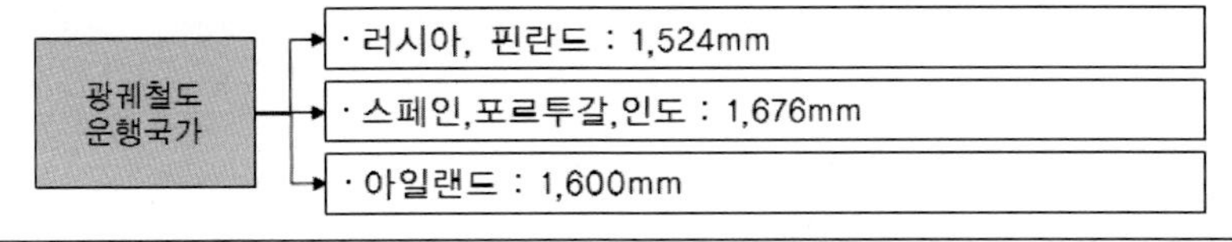

5) 우리나라의 궤간

우리나라 궤간에 대해

- 우리나라의 철도 노선은 표준궤간으로 구성되어 있음
- 수원~인천 송도 간 철도는 궤간 762mm의 협궤로서 1937년 3월 일제가 인천항을 통해 소금을 일본으로 가져가기 위해 52.81km를 건설하였음
- 수인선은 복선전철사업에 따라 1994년 9월 1일 인천 송도~안산 한양대역 간 26.9km가 폐선되었고, 1995년 말 수원~한양대역 간 20km가 추가로 폐선되었음
- 남북한 간의 단절된 철도망인 경의선, 동해선, 경원선이 복원되면 북한의 두만강역에서 바로 러시아의 광궤철도와 연결이 가능함
- 현재도 북한과 러시아 간의 철도는 연결되어 있지만, 화물수송이 거의 이루어지지 않아 폐선에 가까운 상태임
- 북한과 러시아는 두 국가 간의 궤간 차이를 해결하기 위해 1970년대에 광궤와 표준궤가 같이 부설된 혼합궤도를 부설함
- 두만강 철도는 광궤와 표준궤철도가 모두 부설된 복합궤도임

러시아 광궤철도

광궤와 표준궤가 부설되어 있는 두만강 철교

5. 철도관련 부서 · 연구원 · 회사

5.1 운영기관 현황

1) 한국철도공사

한국철도공사

- 대한민국 최대 규모 철도운영회사(7조)
- 12개 본부, 5개 자회사, 6개 부속기관

· 서울 본부	· 수도권 동부 본부
· 수도권 서부 본부	· 대전 충남 본부
· 경북 본부	· 부산 경남 본부
· 광주 본부	· 충북 본부
· 전북 본부	· 전남 본부
· 대구 본부	· 강원 본부
· 코레일네트웍스	· 코레일로지스(물류)
· 코레일유통	· 코레일테크(안전/기술)
· 코레일관광개발	· 코레일공항철도

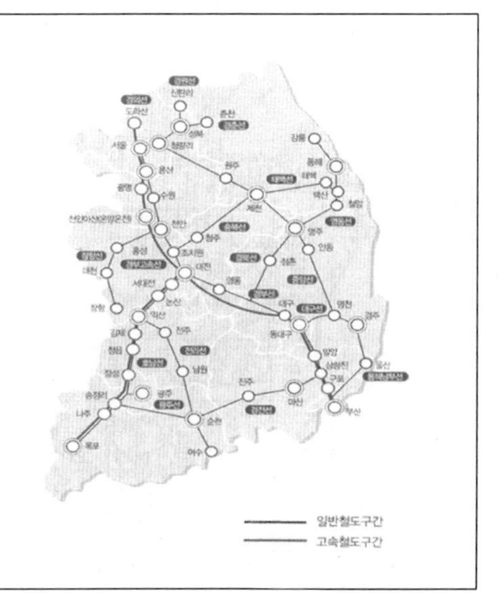

2) 서울메트로

서울메트로

- 대한민국 최초 도시철도 운영기관
- 117개 역, 134.9km(영업노선) 운영
- 1호선: 서울역~청량리(7.8km)
- 2호선: 성수~성수(60.2km)
- 3호선: 지축~수서(36.2km)
- 4호선: 당고개~남태령(31.7km)
- 안전운행 및 정시율 중시
- 부산~김해 경전철 운영
- 해외에 운영기술 수출(베트남)
- 저항–쵸파–VVVF, 30년간 361억 명

3) 서울시도시철도공사

서울시도시철도공사

- 대한민국 최대 도시철도 연장
- 148개 역, 152.0km(영업노선) 운영
- 5호선: 방화~상일동, 마천(52.3km)
- 6호선: 응암~봉화산(35.1km)
- 7호선: 장암~온수(46.9km)
- 8호선: 암사~모란(17.7km)
- 수송인원: 2,286,000명/일
- 부대수입: 143,000,000만 원/일
- 당기손익: +2,000억 원 이내

4) 서울9호선운영(주)

서울9호선운영(주)

- 대한민국 최초 민간투자 도시철도
- 25개역, 27.0km(영업노선) 운영
- 개화~신논현(1단계 개통)
- 급행열차 운영으로 통행 시간 단축
- 일반열차 44분, 급행열차 27분
- 동일구간 버스통행: 1시간 이상 소요
- South Link 9
- BTO 방식 민자 설립 도시철도

5) 인천지하철공사

인천지하철공사

- 인천광역시 1호선(3호선까지 계획)
- 29개 역, 29.4km(영업노선) 운영
- 1호선 부평역 환승 이용객 다수
- 7호선 연장 후 부평구청 환승 예정
- 계양~국제업무지구
- 전 역 PSD 설치로 안전 강화(진행 중)
- 인천 발전의 견인차 역할
- 첨단 시스템 도입 등 개혁적 경영
- 서울 제외 지방지하철 중 이용객 1위

6) 부산교통공사

부산교통공사

- 대한민국 제2도시 도시철도 운영회사
- 92개 역, 95.8km(영업노선) 운영
- 총원 3,460명(정원 3,480명)
- 1호선: 신평~노포동(32.5km)
- 2호선: 양산~장산(45.2km)
- 3호선: 대저~수영(18.1km)
- 4호선(반송선) 개통예정
- 14개 역, 12.7km
- 동래역(1호선), 미남역(3호선) 환승

7) 대구도시철도공사

대구도시철도공사

- 아픔을 딛고 발전하는 도시철도
- 56개 역, 53.9km(영업노선) 운영
- 총원 2,100명
- 1호선: 대곡~안심(25.9km)
- 2호선: 문양~사월(28.0km)
- 최종 5호선까지 도시철도 계획 중
- 3호선(Monorail) 개통 예정
- 북구 동호동~수성구 범물동
- 30개 역, 23.95km

8) 대전도시철도공사

대전도시철도공사

- 푸른도시 녹색교통 대전도시철도
- 22개역, 20.5km(영업노선) 운영
- 총원 580명
- 1호선 : 반석~판암 (20.5km)
- 2호선 : 순환선 (26.19km) 계획 중
- 유성온천, 서대전네거리, 대동 환승

9) 광주도시철도공사

광주도시철도공사

- 안전, 혁신, 문화의 광주지하철
- 20개 역, 20.5km(영업노선) 운영
- 1호선: 평동~녹동(20.5km)
- 2호선: 순환선(42.51km) 계획 중
- 지선 건설(12.1km)
- 광주역~시청(7.1km)
- 광산구 운남지구~송정공원역(5km)

10) 운영기관 현황비교

운영기관 현황비교

구분	개통 연도	개통 노선	현 인원	총노선	총역사
코레일	1899. 09. 18	경인선(노량진~제물포)	31,678명	3,400km	640개
서울메트로	1974. 08. 15	1호선(청량리~서울역)	10,118명	135km	117개
서울도시철도공사	1995. 11. 15	5호선(왕십리~상일동)	6,845명	152km	148개
서울9호선㈜	2009. 07. 24	9호선(개화~신논현)	526명	27km	24개
코레일공항철도㈜	2007. 03. 23	인천국제공항~김포공항	367명	38km	6개
인천지하철공사	1999. 10. 06	(인천)1호선(박촌~동막)	1,011명	23km	23개
부산교통공사	1981. 06. 23	(부산)1호선(노포동~범내골)	3,450명	96km	94개
대구도시철도공사	1997. 11. 26	(대구)1호선(진천~중앙로)	2,007명	54km	56개
대전도시철도공사	2006. 03. 16	(대전)1호선(판암~정부청사)	564명	21km	22개
광주도시철도공사	2004. 04. 28	(광주)1호선(녹동~상무)	581명	21km	20개
계			56,621명	3,967km	1,150개

5.2 연구기관 현황

1) 한국철도기술연구원

한국철도기술연구원

- 조직구성
  - 신교통 연구, 고속철도 연구, 광역도시철도 연구, 시험인증센터, 녹색교통 물류 시스템 공학 연구
- 신교통 인프라 연구
  - 신교통 인프라 관련 기술개발
  - 신형식 및 신소재 적용 교통 인프라 기술
  - 신교통 인프라 건전성 평가 및 예측 기술
  - 신교통 인프라 기준, 설계, 시공 및 유지관리 기술
  - 신교통 인프라 내진 기술
- 바이모달 수송 시스템 연구
  - 바이모달 수송 시스템 연구
  - 신에너지 바이모달 트램의 핵심기술 개발
  - 수소연료전지 구동형 대중교통 시스템 개발
  - 대중교통을 위한 수소 인프라 기반기술 개발
  - 저상버스 표준모델 개발 및 개선
  - 바이모달 트램 시스템의 시험선 테스트베드 구축
- 무가선 트램 연구
  - 무가선 트램 연구
  - 무가선 저상 트램 시스템 기술개발
  - 무가선 저상 트램 운영 시스템 및 인프라 기술 개발
- 초고속열차 연구
  - 초고속열차 개발 관련
  - 초고속 자기부상 튜브열차 개발
  - 초고속 자기부상 튜브열차 시스템
- 수요응답형 교통연구
  - 소형전철 시스템 기술개발
  - 소형전철 시스템 운영 및 인프라 기술 개발
  - 소형전철 시스템 제어에 관한 연구
  - 수요응답형 교통 시스템 기술개발

2) 한국개발연구원

한국개발연구원

- 기관운영 목표
  - 글로벌 금융위기 이후 변화된 환경과 정책방향 연구
  - 시장경제의 선진화와 성장 잠재력 확충을 위한 연구
  - 사회통합 제고를 위한 복지지출 효율화
  - 국제개발협력, 지역통합・협력 관련 연구

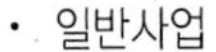

- 일반사업
  - 국자재정운용계획 수립지원 사업
  - 재정투자평가 사업
  - 민간투자지원 사업
  - 시장경제 및 글로벌경제 관련 특화 사업
  - 지속적 발전과 통합을 위한 한국경제의 새로운 패러다임 정립
  - 국제개발협력 사업
  - 개발정책포럼 등

3) 한국교통연구원

한국교통연구원

- 주요 연구 분야
  - 국가 교통 전략기획
  - 국가 교통조사 분석
  - 도로・ITS・안전
  - 철도정책・기술
  - 교통경제・물류
  - 항공정책・기술
- 철도교통
  - 국가 철도망의 시설, 운영 관련 정책 및 기술개발
  - 광역 급행철도 등 대도시권 철도망의 시설, 운영 관련 정책 및 기술개발
  - 새로운 궤도 교통수단의 도입을 위한 연구
  - 철도 중심의 지역개발을 위한 관련 연구
  - 철도 부문 운영기술의 고도화를 위한 연구개발
  - 한국의 해외 철도사업 진출을 위한 전략수립 등
  - 남북 간 철도 및 TSR, TCR 등 국제 철도관련 연구
  - 북한 교통 정보조사, 분석
  - 동북아 교통관련 정책 지원

4) 서울시정개발연구원

서울시정개발연구원

- 주요수행 업무
  - 시정 주요 분야의 정책 개발 및 전문적인 조사 연구
  - 시정 주요 당면과제에 대한 연구용역 및 학술활동 수행
  - 국내・외 연구기관 간 연구 및 정보 교류・협력
- 도시교통연구실
  - 도시철도
  - 대중교통
  - 도로계획 및 정비
  - 교통수요 관리
  - 교통운영
  - 지속가능한 교통체계
  - 도시물류

5.3 대학원 소개

5.4 관련기관 소개

1) 국토해양부

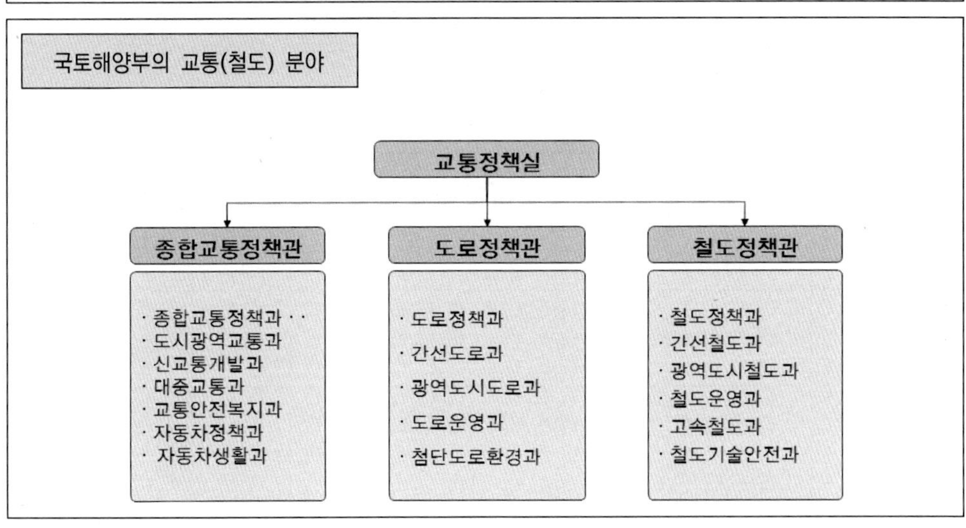

2) 한국철도시설공단

한국철도시설공단

- 주요업무 추진실적
  - 철도 적기 개통으로 국민 교통편익 증진
  - 경부고속철도 2단계 선로전화기·분기기 장애해소
  - 역세권 개발사업 추진 및 해외사업 다각화
  - 철도건설현장 품질·안전 관리체계 개선
  - 철도기술 역량 강화를 위한 철도 주요자재 국산화 마스터플랜 수립
- 조직구성
  - 경영지원안전실
  - 기획혁신본부
  - 건설본부
  - 기술본부
  - 시설사업본부
  - 녹색철도연구원

3) 차량제작회사

차량제작회사

구분	CI	사업 영역	비고
현대로템㈜	HYUNDAI Rotem	· 철도 차량 및 시스템 · 중기 및 플랜트	부산~김해 경전철 차량 도입
㈜우진산전	(주)우진산전	· 경전철 차량 및 시스템 · KTX 설비 · 검수 장비	부산 반송선 차량 도입
포스코 벡터스㈜	VECTUS	· PRT 차량 및 시스템	스웨덴 웁살라 시 시험선 운행
한국 모노레일	KMG	· 모노레일 시스템 전반	강원도 알펜시아 모노레일

4) 용역사 소개

철도 관련 엔지니어링 회사

구분	CI	최근사업	구분	CI	최근사업
유신 코퍼레이션	Yooshin	7호선 연장선 실시설계	건화	kunhwa	9호선 02, 06, 15 공구실시설계
비츠로시스	VITZRO SYS	9호선 1단계 SCADA 구축	서영	西永 seoyeong	용인경전철 민자사업 실시설계
삼안	saman	호남고속철 2, 3공구 설계	제일	CHEIL	9호선 연장노선 타당성조사
수성		광양항 인입선 건설	신성		9호선 15공구 실시설계

■ 이야깃거리

1. 우리나라의 철도관련 기관을 열거하여보자.
2. 우리나라 국가 철도망 구축계획이란 무엇이며 노선구축 내용에 대해 설명해보자.
3. 우리나라 철도 노선들의 종류와 가장 목적 달성도가 높은 노선에 대해 논의해보자.
4. 우리나라 철도 개통예정 노선들을 나열하고 그 노선들의 효과에 대해 생각해보자.
5. 우리나라 철도 정책의 기본방향에 대해 설명하여보자.
6. 우리나라 철도산업의 규모와 향후 발전가능성에 대해 이야기해보자.
7. 국가 철도망 계획의 수립 배경에 대해 설명하여보자.
8. 국가 철도망 계획의 목적은 무엇이며 장래 국가 철도망 구축계획이 왜 필요한지에 대해 논의해보자.
9. 도시교통권역이란 무엇이고 나타난 배경에 대해 이야기해보자.
10. 장래 철도의 발전방향에 대해 논의하여보자.
11. 철도망 계획들의 종류와 각 계획들 간의 관계성에 대해 생각해보자.
12. 국가 간선철도망 계획을 우리나라 지도 위에 간략하게 그림으로 표현해보자.
13. 남북철도 연결사업의 기대효과에 대해 논의해보자.
14. 경의선 연결과제 중 우리가 극복해야 될 사항들에 대해 이야기해보자.
15. 우리나라 간선철도망의 구축방향에 대해 이야기해보자.
16. 철도의 수송능력에 대해 파악하고, 증강방안에 대해 이야기해보자.
17. 국제 간 철도 TSR, TCR이 우리나라에 미칠 영향에 대해 이야기해보자.
18. TSR과 TCR에 발맞추어 우리나라 철도를 활성화시킬 수 있는 방안에 대해 논의해보자.
19. 철도 설계기준에 대해 설명하고, 건설기준에 대해 표로 나타내어 보자.
20. 철도궤간이란 무엇이며, 표준궤간 이외의 궤간들에 대해 이야기해보자.
21. 우리나라의 철도관련 부서, 연구원, 회사는 어떠한 것들이 있으며 이들의 관계성은 무엇인지 설명해보자.

제3부

교통조사 및 교통수요추정

1장 / 교통조사 및 교통조사 방법

1. 교통조사

1.1 교통조사

1) 교통조사란

교통조사란

- 사람과 차량 등 교통시스템에 관한 각종 조사를 말함
- 인식된 문제점을 계략적으로 파악하여 장래의 개선방안을 합리적으로 제시하기 위한 목적으로 실시함
- 교통 시스템을 모니터링(monitoring)하거나, 교통장비를 효율적으로 이용하고 유지하는 데 사용됨
- 새로운 서비스에 대한 이용객의 행태를 예측하는 경우에도 이용됨

2) 교통조사의 개념

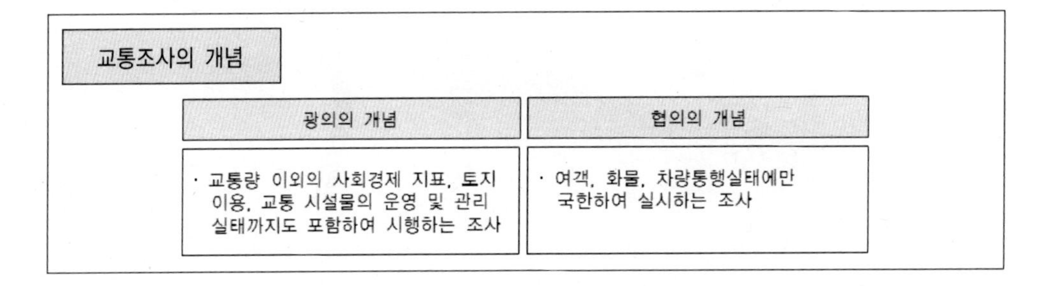

3) 교통조사의 수립 목적

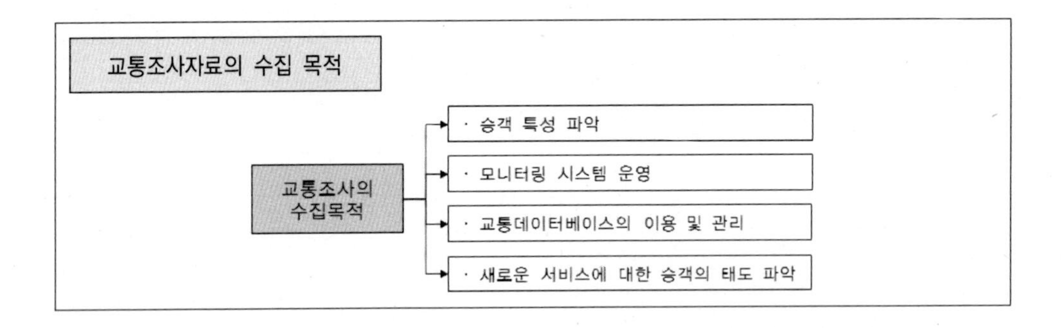

4) 교통조사의 종류

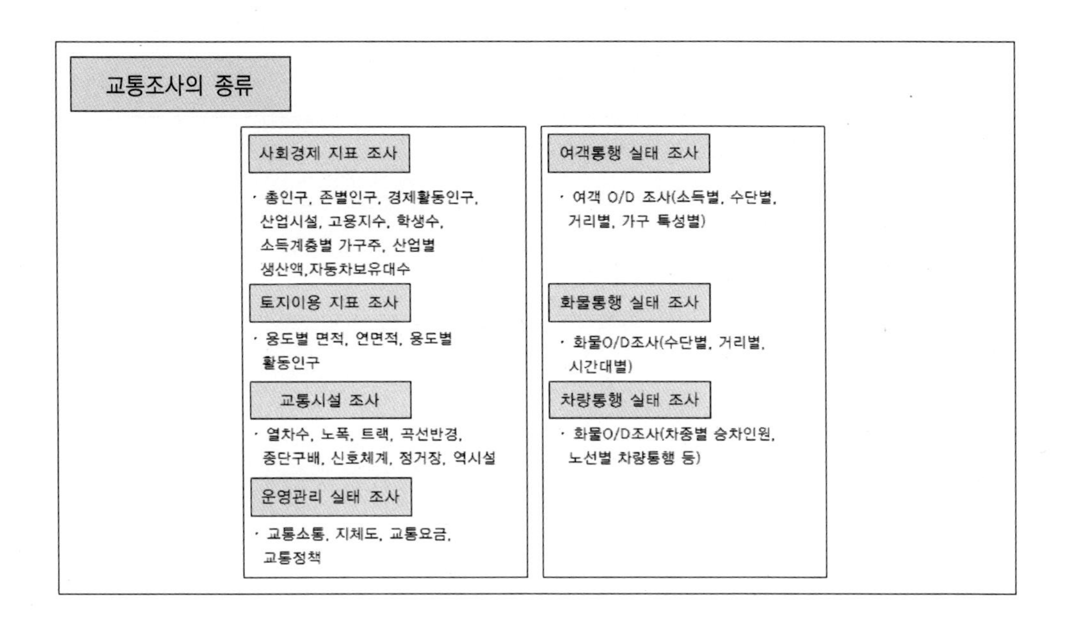

1.2 사람 통행조사

1) 통행이란

통행(trip)이란	· 일정 목적을 갖는 기·종점상의 교통 행위

2) 사람 통행조사의 개념

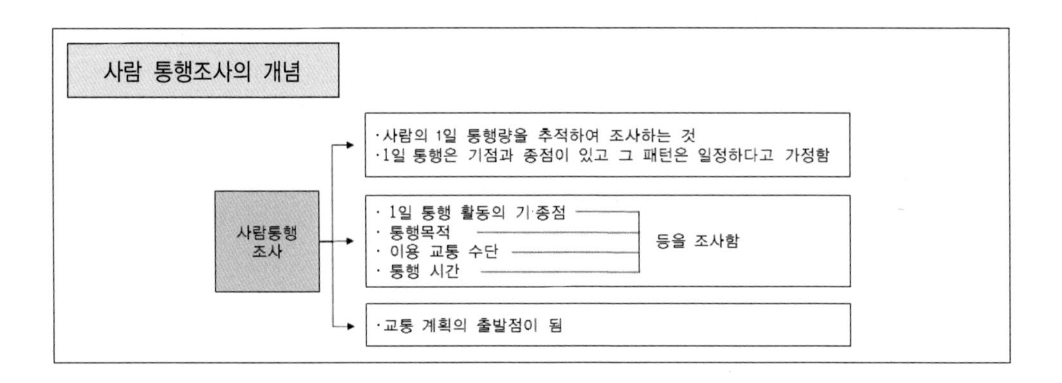

3) 사람통행조사의 방법

사람 통행조사 방법

① 가구 방문조사
② 영업용 차량조사
③ 노측 면접조사
④ 대중 교통수단 이용객조사
⑤ 터미널 승객조사
⑥ 직장 방문조사
⑦ 차량 번호판조사
⑧ 폐쇄선조사

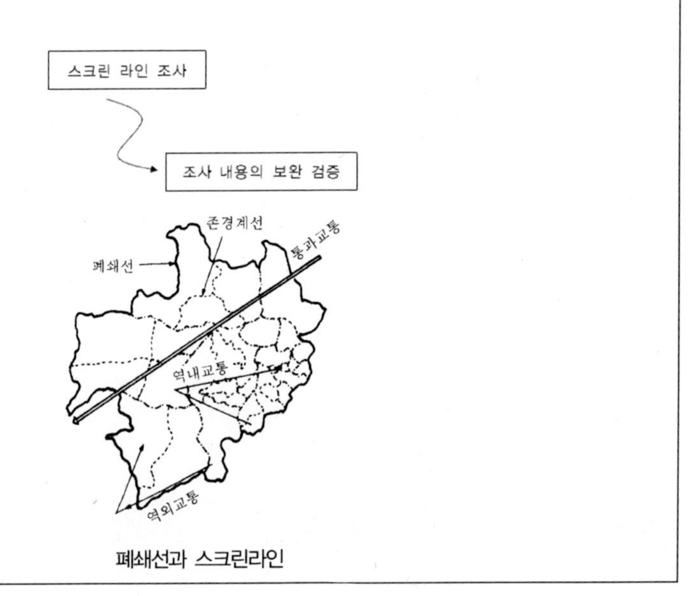

폐쇄선과 스크린라인

1.3 교통존

1) 교통존이란

교통존(traffic zone)이란

- 승객이나 화물 이동에 대한 분석과 추정의 기본단위 공간임
- 교통존의 중심을 Centroid라고 함
- 각 존의 사회경제적 특성, 교통여건을 파악하여 이를 기초로 자료의 수집, 분석, 예측을 수행함

2) 교통존 설정기준

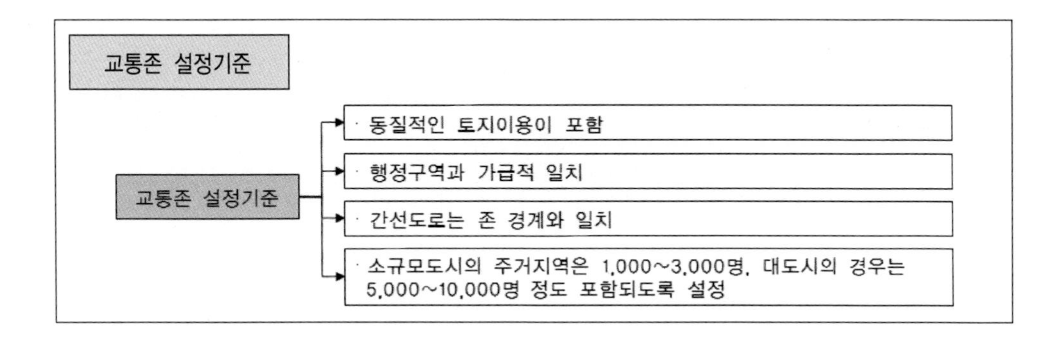

3) 폐쇄선 조사

폐쇄선조사

- 폐쇄선이란 조사대상 지역을 포함하는 외곽선임
- 폐쇄선을 통해 유·출입되는 통행조사
- 폐쇄선 주변의 지역은 최소한 5% 이상의 통행자가 폐쇄선 내의 지역으로 출근 및 등교하는 지역으로 설정
- 폐쇄선 선정 시 고려 사항
  - 가급적 행정구역 경계선과 일치
  - 도시주변의 인접도시나 장래 도시화지역은 포함
  - 횡단되는 도로나 철도의 최소화
  - 주변에 동이 위치하면 포함

4) 스크린라인 조사

스크린라인(Screen Line)조사	· 조사 결과의 검증 및 보완임 · 스크린라인을 통과하는 차량조사임

1.4 대중교통 정보의 유형

1) 시스템의 이용자에 관련된 수요(demand) 정보

시스템의 이용자에 관련된 수요(demand) 정보

- 얼마나 많은 사람이 이용하는가?
- 기·종점은 어디인가?
- 시스템 변화에 어떻게 반응하는가?

2) 시스템 공급(Supply)에 관련된 정보

시스템 공급(Supply)에 관련된 정보

- 운영특성, 시설의 이용가능성
- 조사유형 : 대중교통운영조사(Transit operation surveys)

– 스케줄의 신뢰성, 속도 및 지체, 사고분석, 운영비용 등 목록조사(Inventory surveys)
– 유형, 차량, 구조 등의 주기적인 목록화
– 정류장의 위치, 대피소

2. 교통조사 방법

2.1 승객조사(Passenger Survey)

1) 승객조사

승객조사란

- 승객조사는 탑승객의 수와 수입금조사로 구성됨
- 승객의 특성, 성별, 나이, 통행목적, 요금, 대체수단, 대중교통에 대한 선호도, 환승 시간 등이 조사항목이 됨
- 탑승객의 수와 특성은 시간대별, 일별, 주별, 월별, 연별로 달리 나타남

2) 승객조사의 종류

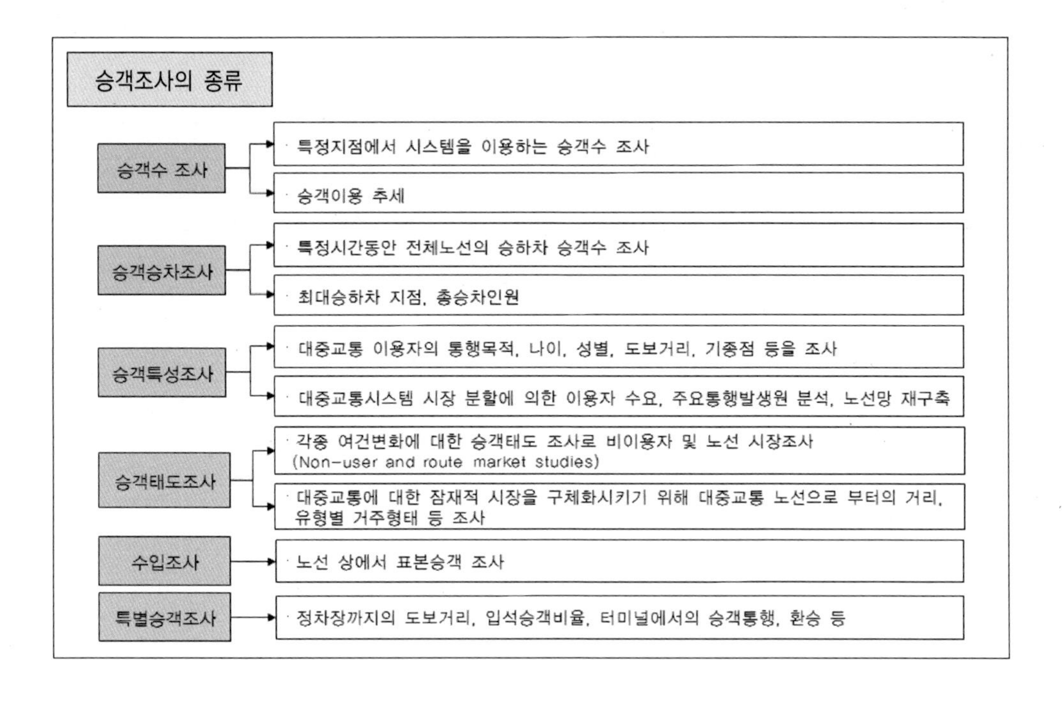

(1) 최대 탑승 시간(Maximum Load Survey)

최대 탑승 시간

- 최대 탑승 시간 조사는 대중교통 서비스 측면에서 가장 기초자료가 됨
- 조사는 시간대별로 구분하여 수일간 조사함
- 대중교통의 시간당 탑승객 수는 시간대별로 다소의 변동을 보이고 있음
- 조사방법은 정차장별로 탑승객 수를 조사함
- 탑승객 수를 조사하는 방법은 대중교통수단에 조사원이 직접 탑승하여 조사하거나 계수기 같은 기계를 이용하여 조사함

(2) 폐쇄선 및 지점조사(Cordon and Point Count)

폐쇄선 및 지점조사

- 폐쇄선이란 조사 대상지역을 포함하는 외곽선임
- 이 폐쇄선을 통하여 유・출입하는 대중교통에 대하여 조사를 함
- 조사방법은 폐쇄선을 설정한 뒤, 주요지점을 선정하여 아래와 같은 조사항목에 대하여 조사함
  - 방향별 교통량, 승용차, 트럭, 중차량, 택시, 버스, 도시철도, 기타
  - 트럭을 제외한 각 교통수단별 점유율(Occupancy)

(3) 탑승조사(Onboard Survey)

탑승조사

- 폐쇄선 및 지점조사는 조사원의 목측에 의존하기 때문에 제약을 갖게 되는데, 보다 양호한 수준의 자료를 습득하기 위해서는 조사차량에 탑승하여 조사가 이루어져야 함
- 조사항목은 다양할 수 있으며, 조사 비용과 조사 시간 등을 감안하여 적절히 선정하면 됨
- 탑승조사에서 일반적으로 조사하여야 하는 내용
  - 노선 자료: 성명, 노선 번호, 기종점, 시간, 날짜, 기후, 회차 유무
  - 정차장 자료: 정차장 번호, 정차장 이름, 시간, 승차 인원, 하차 인원

(4) 승객 특성조사의 기종점조사

승객 특성조사의 기종점조사

- 통행의 목적지와 통행의 목적, 요금수준, 자동차 이용성, 선택통행자(choice rider) 여부 등을 파악하기 위한 조사임
- 승객 특성조사는 대중교통 의존통행자(Captive Rider)와 대중교통 선택통행자(Choice Rider)로 구분됨

(5) 대중교통 운영조사(Transit Operation Survey)

대중교통 운영조사

- 운영에 관한 조사는 주로 배차간격 등과 같은 시간 계획, 정류장에서의 체류 시간, 통행 속도의 변화 등에 관한 내용을 포함함
- 숙달된 전문 조사요원이 필요함
- 대중교통 운영조사의 주요내용은 차량의 시간과 속도에 관한 사항임
- 속도-지체 시간 조사는 첨두시, 비첨두시로 나누어 실시함
- 조사원은 두 개의 스톱워치를 들고 버스에 직접 탑승하며, 속도측정 시 조사하는 최소차량 수는 30대임
- 보통 50～100대 규모를 기준으로 하나 통계적인 면을 고려하여 산정할 경우 다음의 공식에 의존함

$$N = \left(\frac{KS}{E}\right)^2$$

여기서 N= 조사표본 수

K= 신뢰계수(90%일 때 K=2)

S= 표준편차

E=허용오차(1.5～2.0km/h)

- 조사된 속도-지체 시간 자료를 가장 효과적으로 나타낼 수 있는 것이 바로 시・공도(time-space diagram)임
- 시공도의 횡축은 시간을, 종축은 공간을 표시하며 대각선은 차량의 흐름을 표시함

2) 승객 행태조사(Attitude Survey)

승객 행태조사의 목적

- 대중교통에 대한 이용객의 반응을 파악하고자 함에 있음
  - 대중교통서비스에 대한 승객의 반응과 잘못된 대중교통 노선망에 대한 합리적인 노선계획 수립에 이용할 수 있음
- 대중교통 서비스가 지원되지 않는 지역의 잠재적인 수요를 파악할 수 있음
- 대중교통서비스가 지원되는 지역의 노선망 개선, 서비스개선, 요금구조 개선 등을 도모할 수 있음
- 승객행태조사는 탑승조사, 가구방문조사, 전화조사, 면접조사, 차량이나 관공서에 비치된 카드를 이용하여 조사할 수 있음
- 조사가 어렵고 높은 비용이 들기는 하지만 가구방문조사는 필수적인 조사임

승객 행태조사의 주요항목

① 이용객의 통행 습관
② 통행목적
③ 대중교통 이용률
③ 대중교통 대 개인교통의 통행 시간대별 분포
④ 대중교통과 개인교통에 대한 승객의 성향
⑤ 인구통계자료 등

3) 특별조사(Special Passenger Survey)

특별조사란

- 기타 대중교통 이용객에 대한 특별한 내용임
- 정류장까지의 도보거리, 터미널에서의 승객통행량 등 많은 조사내용이 있음

특별조사란의 주요내용

- 단기적인 교통계획수립에 이용되거나 주차장과 같은 주요 교통시설물의 계획에 이용됨

① 출발 혹은 도착하는 승객의 이용률
  - 버스, kiss-and-ride, park-and-ride, 통근버스 등의 이용률

② 주차에 관한 내용
  - 차량의 출발 및 도착 시간, 이용객 수, 평균 주차 시간, 점유율 등

2.2 표본조사

표본조사란

- 표본조사는 교통계획이 이루어지는 가장 초기단계로서 이에 대한 신중한 검토가 이루어져야 함
- 대중교통에 있어서 표본조사는 매우 중요함

1) 표본추출방법

유의선출법

- 유의선출법은 조사하고자 하는 대상 중에서 지금까지의 경험과 지식을 이용하여 대표가 된다고 생각되는 표본을 의식해서 뽑는 방법임
- 어떤 모집단 중에서 개체가 특별히 뽑혀질 때 그 개체는 유의 또는 편기(biased)되어 있다고 함
- 표본으로 어떤 개체를 유의적으로 뽑으면 유의표본 또는 편기표본이 됨
- 유의선출법에 의한 표본결과의 신뢰성을 확률에 의해 나타낼 수 없는 것이 결점임

임의선출법

- 집단에 각 추출단위가 미리 알려진 확률을 갖고 뽑혀지는 추출법임
- 모든 추출단위가 추출될 가능성이 정확하고 동등하게 추출되는 것임

2) 무작위 표본추출방법의 종류

단순무작위추출(simple random sampling)

- 전체 프레임 중에서 무작위로 표본을 선택함
- 가장 단순한 방법이나 표본프레임이 분명해야 함

연속추출(continuous samling)

- 프레임에서 매 n번째 요소를 선택, 요소는 무작위적인 순서로 되어 있다고 가정함
  - 지하철에 탑승한 매 10번째 승객(지하철 승차는 무작위적이라는 가정)

계층적 무작위추출(classified random sampling)

- 층 구분 후 무작위 추출함
- 소규모 집단에 대해 효과적임
  - 지하철승객 중 노인에 대해 관심이 있을 경우, 일반승객은 10번째, 노인은 5번째 순으로 조사함

군집추출(cluster sampling)

- 샘플 프레임을 군집화 → 군집 중 몇 개를 무작위로 선택 → 선택된 군집요소 중 n번째 요소를 표본화함
- 계층적 방법보다 효율적이지는 않으나 샘플 프레임이 명백하지 않을 때 편리함
  - 도시 내 가구조사 → n개 지역으로 구분 → 각각에 대한 m개의 표본추출 편이를 갖지 않는 표본추출이 가능함

3) 표본설계(Sample Design)

표본설계란

- 표본조사의 활동은 먼저 모집단으로부터 표본을 추출하고 추출된 표본에 속하는 조사단위를 조사함
- 조사결과에 의해서 모집단에 관한 특성을 추정하는 것임
- 표본조사설계는 다음과 같이 11가지 단계로 구분해볼 수 있음

표본설계의 과정

① 조사의 목적은 무엇인가?
- 연구의 동기가 되는 문제, 이슈, 가설 등을 검토함
- 연구의 목적은 무엇이고 조사결과는 어떻게 사용될 것인가?

② 표본추출할 모집단은?
- 요소 혹은 표본단위의 정의(조사목적에 따라 상이)

③ 어떤 자료를 수집할 것인가?
- 관련 있는 변수의 정의 및 측정함

④ 어느 정도의 정확성이 요구되는가?
- 표본에서 오차는 표본크기의 함수임
- 조사의 정밀도 대 조사비용의 관계임

⑤ 어떤 측정방법을 사용할 것인가?
- 조사도구(survey instrument)
- 인터뷰, 설문지, 관찰자에 의한 계측, 사진, 자동계측, 기록 등
- 단순성, 명확성, 비용, 정확성에 따라 선택함

⑥ 샘플 프레임은 무엇인가?
- 실제로 모집단을 정의하기 위해 사용되는 내재적, 혹은 외생적 집단임
- 숨겨진 편이(bias)를 포함할 가능성임

⑦ 표본추출 절차와 표본 크기는?
- 일반적으로 무작위 선택 절차 사용함

⑧ 조사설계의 검증방법은?
- 예비조사(pilot survey)가 시행되어야 함

⑨ 현장작업은 어떻게 조직되어야 하는가?
- 훈련 및 감독, 조사자 관리 등

⑩ 자료의 분석방법은?
- 자료를 수집하고 분석하는 방법에 의해 결정함
- 역으로 분석기법의 선택에 따라 자료의 수집내용이 달라지는 경우도 존재함

⑪ (자료 및 분석결과)조사결과는 미래 이용을 위해 어떻게 저장되어야 하나?
- 조사에는 시간, 인력, 자본 투입→수집된 자료의 보존과 분석결과의 기록, 중요 조사과정 기록, 비용 등에 대한 정리

4) 표본의 크기 결정

표본의 크기 결정이란

- 대중교통조사를 위해 가장 중요한 작업 중의 하나임
- 적절한 표본의 크기를 결정하는 것임
- 표본을 결정하는 원리에 관계되는 요소에는 정밀도(precision), 신뢰도(confidence level)가 있음

(1) 정밀도

정밀도 추출과정

- 중심극한정리(central limit theorem)에 따라 표본은 근사한 정규분포를 따름
- 표본분포를 정규분포로 보고 95% 확률하에서 정리하면 다음과 같음

$$P\left(-1.96 < \frac{\overline{X}-\mu}{\sigma_{\overline{x}}} < 1.96\right) = 0.95$$

$\overline{X}$는 표본평균

μ 는 모평균

$\sigma_{\overline{x}}$는 표본의 표준편차

이것을 변형하면

$$P(-1.96\sigma_{\overline{x}} < \overline{X}-\mu < 1.96\sigma_{\overline{x}}) = 0.95$$

이것은 $|\overline{X}-\mu|$이 $1.96\sigma_{\overline{x}}$보다 작을 확률이 0.95라고 하는 것을 말하는 것임

$$P(|\overline{X}-\mu| < 1.96\sigma_{\overline{x}}) = 0.95$$

위 식을 만족하면서 $|\overline{X}-\mu|$이 취하는 최대치는 다음과 같음

$$|\overline{X}-\mu| = 1.96\sigma_{\overline{x}}$$

- $|\overline{X}-\mu|$는 표본의 크기 n과 신뢰도가 주어졌을 때 반복 추출할 경우 추정량과 모수 사이의 최대변동을 의미함
- $|\overline{X}-\mu|$이 추정량과 모수 사이의 최대변동을 나타낼 때 이를 추정량의 정밀도라 함
- $\overline{X}-\mu$는 어떤 주어진 표본에 대한 것이 아니고, 임의추출을 수행할 때 추정량의 최대변동을 나타내는 것임
- 표본오차의 개념은 주어진 한 표본에 대한 것이고, 정밀도의 개념은 신뢰구간에 관계되고 반복 추출에 의해서 정의됨
- 결과에서 추정량의 정밀도를 결정하기 위하여 모평균을 알 필요는 없으나 모분산은 알아야 함

(2) 신뢰도

신뢰도추출과정

- 확률 0.95(95%)를 신뢰도 또는 신뢰 수준(confidence level)이라 함
- 이것을 기초로 하여 신뢰구간$(\overline{X}-1.96\sigma_{\overline{x}},\ \overline{X}+1.96\sigma_{\overline{x}})$을 만듦
- 정밀도는 이 신뢰구간의 길이의 $\frac{1}{2}$임

$$|\overline{X}-\mu| = 1.96\sigma_{\overline{x}}$$

- 만일 신뢰도를 90%로 두면 신뢰구간은 $(\overline{X}-1.64\sigma_{\overline{x}},\ \overline{X}+1.64\sigma_{\overline{x}})$와 같이 되고 정도는 다음과 같음

$$|\overline{X}-\mu| = 1.64\sigma_{\overline{x}}$$

- 다르게 표현하면 신뢰계수에 대응하는 신뢰도와 표준오차를 가지고 신뢰구간의 길이를 결정함
- 95%의 신뢰도가 요구된다면 이것은 정도가 95%의 신뢰도를 갖는 신뢰구간의 길이의 1/2보다 작거나 같은 것을 의미함
- 표본평균에 대해서 95%의 신뢰도를 가지고 나타내면 다음과 같음

$$|\overline{X}-\mu| = \frac{1}{2}(\text{신뢰구간}) = 1.96\sigma_{\overline{x}}$$

- 여기서 $|\overline{X}-\mu|$은 정밀도이고, 1.96은 95% 신뢰도를 주는 계수임

정밀도=(신뢰계수)×(표본오차)

- 정밀도를 d, 신뢰계수를 z로 표시하면 다음 식을 얻을 수 있음

$$d = Z\sigma_{\overline{x}}$$

③ 표본의 크기

표본의 크기 추출과정

- 정밀도와 신뢰계수 그리고 표준오차로 표시되는 식은 표본추정량의 정밀도와 표본크기 간의 관계를 구하는 데 사용됨

$$\text{정밀도} = (\text{신뢰계수}) \times (\text{표본오차})$$

- 위 식에 표본평균 $\overline{X}$를 써서 다음 식을 얻을 수 있음

$$d = Z\sigma_{\overline{x}} = Z\frac{\sigma}{\sqrt{n}}$$

- $d = |\overline{X} - \mu|$이므로 위 식으로부터 알 수 있는 것은 n이 크게 됨에 따라 d는 작게 되고 추정량의 정밀도는 증가함을 알 수 있음
- 표본의 크기를 증가시키면 표본추정량은 추정하고자 하는 모수에 접근하게 되는 것을 기대할 수 있다는 것임
- 주어진 정도에 대해서 표본의 크기 n을 구하여 위 식으로부터 n을 구하는 식을 얻을 수 있음

$$n = \frac{(Z\sigma)^2}{d^2}$$

- 표본의 크기를 결정하는 또 다른 방법으로 비율을 이용하는 방법이 있음

$$n = \frac{(Z)^2(p)(1-p)}{d^2}$$

- p는 모집단의 개체 특성치의 몫에 관한 관측값임
- 만약에 우편설문지를 이용하여 조사를 할 경우 발송된 설문지가 회송되는 율이 발송된 양보다는 적으므로 이 같은 경우 표본크기는 기대회송률(expected response rate)을 고려하여야 함
- 기대회송률을 위 공식에 포함시키면

$$n = \frac{(Z)^2(p)(1-p)}{d^2 \cdot s}$$

- 여기서 s는 기대회송률을 의미함

2.3 선호결과 자료와 선호의식 자료

1) 자료의 수집

자료의 수집이란

- 현재까지 진행되어온 개별행태모형은 주로 교통수단 선택 모형의 개발에 초점을 맞추고 있음
- 수단 선택 특성자료를 수집하는 방법에는 설문조사를 실시하여 이미 선택된 선호결과 자료(Revealed Preference) 혹은 통행자의 의식선호 자료(Stated Preference)를 수집하게 됨

2) 수단 선택 특성자료 수집 방법

(1) 선호결과 자료(Revealed Preference)

RP조사 설문지의 예

- 현재까지 가장 많이 사용되고 있는 자료 수집 방법은 선호결과를 파악하는 것임
- 통행자가 실제로 선택한 결과를 조사하는 것임

표본 번호	선택 수단		차내 통행 시간(분)	차외 통행 시간(분)	통행 비용 (원)	면허증 보유 여부	자동차 보유 여부	월평균 교통비(원)
1	승용차	1	15	2	2,000	1	1	350,000
	지하철		20	10	1,000			
2	승용차	1	40	1	3,400	1	1	250,000
	지하철		50	15	1000			
3	승용차		15	5	2,500	1	1	150,000
	지하철	1	35	10	1,000			
…	승용차							
	지하철							
599	승용차		20	5	2,400	1	1	270,000
	지하철	1	18	17	1,000			
600	승용차					0	1	70,000
	지하철	1	50	10	1,000			

(2) 선호의식 자료(Stated Preference)

선호의식 자료의 개념

- 선호의식 자료는 개인의 선호나 의식을 다룬 데이터의 의미임
- 모든 종류의 의식조사 데이터를 포함한 용어로서 이용되고 있음
- 이러한 SP 데이터의 분류는 협의의 선호의식 데이터(Conjoint data), 의향 데이터(SI 데이터 : Stated Intention data), 전환가격자료(Transfer Price data)로 분류됨
- SI 데이터란 이제까지 사전・사후분석의 사전의향으로서 넓게 이용되어왔으며 장래 기대되는 교통조건하에 현재의 선택행동의향을 표명한 데이터임
- TP 자료는 매칭 자료라고 불리며 현재의 대체안으로부터 새로운 대체안으로 전환을 생각할 때의 특정 속성 수준치를 표명한 데이터임
- 이에 반해 가상적인 조건을 실험계획법에 따라 복수 설정하고 각각의 조건하에 회답자에게 대체안에 대한 순위 매김 척도, 평점 매김 척도 선택에 의해 표명된 조사데이터를 협의 SP라고 함

선호의식 데이터 분류

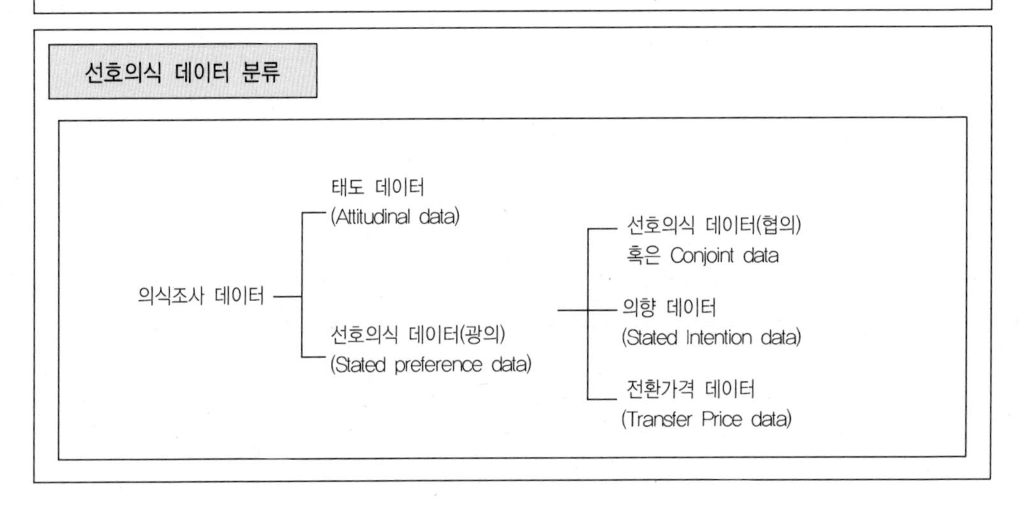

(3) SP 데이터

SP 데이터의 특성

- 일반적으로 새로운 상품이나 서비스에 대해서는 RP(Revealed Preference)데이터를 직접적으로 얻기 힘들기 때문에 SP 데이터가 아주 유효한 정보자료로 취급되어 왔음
- 교통수요 분석에 있어서도 종래의 교통 행동조사에서는 관측되는 요인의 속성지표만을 대상으로 수요예측 모델을 구축하였음
- SP 데이터에서는 현존하지 않는 대체안에 대해서도 직접적인 선호정보를 다룰 수 있음

SP 데이터와 RP 데이터의 특징 비교

구분	RP 데이터	SP 데이터
선호정보	· 실제의 행동결과에 의함 · 시장의 행동과 일치 · 얻은 정보는 선택결과	· 가상 상황에 대한 의사표시 · 불일치의 가능성 · 순위 및 평점 매김, 선택 등
대체안	· 현존하지 않는 대체안은 취급하지 않음	· 현존하지 않는 대체안도 취급함
속성	· 정량적 속성만 다룸 · 측정오차가 많이 있음 · 속성치의 범위가 한정됨 · 속성치 간 중공선성이 큼	· 정량적 및 정성적 속성 · 지각오차의 가능성 · 속성치 범위를 확장가능 · 속성치 간의 상관을 제어함
선택지	· 불명료	· 명료

SP 조사 설문지의 예

		요금 (원)	도보 및 대기 시간(분)	승차 시간 (분)		선택순위	
1	1. 승용차	1,600	3	15	⇨	1. 승용차	□
	2. 택시	1,300	5	17		2. 택시	□
	3. 버스	500	10	27		3. 버스	□
	4. 지하철	700	8	20		4. 지하철	□

■ 이야깃거리

1. 교통조사란 무엇이며 종류에는 어떠한 것들이 있는지 이야기해보자.
2. 교통조사자료의 수집 목적에 대해 설명해보자.
3. 교통조사의 종류에 대해 그림을 그려 나타내어 보자.
4. 사람통행조사란 무엇이며, 이것이 의미하는 것이 무엇인지 논의해보자.
5. 사람통행조사 방법에 대해 이야기해 보자.
6. 교통존이란 무엇이며, 교통존 설정기준에 대해 논의해보자
7. 폐쇄선 조사란 무엇인지 이해하고, 그림을 그려 이해해보자.
8. 스크린라인 조사란 무엇이며, 조사 과정에 대해 이야기해보자.
9. 대중교통정보의 유형을 분류하고 그 내용들을 파악하여보자.
10. 교통조사 방법 중 승객조사 방법이란 무엇이며 승객조사의 종류에 대해 이야기해보자.
11. 승객조사과정에 대해 이야기해보고 그림을 그려 표현해보자.
12. 승객행태조사의 목적에 대해 논의해보고 주요항목에 대해 이야기해보자.
13. 교통조사 방법 중 특별조사란 무엇이고 주요내용에 대해 이야기해보자.
14. 표본조사란 무엇이며 종류에는 무엇이 있는지 설명해보자.
15. 표본조사 중 표본추출 방법에 대해 이야기해보자.
16. 무작위 표본추출 방법의 종류에 대해 나열하고 비교해보자.
17. 표본설계란 무엇이며 표본설계 과정에서 유의해야 될 사항들에 대해 논의해보자.
18. 표본의 크기를 결정하는 것이 어떠한 의미를 가지는지 이해해보자.
20. 표본의 크기를 추출하는 과정에 대해서 이야기해보자.
21. 교통조사 결과 선호결과 자료 내용에 포함되어야 할 사항들에 대해 논의해보자.
22. SP 데이터란 무엇이며 RP 데이터와의 차이점은 무엇인지 설명해보자.

2장 / 교통수요추정

1. 교통수요추정 방법

1.1 교통수요추정과정

1) 교통수요

교통수요란	· 교통체계나 시설을 이용하는 규모로서 통행량으로 표현함

2) 교통수요추정과정

교통수요추정이란

- 장래 발생될 수요를 현재의 시점에서 예측하는 작업임
- 교통 계획 수립을 위한 기초 자료임
- 어느 지역에 교통시설의 개선이나 새로운 교통시설이 필요한지를 판단하는 기준임
- 먼저 장래 토지이용 패턴의 추정을 필요로 함

3) 교통수요추정의 개념

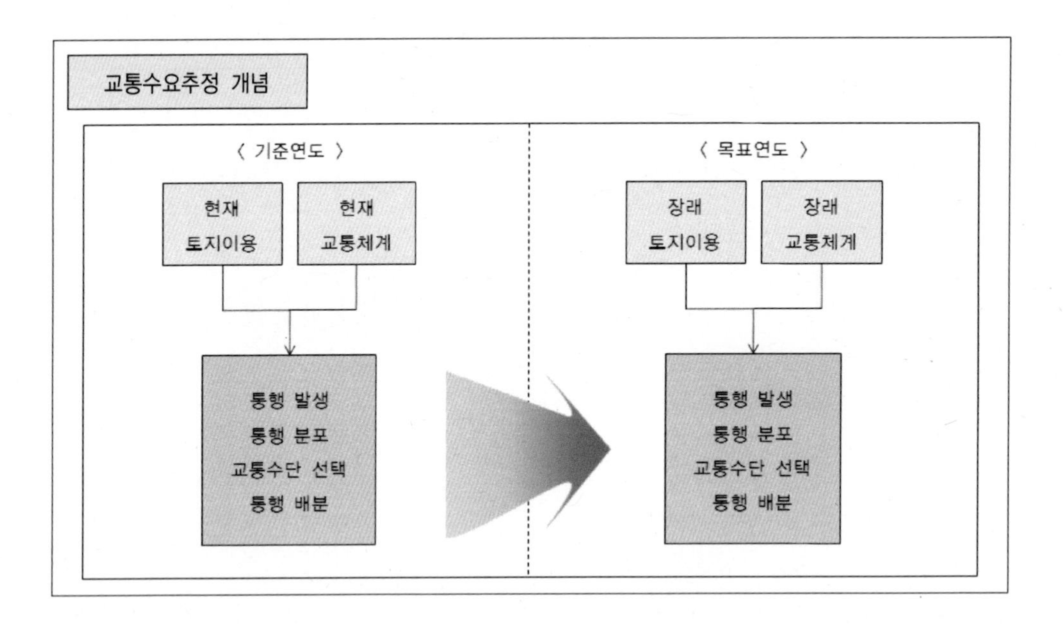

4) 철도수송수요의 추정

철도수송수요의 추정

- 철도 노선 계획 시 중요한 요소가 수송수요의 추정임
- 설정된 노선, 역 위치 대안을 기준으로 역세권을 설정하고 노선별, 역별 이용자를 추정하게 됨
- 수송 수요 추정단계에서는 여객열차는 역별 승하차 인원, 환승 인원 등에 대한 추정과 역 간 통과 인원, 방향별 인원 추정이 필요함
- 화물열차는 지역 간의 품목별 수송패턴에 대한 추정이 필요함
- 수송량은 계절, 요일, 시간에 따라 변하게 되며 연간 평균을 기준으로 하여 결정함

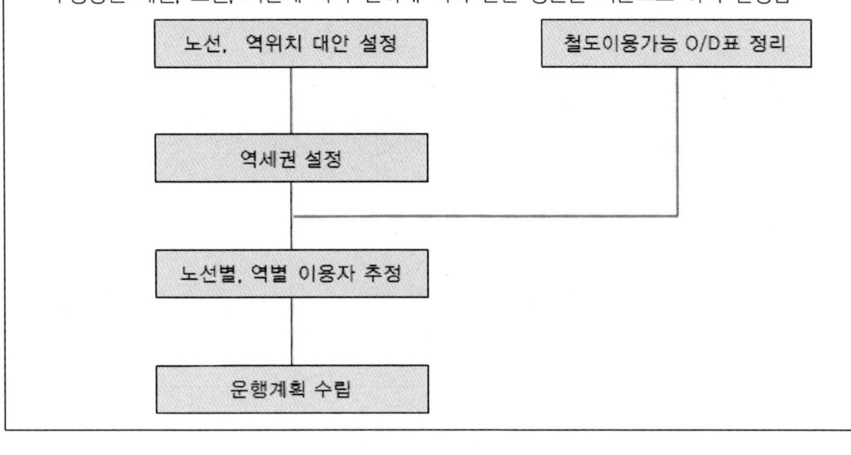

5) 사회경제지표 추정

사회경제지표 추정

- 사회경제지표 추정: 장래의 인구, 토지이용, 자동차 보유대수 등을 예측하여 교통계획의 기초로 활용함

6) 사회경제지표 예측모형

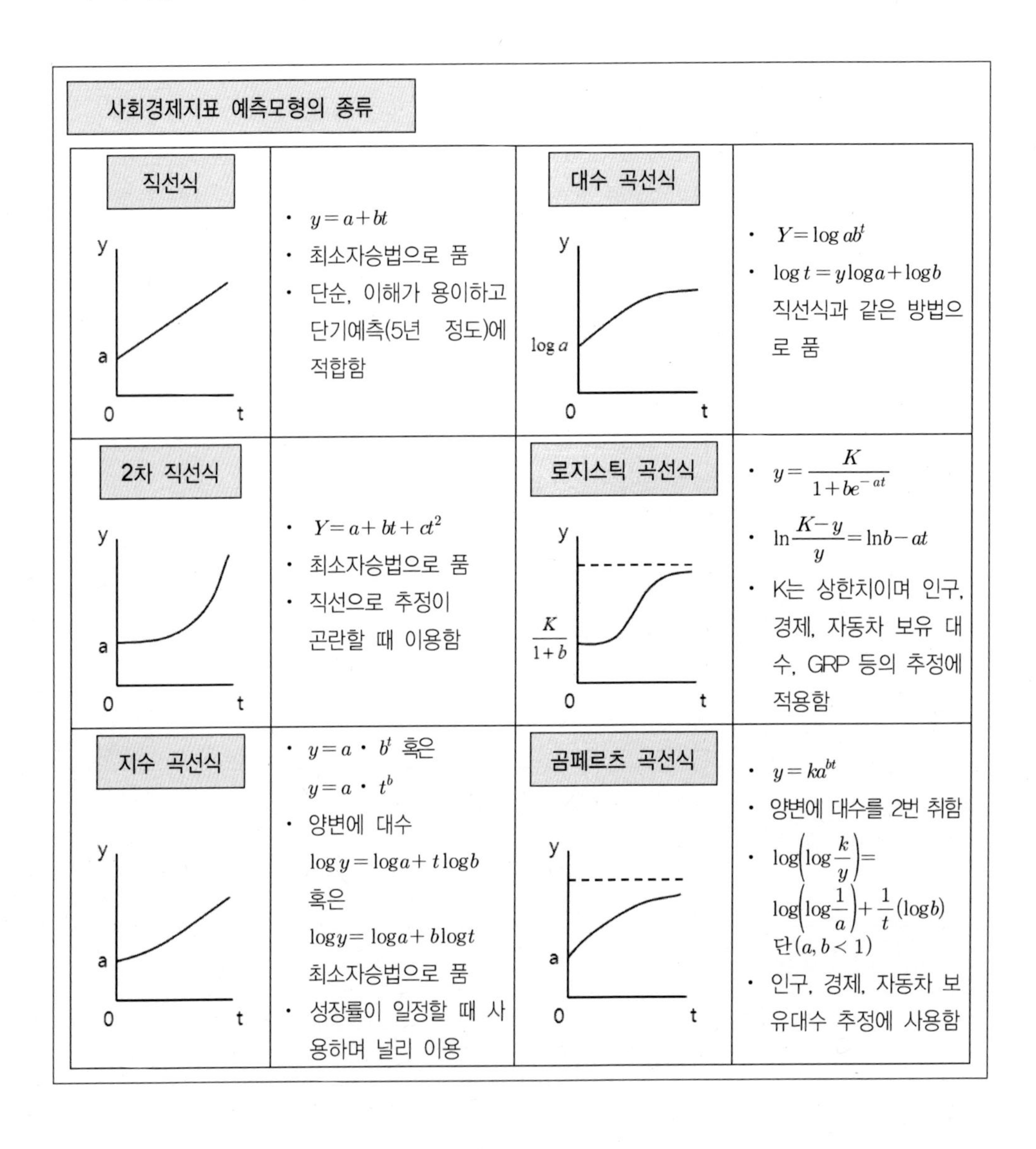

사회경제지표 예측모형의 종류

모형	내용
직선식	• $y=a+bt$ • 최소자승법으로 품 • 단순, 이해가 용이하고 단기예측(5년 정도)에 적합함
대수 곡선식	• $Y=\log ab^{t}$ • $\log t = y\log a+\log b$ 직선식과 같은 방법으로 품
2차 직선식	• $Y=a+bt+ct^{2}$ • 최소자승법으로 품 • 직선으로 추정이 곤란할 때 이용함
로지스틱 곡선식	• $y=\dfrac{K}{1+be^{-at}}$ • $\ln\dfrac{K-y}{y}=\ln b-at$ • K는 상한치이며 인구, 경제, 자동차 보유 대수, GRP 등의 추정에 적용함
지수 곡선식	• $y=a\cdot b^{t}$ 혹은 $y=a\cdot t^{b}$ • 양변에 대수 $\log y=\log a+t\log b$ 혹은 $\log y=\log a+b\log t$ 최소자승법으로 품 • 성장률이 일정할 때 사용하며 널리 이용
곰페르츠 곡선식	• $y=ka^{bt}$ • 양변에 대수를 2번 취함 • $\log\left(\log\dfrac{k}{y}\right)=\log\left(\log\dfrac{1}{a}\right)+\dfrac{1}{t}(\log b)$ 단$(a,b<1)$ • 인구, 경제, 자동차 보유대수 추정에 사용함

7) 사회경제지표 예측모형을 이용한 계산

장래 철도 승객 수 추정 예제

• 오른쪽 표는 어느 도시의 10년 동안의 인구와 철도 승객 수 증가 추세이다. 직선식 예측모형을 이용하여 10년 후의 철도 승객 수를 추정하여라.

(단위: 천)

인구(X)	80	85	90
철도 승객 수(Y)	50	55	65

(1) 사회경제지표 예측모형을 이용한 계산(직선식)

직선식을 이용한 추정

① 최소제곱법 공식

$Y=a+bX$에서

$$b=\frac{n\sum XY-\sum X\sum Y}{n\sum X^2-(\sum X)^2} \quad a=\frac{(\sum Y)}{n}-b\frac{(\sum X)}{n}$$

② 회귀식 도출

X	Y	X^2	XY
80	50	6400	4000
85	55	7225	4675
90	65	8100	5850
255	170	21725	14525

여기서 $n=3$

$(\sum X)^2=255^2=65025$

$\sum X\sum Y=43350$

위 수치를 대입하면

$b=1.5,\ a=-70.83$

따라서 회귀식은

$Y=-70.83+1.5X$

10년 후의 철도 승객 수 계산

10년 후의 인구추정치를 100(천)명이라고 하면

$X=100$을 위의 식에 대입하여

$Y=-70.83+1.5(100)=79.17$

그러므로 10년 후의 이 도시의 철도 승객 수를

직선식을 이용하여 추정한 결과는 79,170대이다.

(2) 사회경제지표 예측모형을 이용한 계산(2차 곡선식)

2차 곡선식을 이용한 추정

① 2차 곡선식을 중회귀모형으로 전환

2차 곡선식을 최소자승법으로 풀기 위해서는 먼저 중회귀모형으로 전환해야 함

$$Y = a + bX + cX \text{에서 } X^2 = W$$
$$Y = a + bX + cW$$

위의 식에 대한 계수는 아래와 같이 구할 수 있다.

$$b = \frac{\sum W^2 \sum YX - (\sum XW)(\sum YW)}{\sum X^2 \sum W^2 - (\sum XW)^2}$$
$$a = \frac{\sum Y}{n} - b\frac{\sum X}{n} - c\frac{\sum W}{n}$$
$$c = \frac{\sum X^2 \sum YW - \sum XW \sum YX}{\sum X^2 \sum W^2 - (\sum XW)^2}$$

② 회귀식 도출

X	W	Y	X^2	W^2	XW	YX	YW
80	6400	50	6400	40960000	512000	4000	320000
85	7225	55	7225	52200625	614125	4675	397375
90	8100	65	8100	65610000	729000	5850	526500
255	21725	170	21725	158770625	1855125	14525	1243875

n=3이므로
b=-0.18
c=0.01
a=-0.45

따라서 회귀식은

$$Y = -0.45 - 0.18X_1 + 0.01X_2^2$$

10년 후의 철도 승객 수 계산

10년 후의 인구추정치를 100(천인)명 이라면

$X = 100$을 위의 식에 대입하면

$Y = 0.45 - 0.18(100) + 0.01(100)^2 = 82.45$

10년 후의 철도 승객 수는 2차 곡선식을 이용한 결과 82.450명으로 추정됨

(3) 사회경제지표 예측모형을 이용한 계산(지수곡선식)

지수곡선식을 이용한 추정

① 지수곡선식의 일반형을 양변에 log를 취해 직선식으로 변환함

$$Y = a \cdot b^X \rightarrow \log Y = \log a \times \log b$$

② 최소제곱법을 이용하여 회귀계수 도출함

위의 식에서

$$\log Y = Y',$$

$$\log a = A,$$

$\log b = B$라 하고 다음과 같이 바꿀 수 있음

$$\log Y = \log a \times \log b \rightarrow Y' = A + BX$$

직선식과 마찬가지로 최소자승법으로 풀면

X	$\log Y$	X^2	$X(\log Y)$
80	1.6990	6400	135.920
85	1.7404	7225	147.934
90	1.8129	8100	163.161
255	5.2523	21725	447.015

$B = \log b = 0.011 \rightarrow b = 1.026$
$A = \log a = 0.816 \rightarrow a = 6.546$

따라서 회귀식은 다음과 같이 쓸 수 있음

$$Y = 6.546(1.026)^X$$

③ 10년 후의 철도 승객 수 추정

위에서 구한 지수 곡선식의 X에 10년 후의 인구추정치인 100(천인)명을 대입하면

$Y = 6.546(1.026)^{100} = 85.25$

따라서 10년 후의 철도 승객수는 85,250임

(4) 사회경제지표 예측모형을 이용한 계산(대수곡선식)

대수곡선식을 이용한 추정

① 대수곡선식의 일반형을 직선식으로 변환함

$$Y = \log a \cdot b^X \rightarrow Y = \log a + X\log b$$

② 최소제곱법으로 회귀식 도출함

$\log a = A$, $\log b = B$로 치환하면

$$Y = A + BX$$

최소제곱법을 이용하여 회귀계수를 구하면 아래와 같음

X	Y	X^2	XY
80	50	6400	4000
85	55	7225	4675
90	65	8100	5850
255	170	21725	14525

n=3으로 대입하고 직선식을 이용한 추정과 같은 방법으로 회귀계수를 구하면

$$B = \log b = 1.5$$
$$A = \log a = -70.83 + 1.5X$$

따라서 회귀식은

$$Y = A + BX = -70.83 + 1.5X$$

③ 10년 후의 철도 승객 수 추정

위에서 구한 회귀식을 이용하여 10년 후의 철도 승객수를 추정하기 위해 10년 후의 인구추정치인 100(천인)명이라고 하자.

$X = 100$을 대입하면,

$Y = -70.83 + 1.5(100) = 79.17$

따라서 대수곡선식을 이용하여 추정한 결과는 79,170명임

(5) 사회경제지표 예측모형을 이용한 계산(로지스틱 곡선식)

로지스틱 곡선식을 이용한 추정

① 로지스틱 곡선식의 일반형을 양변에 ln을 취해서 직선식으로 변환

$$Y=\frac{K}{1+be^{-aX}}\xrightarrow{\ln\text{화}}\ln\left(\frac{K-Y}{Y}\right)=\ln b-aX$$

② 최소제곱법을 이용하여 회귀식 도출

$$\ln\left(\frac{K-Y}{Y}\right)=Y',\ \ln b=A,\ -a=B\text{로 치환하면}$$

$$Y'=A+BX$$

$K=100$으로 대입하고 계산하면

X	Y'	X^2	$XY'\left(=X\times\ln\left(\frac{K-Y}{Y}\right)\right)$
80	0	6400	0
85	-0.20	7225	-17.0
90	-0.62	8100	-55.8
255	-0.82	21725	-72.8

$B=-a=-0.062\quad \therefore a=0.062$
$A=\ln b=4.997\quad \therefore b=147.92$

따라서 구하는 회귀식은

$$Y=\frac{K}{1+147.92e^{-0.062XX}}$$

③ 장래 철도 이용객 수 추정

위에서 구한 회귀식에 10년 후의 인구추정치가 100(천인)명, 즉 $X=100$을 대입하면

$$X=\frac{100}{1+147.92e^{-0.062(100)}}=76.91$$

따라서 10년 후의 이 도시의 철도 승객수를 로지스틱 곡선식을 이용하여 추정한 결과는 76,910명임

1.2 개략적 수요 추정방법

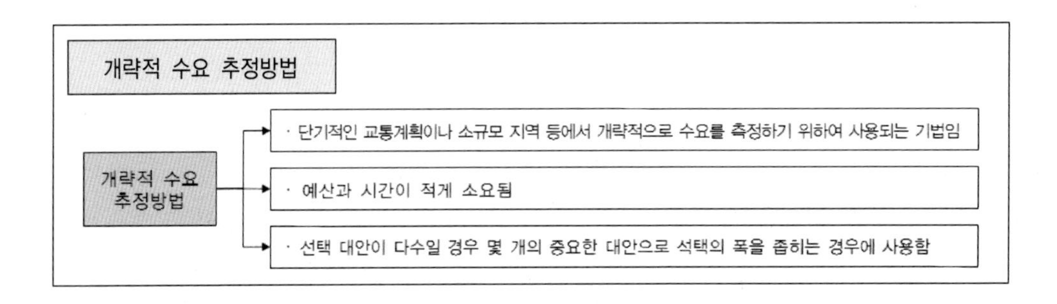

1) 과거 추세 연장법

과거 추세 연장법이란

- 과거 수요 증가 패턴을 미래까지 연장하는 방법

과거 추세 연장법의 예

- 어느 철도 구간의 이용 추세가 다음 그림과 같다고 할 때 Y_{15}년의 철도 승객 수를 구하여라.

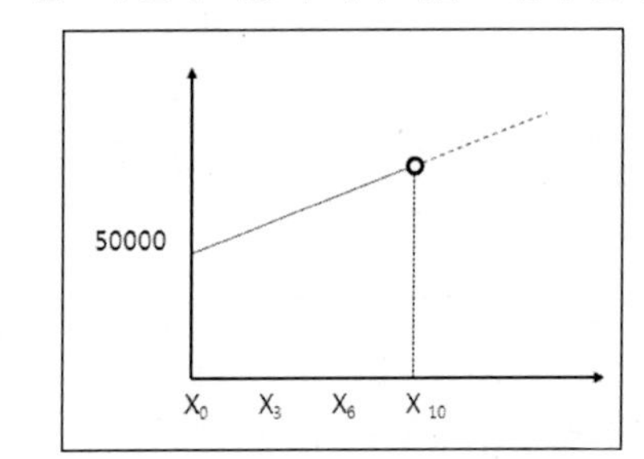

Y= 승객 수, X= 연도라고 하면
Y_0년을 기준으로 $X=15$
따라서 Y_{15}년의 철도 승객 수는
$Y = 50000 + 54000(15) = 131{,}000$

2) 수요 탄력성법

수요 탄력성법이란

- 교통 체계의 변화에 따른 수요의 민감성을 특정하는 방법임
- 교통에 긍정적 혹은 부정적 영향을 미치는 변수를 분석할 수 있기 때문에 보다 정밀한 추정이 가능함

수요 탄력성법의 추정공식

- 교통체계의 변수(요금, 거리의 변화에 따른 수요의 변화임)

$$\mu = \frac{\partial V}{V_O} / \frac{\partial P}{P_0}$$

여기서 μ: 수요 탄력성

$\frac{\partial V}{V_O}$: 수요의 변화량

$\frac{\partial P}{P_0}$: 교통 체계변수의 변화량

- 수요 탄력성은 한 개 점에 대한 수치이므로 수요 곡선상의 점마다 탄력치가 상이함

→ 따라서 변수의 1% 변화에 따른 수요의 퍼센트 변화율을 나타내는 현 탄력성(are elasticity)을 이용함

$$\mu = \frac{\Delta V}{V_O} / \frac{\Delta P}{P_O} = \frac{\Delta V}{\Delta P} / \frac{V_O}{P_O}$$

수요 탄력성법을 이용한 수요 추정 예

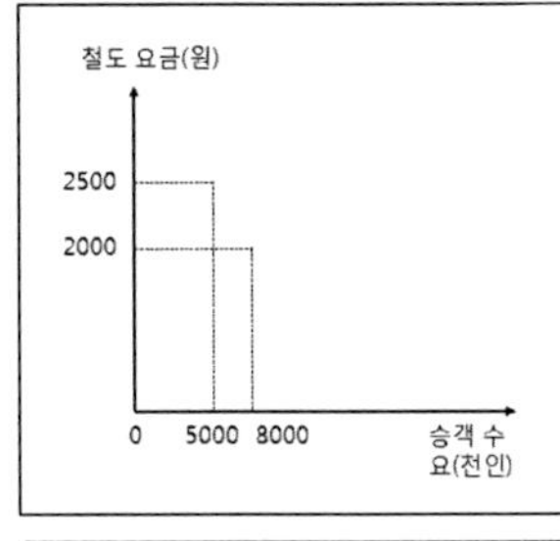

- 철도 요금과 승객 수요 간에 다음 그래프와 같은 관계가 나타난다고 할 때 수요 탄력성을 구하여라. 또 철도 요금이 300원으로 인상되는 경우의 수요는 얼마인가?

지하철요금과 승객 수요 사이의 수요 탄력성은

$V_O = 8000,\ P = 200,\ \Delta V = (5000 - 8000) = -3000,\ \Delta P = (2,500 - 2,000) = 500$이므로

$\mu = \frac{-3000}{8000} / \frac{500}{2000} = -1.5$, 수요탄력성은 -1.5

지하철 요금이 3,000원으로 인상될 경우 $\Delta V = -1.5 \times \frac{500}{2,500} \times 5,000 = -1,500$

따라서 지하철 요금이 3,000원으로 인상될 경우 수요는 5000− 1500=3,500(만인)

수요함수가 $V = 100 \cdot P^{-0.5}$이다. 다음을 구하라

문제	풀이
(1) $P = 0.25$일 때 수요는 얼마인가? (2) 탄력성은? (3) 가격이 20% 증가할 때 수요는?	(1) $V = 100 \times (0.25)^{-0.25} = 200$ (2) $\mu = -0.5 \times 100 \times P^{-1.5} \times \frac{P}{100 \times P^{-0.5}} = -0.5$ (3) $\Delta V = -0.5 \times 20\% = -10\%$ $\therefore$ 수요는 $200(1 - 0.1) = 180$

1.3 직접수요 추정방법

직접수요 추정방법이란	· 통행발생, 통행분포, 수단 선택을 동시에 추정하는 방식임

1) 추상수단모형(Quandt와 Baumol 모형)

추상수단모형이란

- 몇 가지 설명변수 및 모든 교통수단의 통행 시간과 통행 비용을 설명변수로 이용함
- 사회경제적 변수 및 모든 교통수단의 통행 시간과 통행 비용을 설명변수로 이용함
- 최적 교통수단의 속성을 기준으로 설정→고찰하고자 하는 교통수단 간의 속성에 대한 상대적 관점의 비교·분석임

추상수단모형의 추정공식

$$T_{ijm} = aP_i^{\ b}P_j^{\ c}Q_i^{\ d}Q_j^{\ e}f(t_{ijm})f(c_{ijm})f(h_{ijm})$$

T_{ijm}: 존 i와 존 j 간의 수단 m을 이용하는 통행량

P, Q: 존 i와 존 j 간의 교류의 정도(인구, 고용 등)

t_{ijm}: 수단 m을 이용하는 i, j 간의 통행의 상대적인 통행 시간

c_{ijm}: 수단 m을 이용하는 i, j 간의 통행의 상대적인 통행 비용

h_{ijm}: 수단 m을 이용하는 i, j 간의 통행의 상대적인 주기와 신뢰성

a, b, c, d, e: 상수

추상수단모형의 장점과 단점

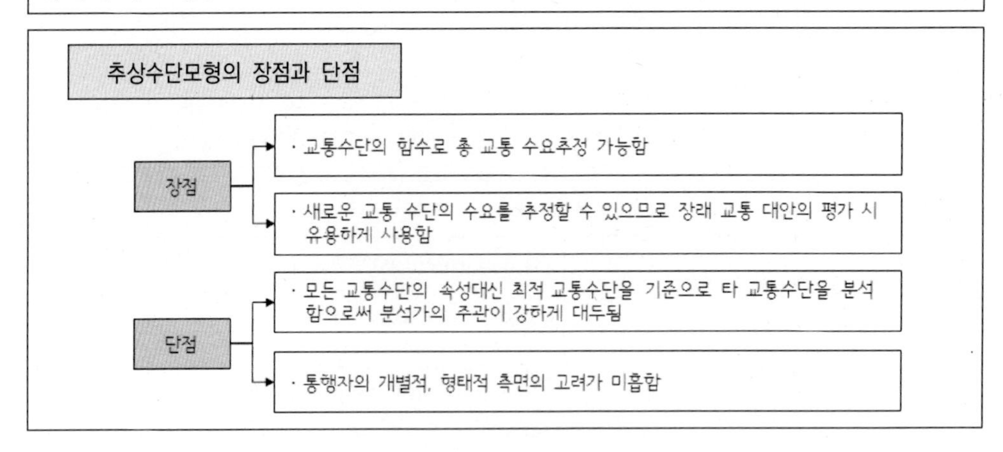

2) 통행수요모형(Charles River Associates 모형)

통행수요모형

- t시간대에 교통목적 P(출근, 업무, 등교, 쇼핑 등)를 위해서 교통수단 m을 이용하여 존 i와 j 간의 왕복통행량을 추정함
- 설명변수는 유출존과 유입존의 인구, 고용, 건물 연면적 등의 사회경제적 변수와 소득, 자동차 보유, 가구 규모 등의 개인 특성에 관련된 변수를 이용함
- 교통수요는 분석대상 교통수단 m과 대안 교통수단 간의 통행 저항(통행 시간, 통행 비용, 서비스 수준)에 의해 결정함

통행수요모형의 추정공식

$$T(i,j/p_o,m_0) = f\{s(i/p_o), a(j/p_o), t(i,j/p_o,m_0), c(i,j/p_o,m_0)\, t(i,j/p_o,m_0), c(i,j/p_o,m_0)\}$$

$T(i,j/p_o,m_0)$: 수단 m_0을 이용하여 목적 p_0를 수행하기 위한 존 i, j 간의 왕복통행량

$s(i/p_0)$: 존 i에 거주하는 통행자의 통행목적과 관련된 사회경제 변수

$a(j/p_0)$: 유입 존 j의 사회경제 및 토지이용변수

$t(i,j/p_0,m_0)$: 교통수단 m_0를 이용하여 목적 p_0를 수행하기 위한 존 i, j 간의 왕복통행 시간 변수

$c(i,j/p_0,m_0)$: 교통수단 m_0을 이용하여 목적 p_0를 수행하기 위한 존 i, j 간의 왕복통행 비용변수

$t(i,j/p_0,m_a)$: 대안적 교통수단 $(a=1, 2, 3, \cdots, n)$을 이용하여 목적 p_0를 수행하기 위한 존 i, j간의 왕복통행의 통행 시간 요소

$c(i,j/p_0,m_a)$: 대안적 교통수단$(a=1, 2, 3, \cdots, n)$을 이용하여 목적 p_0를 수행하기 위한 존 i, j 간의 왕복통행의 통행 비용 요소

2. 4단계 수요 추정법

2.1 4단계 수요추정

1) 4단계 수요추정법

4단계 수요 추정법	· 가장 일반적으로 사용되는 교통수요 추정법으로 통행발생, 통행분포, 교통수단 선택, 통행배분의 4단계로 나누어 순서적으로 통행량을 구하는 기법임

2) 4단계 수요추정과정

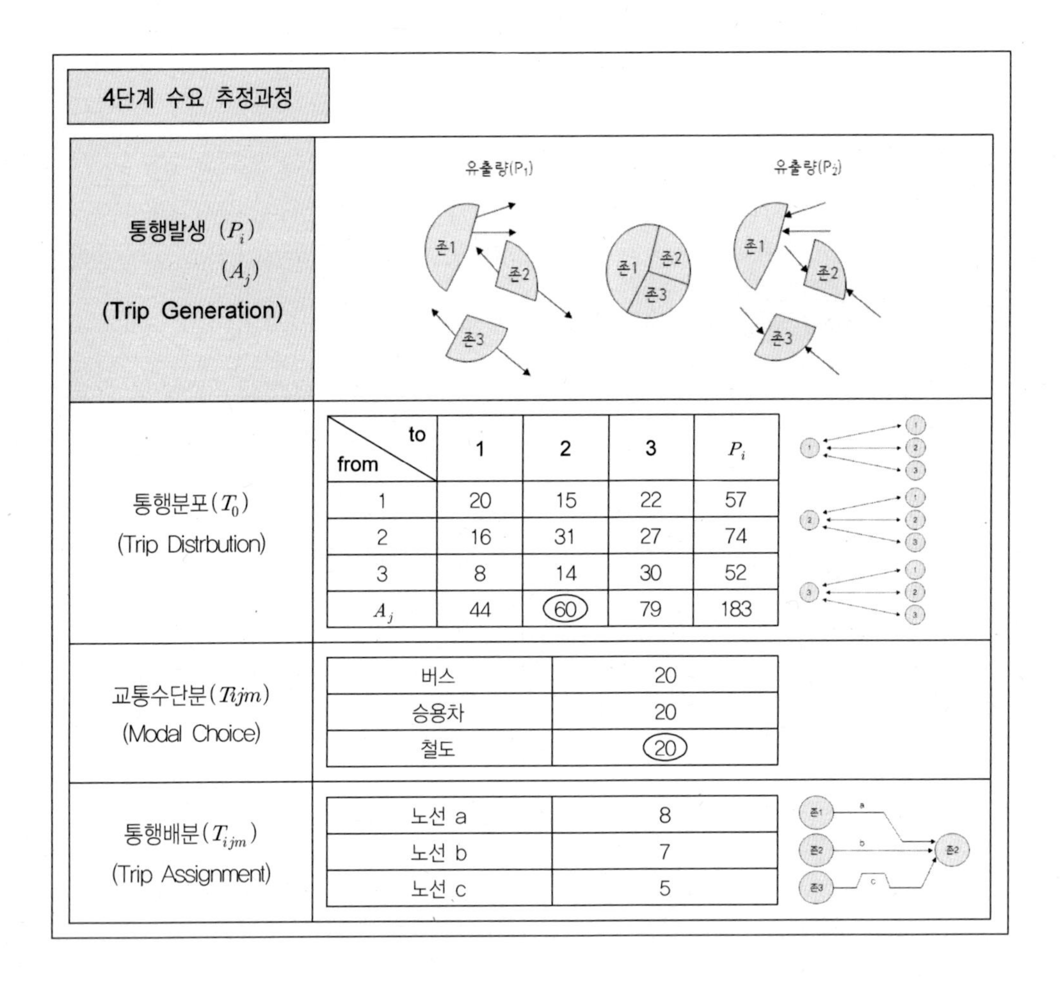

4단계 수요 추정과정

통행발생 (P_i)
(A_j)
(Trip Generation)

통행분포(T_0)
(Trip Distrbution)

from \ to	1	2	3	P_i
1	20	15	22	57
2	16	31	27	74
3	8	14	30	52
A_j	44	60	79	183

교통수단분($Tijm$)
(Modal Choice)

버스	20
승용차	20
철도	20

통행배분(T_{ijm})
(Trip Assignment)

노선 a	8
노선 b	7
노선 c	5

2.2 O-D표

1) O-D의 발생

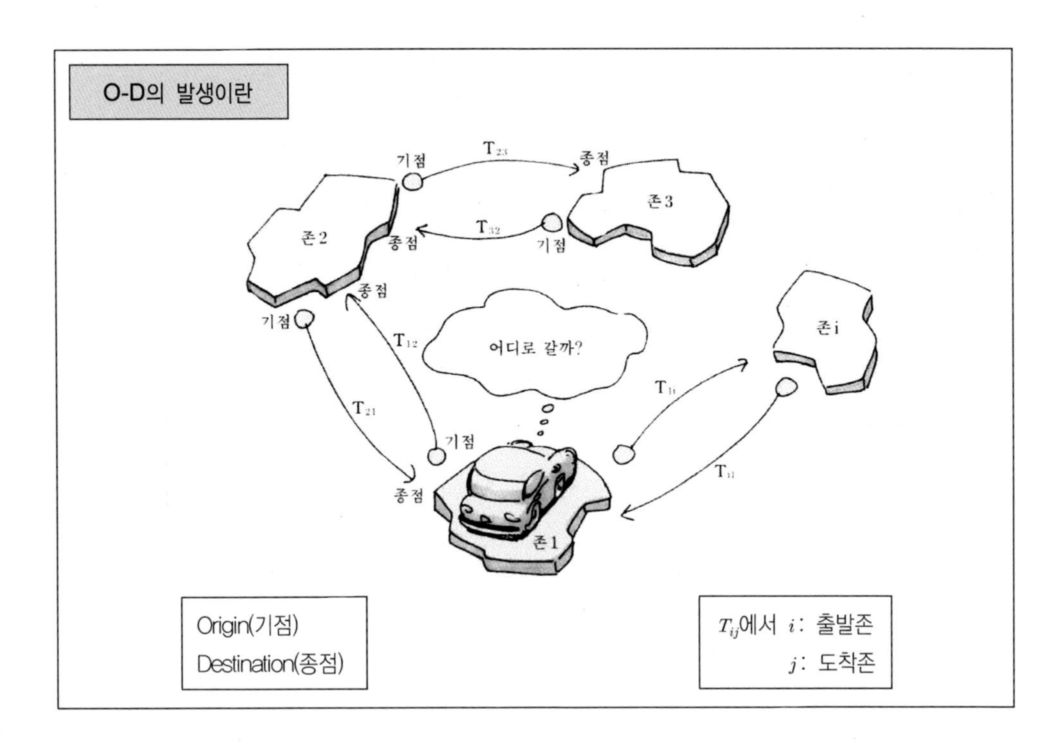

2) O-D표 작성 방법

O－D표 작성 방법

O \ D	1	2	3	$\cdots$ j $\cdots$	합계
1	T_{11}	T_{12}	T_{13}	$\cdots$ T_{1j} $\cdots$	P_1
2	T_{21}	T_{22}	T_{23}	$\cdots$ T_{2j} $\cdots$	P_2
3	T_{31}	T_{32}	T_{33}	$\cdots$ T_{3j} $\cdots$	P_3
$\vdots$ i $\vdots$	$\vdots$ T_{i1} $\vdots$	$\vdots$ T_{i2} $\vdots$	$\vdots$ T_{i3} $\vdots$	$\vdots$ $\cdots$ T_{ij} $\cdots$ $\vdots$	P_i
합계	A_1	A_2	A_3	$\cdots$ A_j $\cdots$	Z

P_i: 존 i에서의 총유출량
A_j: 존 j로의 총유입량

2.3 4단계 수요 추정법의 장·단점과 단계별 추정모형

1) 4단계 수요 추정법의 장·단점

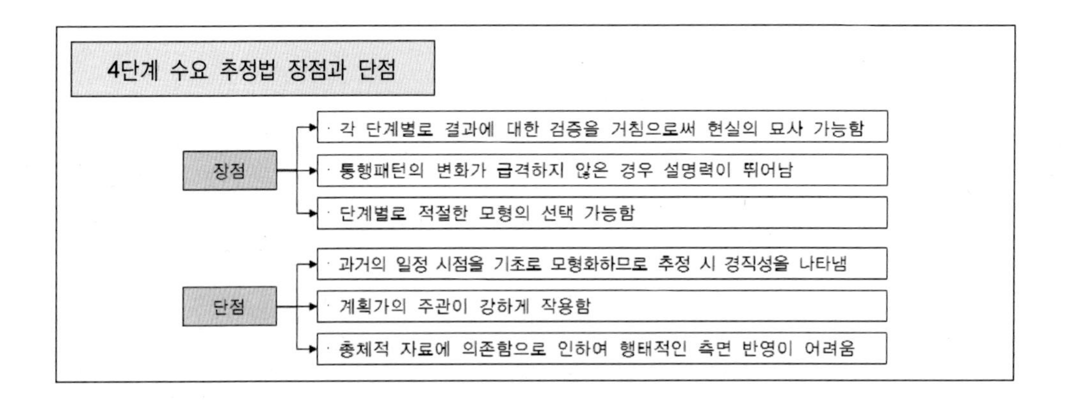

2) 4단계 수요 추정법의 단계별 추정모형

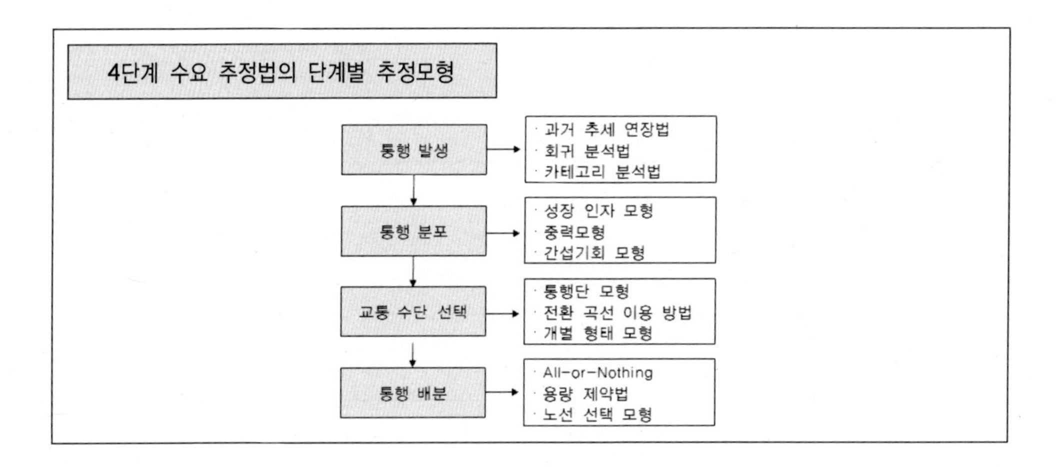

3) 4단계 수요 추정법의 문제점

4단계 수요 추정법의 문제점

- 과거의 일정한 시점을 기초로 하며 수집한 자료로서 모형화하기 때문에 장래 추정 시 경직성을 나타냄
- 각 단계를 별개로 거치게 되므로 4단계를 거치는 동안 계획가나 분석가의 주관이 강하게 작용할 수 있음
- 총체적 자료에 의존하기 때문에 통행자의 총체적·평균적 특성만 산출될 뿐 행태적인 측면은 반영이 어려움

2.4 통행발생 단계에서 사용되는 모형

1) 증감률법

증감률법이란

- 증감률법이란 현재의 통행유출·유입량에 장래의 인구와 같은 사회경제적 지표의 증감률을 곱하여 장래의 통행유출 유입량을 구하는 방법임
- 이는 해당 지역의 성장이나 발전의 정도에 따라 통행량이 비례하여 증가한다고 가정함

증감률법 공식

$$t_i' = t_i \cdot F_i$$
$$F_i = (P_i'/P_i) \cdot (M_i'/M_i)$$

t_i': 장래 통행량
t_i: 현재 통행량
F_i: 증감률
P_i': 장래인구
P_i: 현재 인구
M_i': 장래 승객 수
M_i: 현재 승객 수

증감률법을 이용한 예

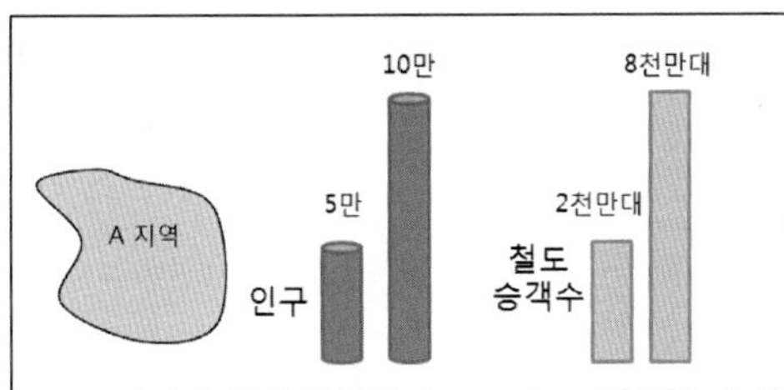

- A지역의 현재 통행량이 100,000 통행일 때 장래 승객 수는 얼마로 추정되는지 증감률법을 이용하여 구하여라.

- 인구와 철도 승객 수의 변화로부터 증감률 계산

$F_i = (P_i'/P_i) \cdot (M_i'/M_i)$
$(10/2) \times (8/2) = 8$
$t_i' = t_i \cdot F_i = 100,000 \times 8 = 800,000$ 통행

2) 원단위법

원단위법이란

- 통행유출·유입량과 여러 가지 자료(사회경제적, 토지이용 지표) 사이의 상관관계를 구하여 원단위화한 후 이로부터 장래의 통행량을 예측하는 방법
- 계산이 용이하며 장래의 사회경제 구조의 변화에 대한 작용 가능

원단위법의 추정과정

존별로 각종 지표를 이용하여 통행유출 · 유입량산출

↓

존별 산출값을 집계하여 지역 전체를 반영하는 원단위 설정

↓

존별 장래 토지이용, 인구, 철도 이용객수 등 추정

↓

평균 원단위에 장래 예측치를 곱하여 통행량 추정

3) 회귀 분석법

회귀 분석법이란

- 통행유출·유입량과 해당 지역의 사회경제적 특성을 나타내는 지표와의 관계식을 구하고 이로부터 장래 통행유출·유입량을 구하는 방법

회귀 분석법의 추정과정

$$Y=\alpha+\beta X$$

Y: 종속변수

X: 독립변수(설명변수)

α, β: 회귀식의 상수와 계수

n: 표본의 수

최소 자승법에 의한 α, β값의 산출

$$\beta = \frac{n\sum XY - \sum X \sum Y}{n\sum X^2 - (\sum)^2}$$

$$\alpha = \frac{(\sum Y)}{n} - \beta \frac{(\sum X)}{n}$$

Y: 종속변수

X: 독립변수(설명변수)

α, β: 회귀식의 상수와 계수

n: 표본의 수

회귀 분석법을 이용한 장래 통행량 추정과정

회귀식 설정

종속변수 : 통행량
독립변수 : 존별 인구, 자동차수, 건물 연면적 등

↓

존별 독립변수의 추정

↓

회귀식에 장래 독립변수 값을 대입하여 통행발생량 추정

회귀 분석법을 이용한 예

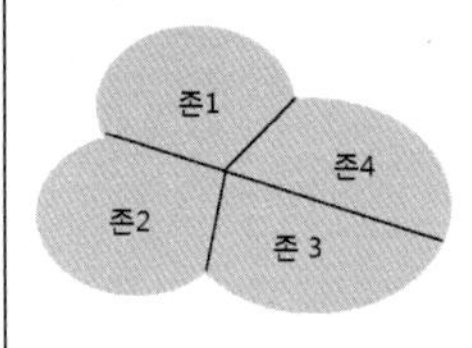

- 다음과 같은 지역의 존별 통행발생량과 자동차 보유대수가 아래 표와 같다고 할 때 장래 자동차 보유대수가 5만 대일 경우 통행발생량을 구하여라.

	존 1	존 2	존 3	존 4
통행발생량(천 통행)	20	40	90	60
자동차 보유대수(천 대)	5	7	14	12

- 통행발생량을 Y, 자동차 보유대수를 X라 하면

$n=4$, $\sum X = 38$, $\sum X^2 = 414$, $\sum Y = 210$, $\sum XY = 2360$이므로

$$\beta = \frac{(4\times 2360)-(38\times 210)}{(4\times 414)-(38)^2} = 6.89$$

$$\alpha = \frac{210}{4} - 6.89 \times \frac{38}{4} = -12.96$$

$Y = -12.96 + 6.89X$에서 $X = 50$을 대입

$Y = 331.54$

장래 통행발생량은 331.540 통행

4) 카테고리 분석법

카테고리 분석법이란

- 가구당 통행발생량과 같은 종속변수를 소득, 자동차 보유대수 등의 독립변수로 교차 분류시키는 방법임

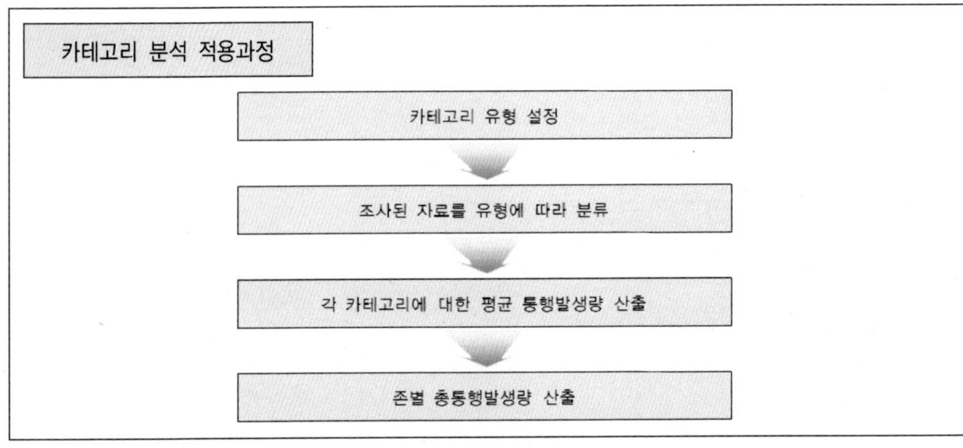

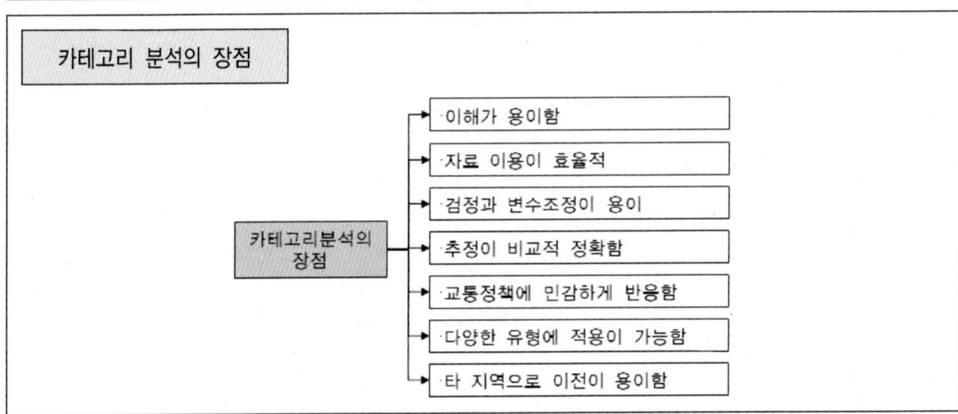

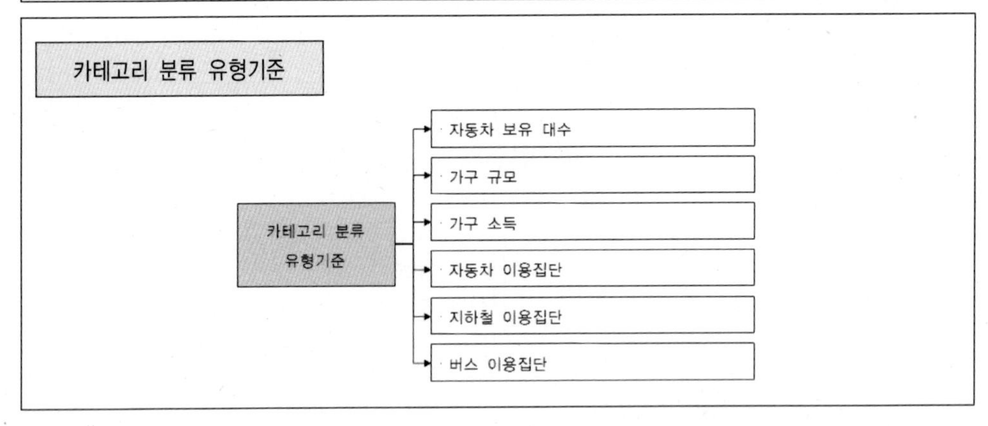

카테고리 분석법을 이용한 예

- 카테고리 분석법을 이용한 통행발생 예측

소득 수준 / 이용 교통수단	소득 수준		
	5백만원 이상(고소득)	3백만원 ~ 5백만원(중소득)	2백만원 이하(저속득)
자동차	2.8	1.4	0.1
버스	2.9	3.3	3.2
승용차	2.4	1.8	0.6

- 총통행발생량 산출 공식

총통행발생량=유형별 가구 수×평균 통행발생량

- 이용 교통수단과 소득 수준별 가구 수 산출

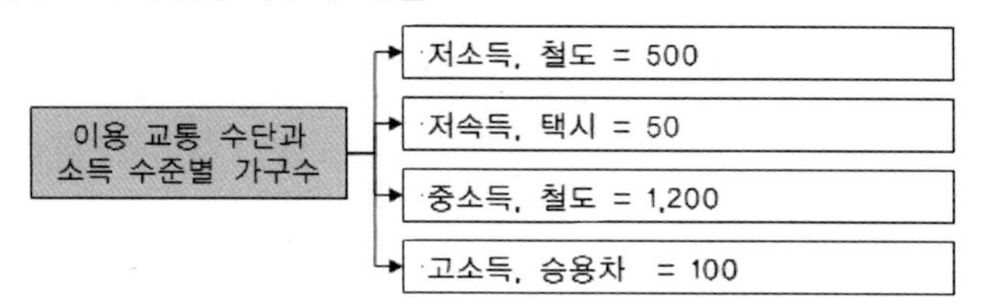

- 총통행발생량 산출

  총발생량=(500×3.2)+(50×0.6)+(1,200×3.3)+(100×2.8)=5,870

  총통행발생량은 5,870이다.

2.5 통행분포 단계에서 사용되는 모형

통행분포 단계에서 사용되는 모형	• 통행유출량과 통행유입량을 연결시키는 단계 • 추정모형의 종류 – 성장률법 – 중력모형 – 간섭 기회 모형

1) 성장률법

(1) 균일 성장률법

균일 성장률법 추정공식

$$t_{ij}' = t_{ij} \times F$$

t_{ij}': 장래의 존 i와 j 간의 통행량

t_{ij}: 현재의 존 i와 j 간의 통행량

F: 균일성장률$\left(\frac{\text{장래의통행량}}{\text{현재의통행량}}\right)$

균일 성장률법을 이용한 예

- 현재의 존 간 통행과 장래의 존별 통행량이 다음과 같을 때 장래 존 간 통행량을 균일 성장률법을 이용하여 계산하여라.

(현재)

O \ D	1	2	계
1	3	7	10
2	6	5	11
계	9	12	21

(장래)

O \ D	1	2	계
1			15
2			48
계	30	33	63

F값 계산: $F = \frac{63}{21} = 3$

존별 통행량 계산: $t_{11}' = t_{11} \times F = 3 \times 2 = 9$

⋮ ⋮ ⋮

(배분)

O \ D	1	2	계
1	1	21	30
2	2	15	33
계	27	36	63

(2) 평균 성장률법

평균 성장률법 추정공식

$$t_{ij}' = t_{ij} \cdot \frac{(E_i + F_j)}{2}$$
$$E_i = \frac{P_i'}{P_i} \quad F_j = \frac{A_j'}{A_j}$$

E_i : 존 i의 유출량의 성장률

F_j: 존 j의 유입량의 성장률

평균 성장률법을 이용한 예

- 현재의 존 간 통행과 장래의 존별 통행량이 다음과 같을 때 장래 존 간 통행량을 균일 성장률법을 이용하여 계산하여라.

(현재)

O \ D	1	2	계
1	3	7	10
2	6	5	11
계	9	12	21

(장래)

O \ D	1	2	계
1			19
2			25
계	21	23	44

- 계산 과정

① 각 존의 유출량과 유입량의 성장률 계산

$$E_1 = \frac{19}{10} = 1.90, \ E_2 = \frac{25}{11} = 2.27$$
$$F_1 = \frac{21}{9} = 2.33, \ F_2 = \frac{23}{12} = 1.92$$

$$t_{11}' = t_{11} \cdot \frac{(E_1 \cdot F_1)}{2} = 3 \cdot \frac{(1.9 \times 2.33)}{2} = 6.64 \fallingdotseq 6$$
$$t_{12}' = t_{12} \cdot \frac{(E_1 \cdot F_2)}{2} = 7 \cdot \frac{(1.9 \times 1.92)}{2} = 13.37 \fallingdotseq 13$$
$$t_{21}' = t_{21} \cdot \frac{(E_2 \cdot F_1)}{2} = 6 \cdot \frac{(2.27 \times 2.33)}{2} = 13.80 \fallingdotseq 14$$
$$t_{22}' = t_{22} \cdot \frac{(E_2 \cdot F_2)}{2} = 5 \cdot \frac{(2.27 \times 1.92)}{2} = 10.48 \fallingdotseq 10$$

② 1차 배분 결과

O \ D	1	2	계
1	6	13	19
2	14	10	24
계	20	23	43

③ 배분 결과에 차이가 있으므로 각 존 간 유출・유입의 성장률 계산

$$E_1 = \frac{19}{19} = 1, \quad E_2 = \frac{24}{25} = 0.96$$
$$F_1 = \frac{20}{21} = 0.95, \; F_2 = \frac{23}{23} = 1.00$$

④ 존 간 통행량 계산

⑤ 10회 반복 후 최종 결과

O \ D	1	2	계
1	6	13	19
2	15	10	25
계	21	23	44

(3) 프라타(Fratar)법

프라타법 추정공식

- 존 간의 통행량은 E_i, E_j에 비례하여 증가한다는 원리를 이용함
- 반복과정을 통하여 통행발생 단계에서 산출된 통행유출, 유입량과 일치하도록 조정함
- 평균 성장률보다 계산횟수가 적음

$$t_{ij}' = t_{ij} \cdot E_i \cdot F_j \frac{L_i + L_j}{2}$$
$$L_i = \sum_{j=1}^{n} t_{ij} / \sum_{j=1}^{n} t_{ij} \cdot F_j$$
$$L_j = \sum_{i=1}^{n} t_{ij} / \sum_{i=1}^{n} t_{ij} \cdot E_j$$

L_i, L_j : 보정식

프라타법을 이용한 예

- 현재의 존 간 통행과 장래의 존별 통행량이 다음과 같을 때 장래 존 간 통행량을 균일 성장률법을 이용하여 계산하여라.

(현재)

O \ D	1	2	계
1	8	3	11
2	5	4	9
계	13	7	20

(장래)

O \ D	1	2	계
1			19
2			14
계	18	15	33

- 계산 과정

① 각 존의 유출량과 유입량의 성장률 계산

	1	2
E_i	$\frac{19}{11}=1.73$	$\frac{14}{9}=1.56$
F_j	$\frac{18}{13}=1.38$	$\frac{15}{7}=2.14$

② 보정식 계산

	1	2
L_i	$\frac{8+3}{(8\times1.38+3\times2.14)}=0.8$	$\frac{5+4}{(5\times1.38+4\times2.14)}=0.58$
L_j	$\frac{8+5}{(8\times1.73+5\times1.56)}=0.60$	$\frac{3+4}{(3\times1.73+4\times1.56)}=0.61$

③ 각 존 간 통행량 계산

$$t_{11}=8\times1.73\times\frac{(0.03+0.60)}{2}=11.8\fallingdotseq12$$

$$t_{12}=3\times2.14\times\frac{(0.63+0.61)}{2}=6.89\fallingdotseq7$$

$$t_{21}=5\times1.38\times\frac{(0.58+0.60)}{2}=6.35\fallingdotseq6$$

$$t_{22}=4\times2.14\times\frac{(0.58+0.61)}{2}=7.94\fallingdotseq8$$

④ 최종 배분 결과

O \ D	1	2	계
1	12	7	19
2	6	8	14
계	18	15	33

- 각 존별 장래 유출·유입 통행량이 같으므로 최종 배분 결과가 됨

(4) 디트로이트(Detroit)법

디트로이트법 추정공식

· 프라타모형의 계산과정을 보다 단순화함

$$t_{ij}' = t_{ij} \cdot \frac{E_i + E_j}{F}$$

F: 총통행발생량의 증감률

E_i: 존 i의 유출량의 성장률

F_j: 존 j의 유입량의 성장률

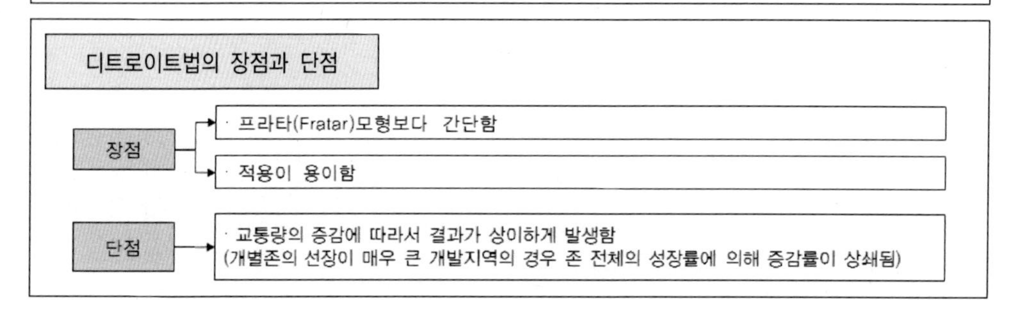

2) 중력모형법(Gravity Model)

중력모형법이란	· 중력모형이란 떨어지는 사과로부터 만유인력의 법칙을 발견한 뉴턴의 이론을 통행의 유·출입에 적용한 모형을 말함

중력모형법 추정공식

$$t_{ij} = KP_iA_j / f(Z_{ij})$$

$$\text{두 지역 간의 통행량} = (\text{두 지역의 활동량} \times \frac{1}{\text{통행 저항}})$$

(1) 제약 없는 중력모형

중력모형법 추정공식

- 통행유출, 유입량이 같지 않고 총통행량만 제약함
- 기본 공식

$$t_{ij} = KP_iA_j/f(Z_{ij})$$

$$K = \frac{\sum_i \sum_j t_{ij}^s}{\sum_i \sum_j t_{ij}^m}$$

$\sum_i \sum_j t_{ij}^s$: 조산된 O-D표의 존 간 총통행량

$\sum_i \sum_j t_{ij}^m$: 모형상 O-D표의 존 간 총통행량

P_i: 존 i에서 유출되는 총통행유출량

A_j: 존 j에서 유입되는 총통행유입량

$f(Z_{ij})$: 통행 시간, 거리로 표시되는 통행 저항함수

(조사)

D / O		합계
합계		⬭

(모형)

D / O		합계
합계		⬭

중력모형법 추정모형을 이용한 예

• 다음의 기존 통행량과 거리를 사용하여 장래의 존 간 통행을 구하여라.

현재 통행 O/D

O \ D	1	2	계
1	8	6	14
2	4	2	6
계	12	8	20

존 간의 거리

O \ D	1	2
1	5.5	8
2	7	7

• 장래의 총통행발생

O \ D	1	2	계
1			16
2			19
계	21	14	35

• 계산과정

$K = \frac{20}{35} = 0.57$

$t_{11} = 0.57 \times 14 \times 12/5.5$

$= 17.41 \simeq 17$

$t_{12} = 0.57 \times 14 \times 8/8$

$= 7.98 \simeq 8$(이하 생략)

• 장래의 총통행발생량

O \ D	1	2	계
1	17	8	25
2	6	4	10
계	23	12	35

(2) 단일 제약모형(통행유출량 제약모형)

단일 제약모형

- 통행유출량만 일치시키도록 통행의 기종점을 결정함
- 존 i의 총통행유출량을 조사된 존 i의 총통행량과 일치시킴($\sum_j t_{ij} = P_i$)

$$t_{ij} = K_i P A_j / f(Z_{ij})$$

$$K_i = [\sum A_i / f(Z_{ij})]^{-1}$$

(조사)

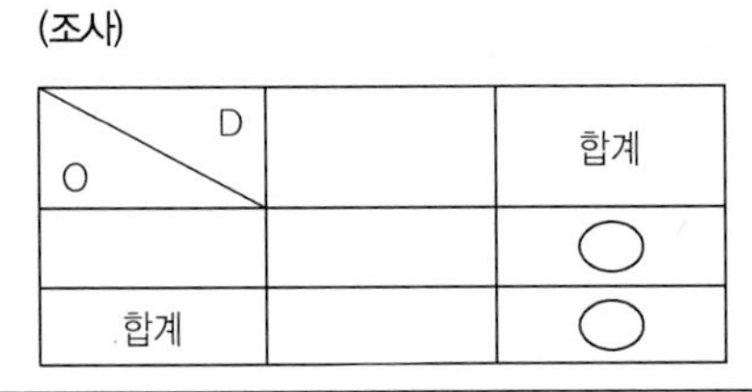

O \ D		합계
		○
합계		○

(모형)

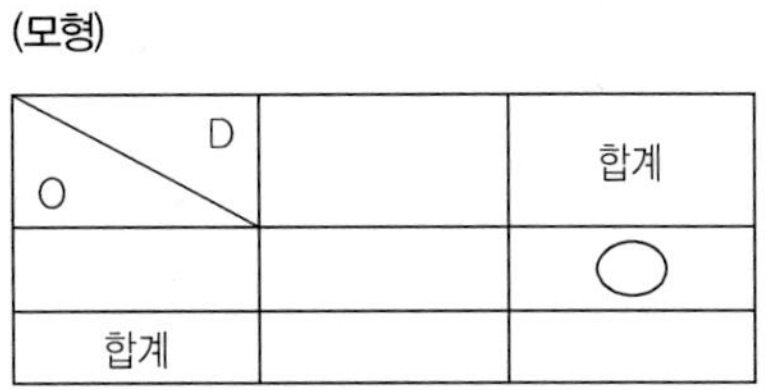

O \ D		합계
		○
합계		

단일 제약모형을 이용한 예

- 다음의 기존 O–D 통행량과 장래 추정 통행량을 단일 제약 중력모형을 이용하여 통행배분하여라. (여기서 통행 저항함수는 존 간 거리를 이용한다.)

(기존)

O \ D	1	2	계
1	8	6	14
2	4	2	6
합계	12	8	20

(장래)

O \ D	1	2	계
1			16
2			19
합계	21	14	35

(존 간 거리)

O \ D	1	2
1	4.2	20
2	15	9

- 계산 과정

① 보정치 K_i값 계산

$K_1 = [12/4.2]^{-1} = 0.35,\ K^2 = [8/15]^{-1} = 1.875$

② 존 간 통행량 계산

$T_{11} = 0.35 \times 14 \times 12/4.2 = 14.0$
$T_{12} = 0.35 \times 14 \times 8/20 = 1.96 \fallingdotseq 2 \cdots$

③ 장래 통행량 분포

$T_{21} = 1.875 \times 6 \times 12/15 = 9$
$T_{22} = 1.875 \times 6 \times 8/9 = 10 \cdots$

- 통행유출량이 같으므로 최종 통행배분 결과는 아래와 같다.

O \ D	1	2	계
1	14	2	16
2	9	10	19
합계	23	12	35

(3) 이중제약형 중력모형(Double-Constraint Gravity Model)

이중제약형 중력모형 추정공식

- 조사된 O-D의 총통행유출 · 유입량을 모형상의 총통행유출 · 유입량에 일치시킴

$$t_{ij} = K_i K_j P_i A_j / f(Z_{ij})$$

$$K_i = [\sum K_j \cdot A_j / f(Z_{ij})]^{-1}$$
$$K_i = [\sum K_i \cdot P_i / f(Z_{ij})]^{-1}$$

(조사) (모형)

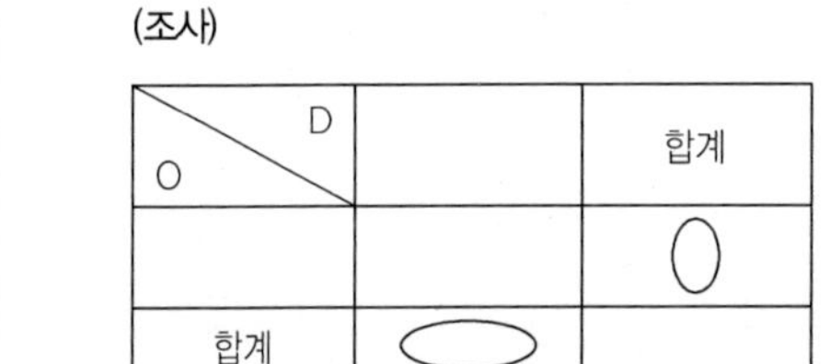

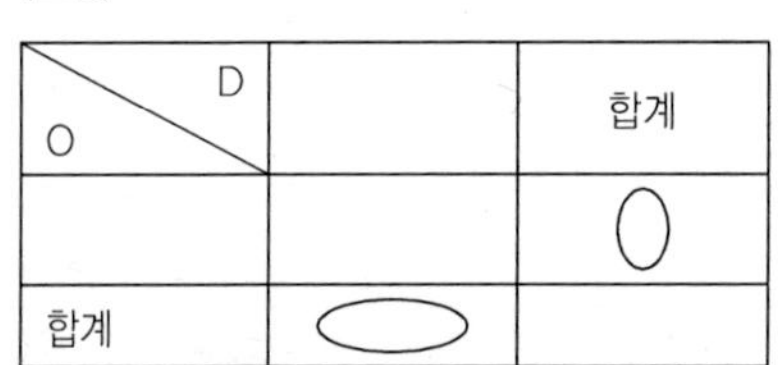

이중제약형 중력모형에 의한 통행배분 과정

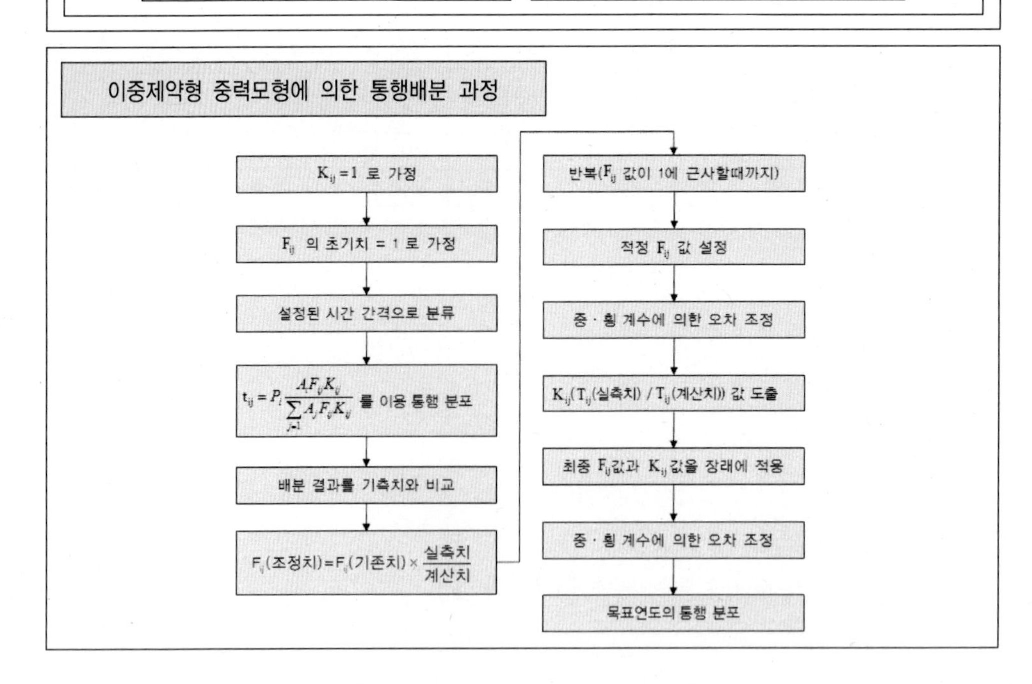

이중제약형 중력모형을 이용한 예

- 현재의 통행이 다음과 같다고 할 때 존 간 통행량을 이중제약형 중력모형을 이용하여 배분하여라.

(존별 통행량)

O \ D	1	2	3	계
1				140
2				330
3				280
합계	300	270	180	750

(존 간 통행 시간)

O \ D	1	2	3	
1	5	2	3	
2	2	6	6	
3	3	6	5	
합계				

(존 간 거리)

시간	F	시간	F
1	82	5	39
2	52	6	26
3	50	7	20
4	41	8	15

- 계산 과정

① $K_{ij}=1$로 가정하여 통행배분

$$T_{ij}=P_i\left(\frac{A_jF_{ij}K_{ij}}{\sum_i^n\sum_j^n A_jF_{ij}K_{ij}}\right)$$

O \ D	1	2	3	계
1	47	57	36	140
2	188	85	57	330
3	144	68	68	280
합계	379	210	161	750

$$T_{11}=140\times\frac{(300\times29)}{(300\times29+270\times52+180\times50)}=47$$

$$T_{12}=140\times\frac{(270\times52)}{(300\times29+270\times52+180\times50)}=57$$

…

각 존별로 계산

② 보정계수 계산

$$A_1{}'=300\times\frac{300}{379}=237,\ A_2{}'=270\times\frac{270}{210}=347,\ A_3{}'=180\times\frac{180}{161}=201$$

③ 보정계수를 이용하여 통행량 계산

$$T_{11}=140\times\frac{237\times39}{(237\times39+347\times52+201\times50)}=34$$

④ 최종 배분 결과

O \ D	1	2	3	계
1	34	68	38	140
2	153	112	65	330
3	116	88	76	280
합계	303	268	179	750

3) 간섭 기회모형

간섭 기회모형이란	• 적 존에서 기회를 나타낼 수 있는 변수(통행 목적별 사회경제적 변수)를 설정하는 모형임

간섭 기회모형의 추정공식

$$P[V_{ij}] = 1 - e^{-LV(j)}$$

$V(j)$: i번째 존까지의 기회의 합

L: 어느 한 기회를 선정할 확률

$P[V_{ij}]$: j번째 존까지 도착할 누적 확률

• 양변에 대수를 취하면

$\ln(1-P[V_{ij}]) = -LV(j)$

간섭 기회모형의 추정과정

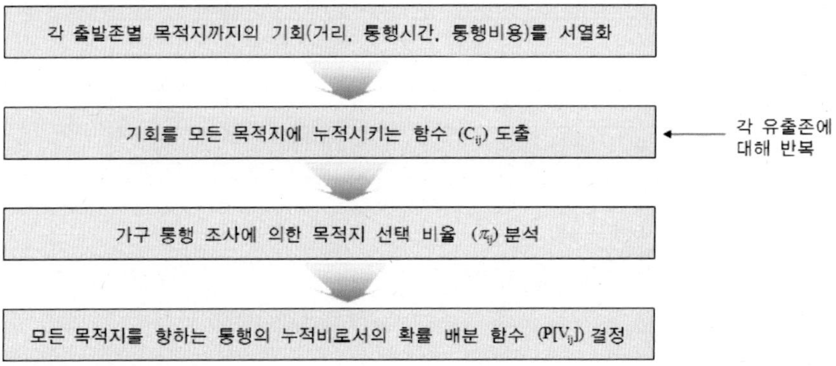

각 출발존별 목적지까지의 기회(거리, 통행시간, 통행비용)를 서열화

↓

기회를 모든 목적지에 누적시키는 함수 (C_{ij}) 도출 ← 각 유출존에 대해 반복

↓

가구 통행 조사에 의한 목적지 선택 비율 (π_{ij}) 분석

↓

모든 목적지를 향하는 통행의 누적비로서의 확률 배분 함수 ($P[V_{ij}]$) 결정

간섭 기회모형을 이용한 예

• 존 1에서 발생된 통행이 다른 존으로 분포된다고 할 때 존 1에서 존 3까지 도착할 누적 확률을 계산하여라(한 기회를 택할 확률은 0.35).

• 계산 과정

① 3번째 존까지의 기회의 합은

$V(j) = (1+2+3) = 6$

② 따라서 3번째 존까지 도착할 누적 확률은

$P[V_{13}] = 1 - e^{-0.25(6)} = 1 - 0.2231 = 0.7769$

③ 77.69%의 통행이 도착될 것으로 기대된다.

2.6 교통수단 선택 단계에서 사용되는 모형

1) 통행발생 단계에서 사용되는 모형(회귀 분석법, 카테고리 분석법)

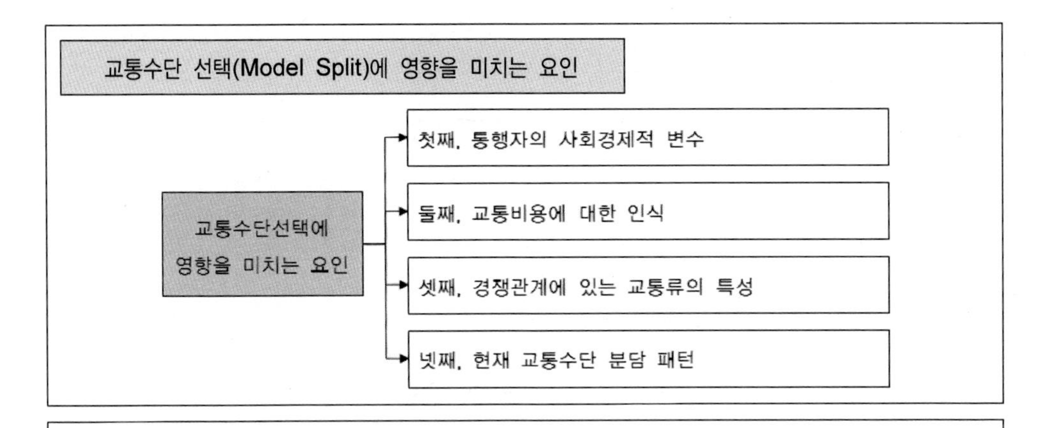

회귀 분석법과 카테고리 분석법

① 회귀 분석

- 독립변수: 자동차 보유 유무, 통행거리, 주거 밀도, 대중교통수단에의 접근성
- 추정방식

$$t_{\pi(m)} = a_0 + a_1 X_{1i} + a_2 X_{2i} + \cdots + \beta_n X_{\ni}$$

$$t_{aj(m)} = a_0 + a_1 X_{1i} + a_2 X_{2i} + \cdots + \beta_n X_{nj}$$

$t_{\pi(m)}$: 교통수단 m을 이용한 존 i에서의 유출 통행량

$t_{aj(m)}$: 교통수단 m을 이용한 존 j로의 유입 통행량

$X_{1i} \cdots, X_{1j} \cdots$: 존 i, j의 독립변수

② 카테고리 분석법

- 소득, 자동차 보유, 가구 규모로 분류하여 교통수단별 평균 통행발생량을 추정하는 방법임
- 변수에 따라 분류된 가구 수에 평균 통행횟수를 구하여 예측함

2) 통행발생과 통행분포 단계 사이에서 수단분담(통행단 모형)

통행단 모형이란

- 장래의 존별 통행발생량을 산출한 후 통행분포 전에 이용 가능한 교통수단별 분담률을 산정한 후 각 수단별 통행 수요를 도출하는 방법임

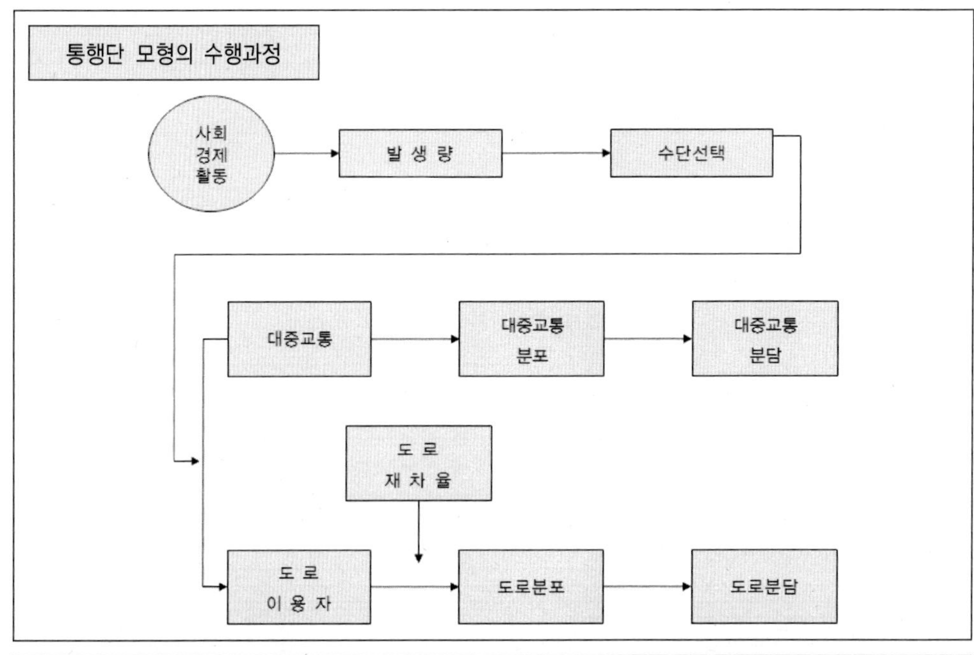

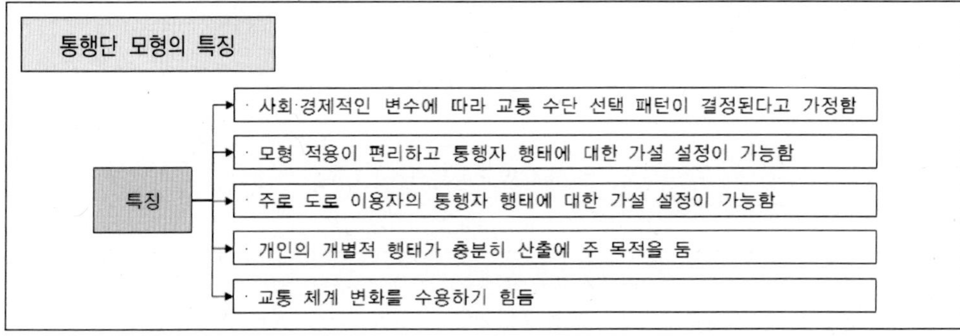

3) 통행분포 단계에서 함께 사용되는 방법(통행 교차모형)

통행 교차모형(Trip Interchange Model)이란

- 통행 교차모형은 통행분포가 완료된 상태에서 각 교통수단의 서비스 특성에 의해 교통수단 선택을 추정하는 모형임
- 대중교통수단 체계의 변화에 신속하게 대체할 수 있음

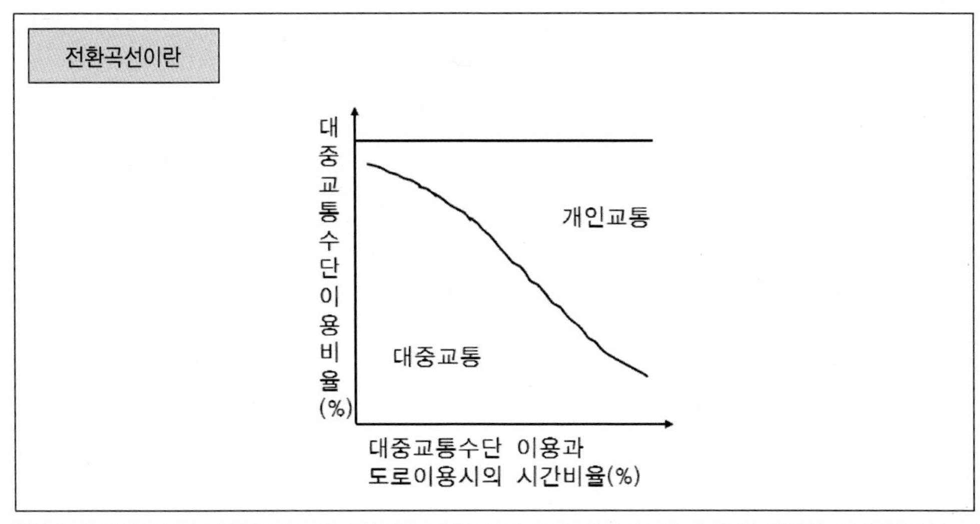
전환곡선이란
대중교통수단이용비율(%)
개인교통
대중교통
대중교통수단 이용과
도로이용시의 시간비율(%)

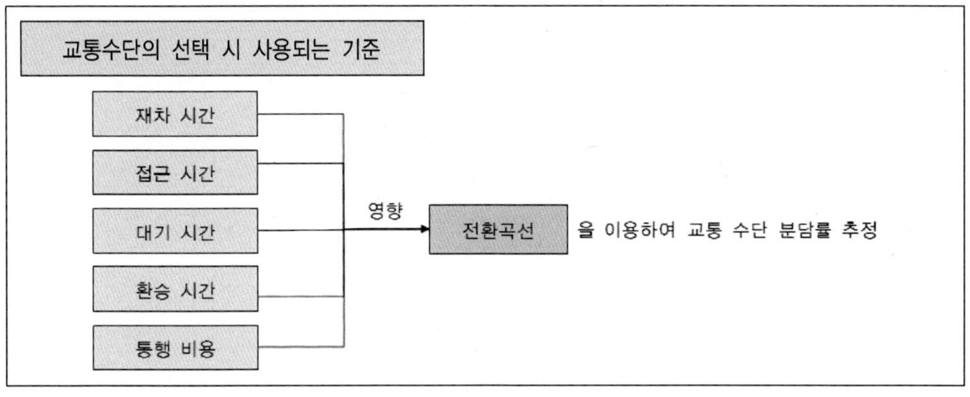
교통수단의 선택 시 사용되는 기준
재차 시간
접근 시간
대기 시간
환승 시간
통행 비용
영향
전환곡선
을 이용하여 교통 수단 분담률 추정

교통수단 간의 교통 비용비와 추가 통행 시간비(통행 서비스 기준)

① 교통 비용비

$$CR = \frac{i}{(j+k+0.5l)/m}$$

CR: 대중교통 요금 대 승용차 운행비용의 비율

i: 대중교통 요금

j: 연료비용

k: 오일 및 윤활유비용

l: 목적지에서의 주차비용

m: 평균 탑승 인원 수

② 추가 통행 시간비

$$SR = \frac{b+c+d+e}{g+h}$$

SR: 대중교통수단이나 승용차 통행에 소요된 시간을 제외한 시간의 비율

b: 대중교통수단 간의 환승 시간

c: 대중교통수단의 대기 시간

d: 대중교통수단의 도보 시간

e: 대중교통수단에서 하차하여 목적지까지의 도보 시간

g: 목적지에서의 주차 시간

h: 주차 후 목적지까지의 도보 시간

2.7 통행배분 단계에서 사용되는 모형

통행배분 단계란

- 통행배분이란 내가 A지점에서 B지점으로 가는 데 경로 1, 2, 3 중 어느 것을 이용할 것인지를 결정하는 것임
- 통행배분 방법에는 (각 경로의),

① 용량을 제약하는 경우와

② 용량을 제약하지 않는 두 가지의 유형이 있음

1) 용량을 제약하지 않는 방법

All-or-Nothing법

- 통행 시간을 이용하여 최소 통행 시간이 걸리는 경로에 모든 통행량을 배정하는 방법

장 점	단 점
· 이론이 단순하고 적용이 용이함 · 총 교통체계의 관점에서 최적 통행 배분 상태 검토 가능	· 도로의 용량을 고려하지 않으므로 실질적인 도로 용량을 초과하는 경우가 발생함 · 통행자의 행태적 측면의 반영이 미흡함 · 통행시간에 따른 통행자의 경로변경 등의 현실성을 고려치 않음

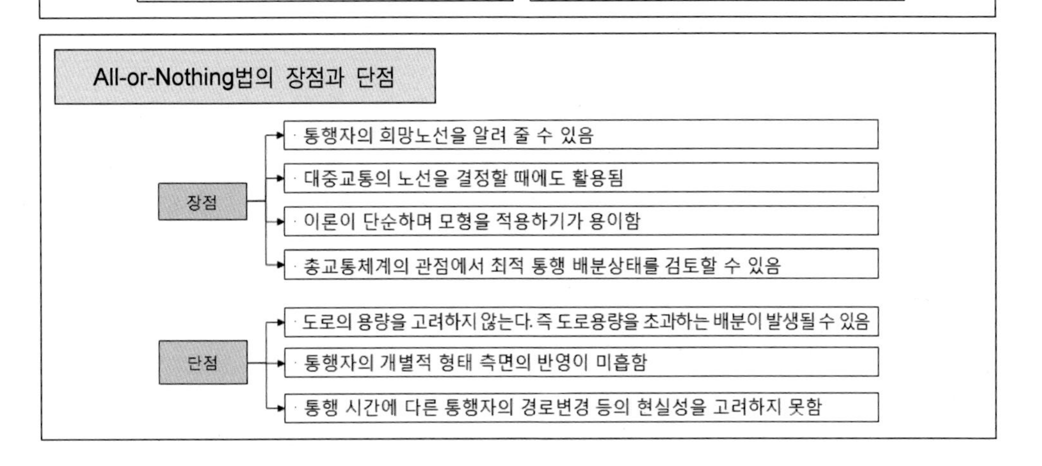

2) 용량을 제약하는 방법

용량 제약 노선 배분법

- 용량보다 통행량이 많이 배분된 링크를 합리적으로 조정하는 방법임
- 교통 체증을 고려하여 합리적인 노선 배정을 하기 위해 통행량, 용량 곡선 등을 적용하여 통행량 증가와 주행속도의 관계로부터 최단 경로를 도출함
- 용량 제약 배분 기법
  - 반복 과정법(Iterative Assignment)
  - 분할 배분법(Incremental Assignment)
  - 다중 경로 배분법(Multi-path Assignment)
  - 확률적 통행 배분법(Probabilitic Assignment)

(1) 반복 과정법

반복 과정법이란

- 교통 혼잡에 의한 영향을 고려할 수 있으나 계산과정이 복잡
- 반복 작업에 따라 이론적으로 교통량이 평형 상태에 도달하는지에 대한 검토가 난해

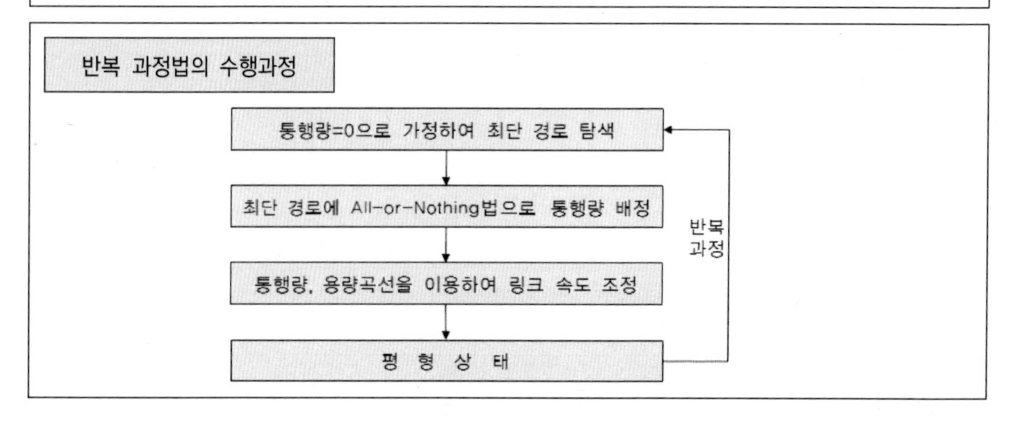

(2) 분할 배분법

분할 배분법이란

- 최소 비용이 소요되는 경로에 존 간 통행의 일정한 양을 우선적으로 배분하고 이를 기초로 통행 시간(통행 비용)을 구하여 존 간 새로운 통행표를 구축한 후 다시 일정량의 통행량을 배분하는 과정임

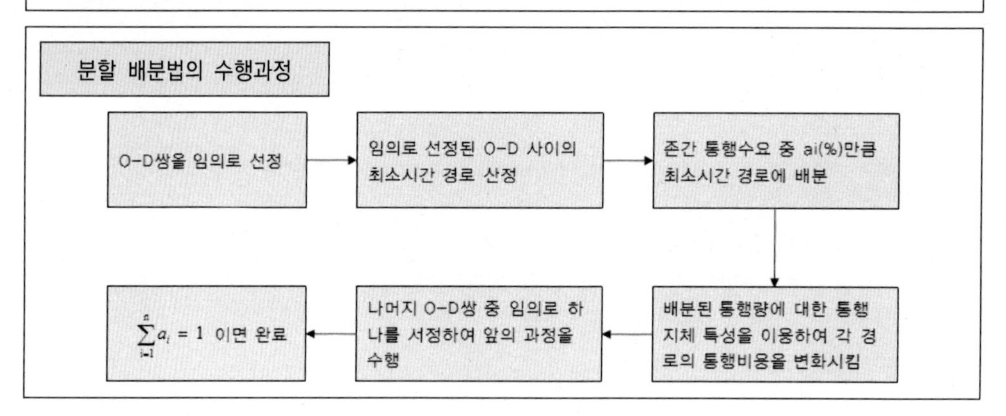

통행 배분을 위한 통행량-속도 함수식(용량 제한식)

BPR식	Snerk식	Schneider식
$T = T_0[1+0.15(V/C)^4]$ T: 통행량 V인 상태의 통행시간 T_0: 자유통행시간 C: 도로의 용량	$T = T_0 e^{(V/C-1)}$ (단 $T \le 5T_0$)	$T = T_0(2)^{(V/C-1)}$ (단 $T \le 4T_0$)

BPR식을 이용한 용량 제한식 계산

- 어느 노선의 용량이 시간당 6,000대이고 자유 통행 시간이 1시간 반이다. BPR의 통행량– 속도 함수식을 이용하여 통행량 8,000대일 경우의 통행 시간을 구하여라.

풀이

BPR의 용량 제약식에서 $T_0 = 1.5$시간, $V = 6,000$대/시이므로

$T = T_0[1+0.15(V/C)^4] = 1.5[1+0.15(8,000/6,000)^4] = 2.2$

따라서 교통량 8,000대일 경우의 통행 시간은 2.2시간이다.

(3) 다중 경로 배분법

다중 경로 배분법이란

- 기종점을 잇는 단일의 최소 경로 대신에 통행자의 인식 차에 의해 선정된 복수 경로에 의해 통행량을 배정하는 방법임
- 통행자가 자신이 인식하는 통행 시간, 비용의 관점에서 노선을 선택한다고 전제하는 방법임

(4) 확률적 통행 배분법

확률적 통행 배분법이란

$$P(K) = \frac{\exp(-\theta T_k)}{\sum \exp(-\theta T_k)}$$

$P(K)$: 노선 K를 선택할 확률

θ: 통행량 전환 파라메터

T_k: 노선 K의 통행 시간

확률적 통행 배분법 함수식

- 통행거리가 길어지면 통행자가 그 경로를 택할 확률이 적어진다는 논리에 입각함
- 여러 대안 노선 중에서 노선 K를 선택할 확률임

확률적 통행 배분법을 이용한 예

- 어느 노선의 용량이 시간당 6,000대이고 자유 통행 시간이 1시간 반이다. BPR의 통행량-속도 함수식을 이용하여 통행량 8,000대일 경우의 통행 시간을 구하여라.

풀이

BPR의 용량 제약식에서 $T_0 = 1.5$시간, $V = 6,000$대/시이므로

$T = T_0[1 + 0.15(V/C)^4] = 1.5[1 + 0.15(8,000/6,000)^4] = 2.2$

따라서 교통량 8,000대일 경우의 통행 시간은 2.2시간이다.

3. 개별형태모형

3.1 개별형태모형

1) 개별형태모형이란

개별형태모형이란	· 통행자가 여러 가지 선택 대안 중 하나의 대안을 선택할 때 실제 통행자의 형태에 대한 만족도를 기준으로 대안 선택 확률을 추정하는 방법

2) 4단계 추정법과의 비교

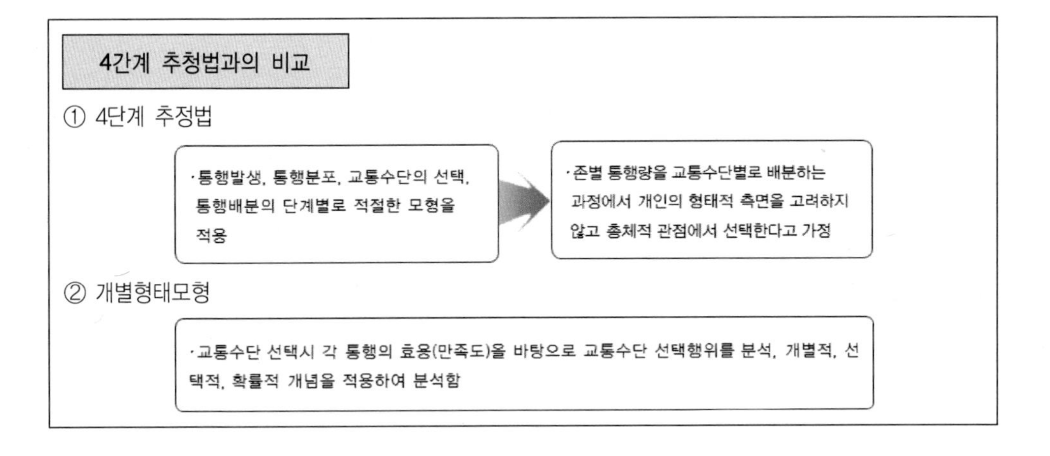

3) 개별형태모형의 장점

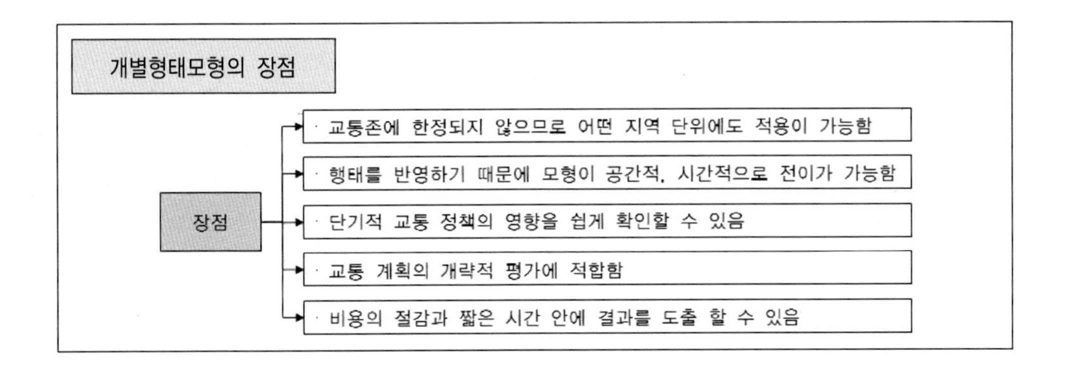

4) 개별형태모형의 종류

개별형태모형의 종류점

- 판별 분석법(Discriminant Analysis)
- 로짓 모형(Logit Model)
- 회귀 분석법(Regression Analysis)
- 프로 빗모형(Probit Model)

3.2 로짓모형의 효용

1) 로짓모형의 효용이란

로짓모형의 효용이란

- 통행자는 여러 교통 선택 대안 중 경제적 합리성과 효용의 극대화라는 기준으로 선택함
- 개인의 효용 극대화에 따른 확률 이론을 적용함
- 효용의 관측 가능한 것과 관측 불가능한 것으로 구분함

2) 확률적 통행 배분법

확률적 통행 배분법

$$U = V + \epsilon$$

U: t 번째 통행자가 i 번째 대안에 대하여 갖는 효용

V: 관측 가능한 요소로 구성되는 효용

ϵ: 관측 불가능한 요소로 구성되는 효용

3.3 로짓모형에 영향을 미치는 변수

로짓모형에 영향을 미치는 변수

설명력의 정도	변수 내용
결정적인 설명력을 갖는 변수	① 교통 비용 ② 통행 시간 ③ 도보 시간 ④ 환승 대기 시간 ⑤ 대중교통수단의 배차 간격 ⑥ 가족 중 운전 가능한 인원 수 ⑦ 임금
강한 설명력을 갖는 변수	① 환승 횟수 ② 가장 여부 ③ 직장의 고용밀도 ④ 주거지 위치 ⑤ 가족 구성
모호한 설명력을 갖는 변수	① 가구소득 ② 거주 인구밀도 ③ 주거지의 CBD 위치 여부 ④ 가족 중 직장인 수 ⑤ 가장의 연령 ⑥ 교통수단에 대한 신뢰성 ⑦ 안전성 · 안락성 · 편의성에 대한 인식도
낮은 설명력을 갖는 변수	① CBD 내의 직장 위치 ② 응답자의 연령과 성별 ③ 가장의 지위 ④ 사생활

3.4 로짓모형의 추정공식

1) 로짓모형과 프로빗모형의 오차항 분포 특성

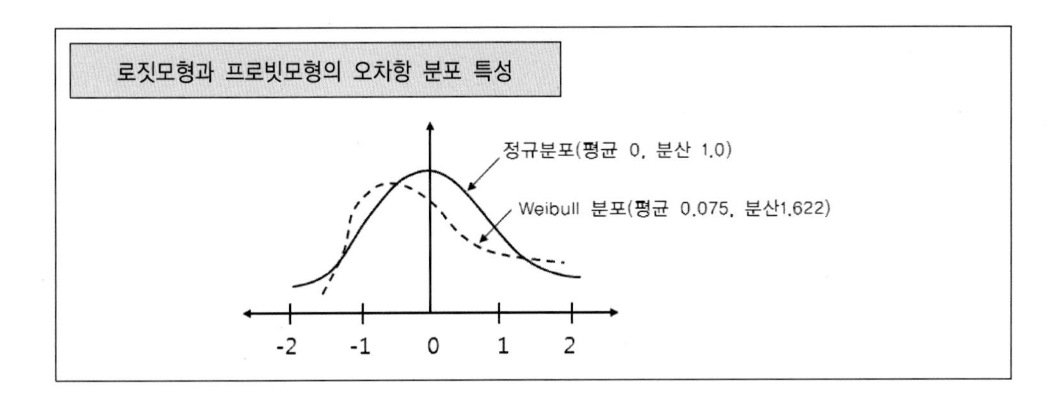

2) 로짓모형의 추정공식

로짓모형의 추정식

$$P_{t(i)} = \frac{e^{Vit}}{\sum_{i=1}^{j} e^{Vit}}$$

$P_{t(i)}$: t 번째 통행자가 i 번째 대안을 선택할 확률

V: t 번째 통행자가 i 번째 대안에 대해 갖는 효용

j: 선택 가능한 대안의 수

3) 로짓모형과 프로빗모형의 한계

로짓과 프로빗모형의 한계

① 선택 대안 간에는 서로 독립이어야 하는 가정의 현실성이 부족함

② 선택범위 내의 대안만을 다루고 있어 분석가의 임의성이 포함됨

3.5 로짓모형을 이용한 교통수단 선택의 예

1) 대안별 효용함수 계산

대안별 효용함수 계산

- 주거지역에서 도심지로 출근하는 사람을 대상으로 버스와 지하철에 대하여 각 대안별로 효용함수를 계산하여라(단, 효용함수에 사용되는 모형은 다음과 같다).

$$\text{효용함수모형}: U_i = -0.4t_i - \frac{0.12}{d}X_i$$

U_i: 대안 i의 효용함수

t_i: 대안 i의 차내 통행 시간

X_i: 대안 i의 차외 통행 시간

d: 통행 거리(km)

- 통행 특성 자료

변수	지하철	버스
차내 통행 시간(t_i)	20분	40분
차외 통행 간(X_i)	10분	8분
거리(d)	15km	15km

- 계산과정

$$\text{지하철의 효용함수 } U_s = -0.04t_S - \frac{0.12}{d}X_S = -0.04(20) - \frac{0.12}{15}(10) = -0.08$$

$$\text{버 스의 효용함수 } U_s = -0.04t_B - \frac{0.12}{d}X_B = -0.04(40) - \frac{0.12}{15}(8) = -1.664$$

2) 로짓 모형을 이용한 대안별 선택 확률 계산

로짓모형을 이용한 대안별 선택확률 계산

- 지하철, 버스, 택시의 효용함수가 각각 -03.57, -1.33, -0.92일 경우 로짓모형(Logit Model)을 이용하여 교통수단별 선택확률을 구하여라.
- 로짓모형의 형태

$$P_i = \frac{e^{Vit}}{\sum_{i=1}^{j} e^{Vit}}$$

- 여기서 지하철, 버스, 택시의 효용함수값을 각각 V_S, V_B, V_T라 하면

$V_S = -0.57$, $V_B = -1.33$, $V_T = -0.92$

이를 이용하여 각 수단별 선택확률을 계산하면,

지하철	버스	택시
$P_S = \frac{0.5655}{1.2285} = 0.4603$	$P_B = \frac{0.2645}{1.2285} = 0.2153$	$P_T = 1 - P_S - P_B = 0.3244$

로짓모형을 이용한 예

- 어느 로짓모형을 정산한 결과, 표와 같은 파라미터를 얻었다. 통행자의 분당 시간 가치를 계산하여라.

구분	차내 시간(IVTT)	차외 시간(OVTT)	통행 비용(COST)
파라미터	0.09342	0.17345	0.00473

- 로짓모형으로부터 시간 가치를 도출하려면 시간의 파라미터를 비용의 파라미터로 나누면 얻을 수 있음

$$\text{차내 시간 가치} = \frac{0.09342}{0.00473} = 19.8\text{원/분}$$

$$\text{차외 시간 가치} = \frac{0.17345}{0.00473} = 36.7\text{원/분}$$

■ 이야깃거리

1. 교통수요란 무엇이고 교통수요를 추정하는 목적은 무엇인지 이야기해보자.
2. 교통수요를 추정하는 데 있어 사회경제지표가 왜 필요한지 논의해보자.
3. 철도수송수요의 추정과정을 그림을 그려 이해해보자.
4. 사회경제지표 예측모형이란 무엇이며, 이들의 장점과 단점에 대해 논의해보자.
5. 장래 철도 승객 수를 추정하기 위한 가장 적합한 예측모형에 대해 논의해보자.
6. 개략적 수요 추정방법이란 무엇이며 개략적 수요 추정방법이 왜 필요한지 이야기해보자.
7. 개략적 수요 추정방법의 종류는 어떠한 것들이 있으며 이들을 비교하여보자.
8. 4단계 수요 추정방법이란 무엇이며 추정과정에 대해 이야기해보자.
9. 4단계 수요 추정방법의 각 단계별 추정모형의 추정방법에 대해 설명해보자.
10. 4단계 수요 추정방법이 가지는 한계에 대해 논의해보자.
11. O-D의 발생과정을 교통존을 이용한 그림을 그려 표현해보자.
12. 통행발생 단계에서 사용되는 모형을 이야기해보고 비교하여보자.
13. 카테고리분석방법을 사용할 경우 얻을 수 있는 이점은 무엇인지 이야기해보자.
14. 통행분포 단계에서 사용되는 모형을 이야기해보고 비교하여보자.
15. 이중제약형 중력모형에 의한 통행배분 과정에 대해 그림을 그려 이해해보자.
16. 중력모형 사용 시 제약의 유무에 따른 차이점은 무엇인지 설명해보자.
17. 간섭기회모형이란 무엇이며 추정과정에 대해 이해해보자.
18. 교통수단 선택 단계에서 사용되는 모형은 어떠한 것들이 있으며 이들의 특징은 무엇인지 이해해보자.
19. 통행단모형과 통행교차모형이란 무엇이며 이들의 차이점이 무엇인지 그림을 그려보자.
20. 통행배분 단계에서 사용되는 모형에 대해 이야기해보고 비교하여보자.
21. 개별 형태모형이란 무엇인지 이해하고, 4단계 추정법과 비교하여보자.
22. 로짓모형의 효용이란 무엇이며, 이 효용에 영향을 미치는 변수는 어떠한 것들이 있는지 이야기해보자.

제4부

철도 프로젝트 평가

1장 / 철도 프로젝트 평가

1. 교통평가

교통평가란	· 교통사업에 대한 타당성 분석으로부터 사업의 시행 여부를 결정하는 행위임 · 정책 수립의 합리성 제고를 위해 필요함 · 의사 결정자에게 교통사업의 효과에 대한 체계적인 자료를 제공해주는 과정임 · 의사결정을 돕기 위한 자료를 수집, 분석, 조직화하는 과정임 · 당초 설정된 목표를 어느 정도 달성하였는가를 파악하는 과정임

1.1 교통평가

1) 평가시점에 따른 구분

평가 시점에 따른 구분

시행시기에 따라

교통사업 전	교통사업 후
편익·비용 분석	비용·효과 분석
· 교통사업 수행 전에 어떠한 대안이 더 우수한지를 사전에 분석 · 가장 경제성 있는 대안의 선택 가능 · 예를 들면 도시철도 노선 중 가장 많은 편익과 적은 비용을 나타내는 노선망 선택의 경우	· 교통사업 실시 후, 실시 전과 비교하여 당초의 목표를 어느 정도 달성했는가를 분석 · 철도수송력강화 사업 실시 후 얼마나 수송력이 강화되었는지에 대해 운행속도 등을 측정하여 사업의 효과를 판단하는 경우

2) 평가 관점에 따른 구분

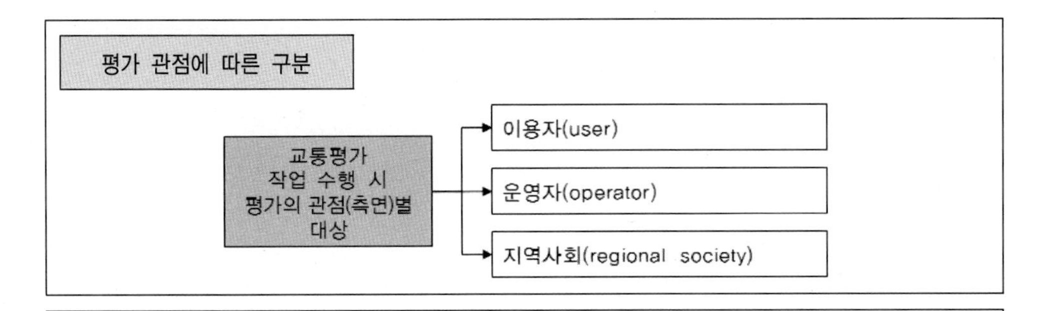

평가 관점별 평가항목 내용

- 어느 디벨로퍼가 운영하는 회사의 영업이익이 1억이며, 현재 매년 지불하여야 하는 이자비용이 2,000만 원이다. 이때 법인세율을 50%로 가정하였을 경우 영업이익의 변화에 따른 세후 순이익에 미치는 영향을 파악하여라.

이용자	편리성(신뢰성)	이용자 접근 용이성, 운행의 신뢰성, 대기시간(운행횟수),이른 아침이나 심야의 서비스, 환승의 용이성, 주차 용이성
	쾌적성	차내소음, 진동, 전망, 냉난방 유무, 혼잡정도, 승객서비스, 안내표지의 판독 용이성
	안전성	사고, 재해, 범죄에 대한 안정성
	저렴성	교통서비스 수준에 대한 요금의 적정선
운영자	건설비	고정시설 및 유동시설의 적정선
	운영비	인건비, 관리비 등의 변동비와 고정비
	수익성	요금 수입
	시스템 융통성	수요변화에 대한 대응성, 신기술에 대응성
지역사회	환경변화	소음, 진동, 대기오염, 구조물의 공간점유, 경관파괴, 자연·문화재 파손 프라이버시 침해, 일조방해, 정파방해 등
	교통서비스 대상지역	교통서비스의 지역적 범위
	토지 이용과의 조화	주변 토지 이용과의 조화성
	경제적 효과	지역사회 효과, 상업활동 효과, 자산가치 효과

1.2 교통사업 평가과정

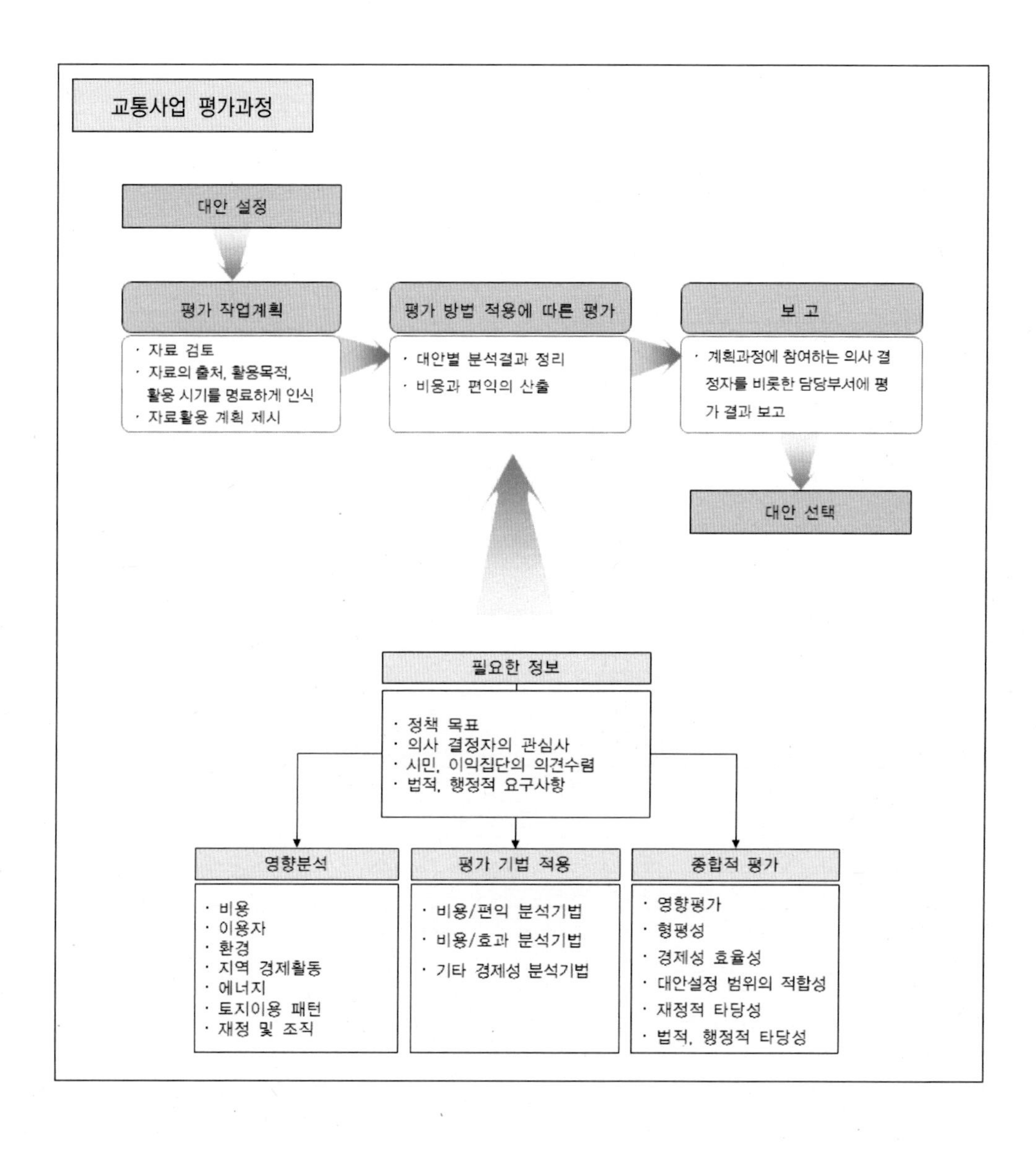

교통사업 평가과정
대안 설정
평가 작업계획
· 자료 검토
· 자료의 출처, 활용목적, 활용 시기를 명료하게 인식
· 자료활용 계획 제시
평가 방법 적용에 따른 평가
· 대안별 분석결과 정리
· 비용과 편익의 산출
보 고
· 계획과정에 참여하는 의사 결정자를 비롯한 담당부서에 평가 결과 보고
대안 선택
필요한 정보
· 정책 목표
· 의사 결정자의 관심사
· 시민, 이익집단의 의견수렴
· 법적, 행정적 요구사항
영향분석
· 비용
· 이용자
· 환경
· 지역 경제활동
· 에너지
· 토지이용 패턴
· 재정 및 조직
평가 기법 적용
· 비용/편익 분석기법
· 비용/효과 분석기법
· 기타 경제성 분석기법
종합적 평가
· 영향평가
· 형평성
· 경제성 효율성
· 대안설정 범위의 적합성
· 재정적 타당성
· 법적, 행정적 타당성

1.3 소비자 잉여

1) 소비자 잉여

소비자 잉여란

- 소비자가 재화나 서비스에 대해 기꺼이 지불하려는 금액과 실제로 지불하는 금액의 차이임

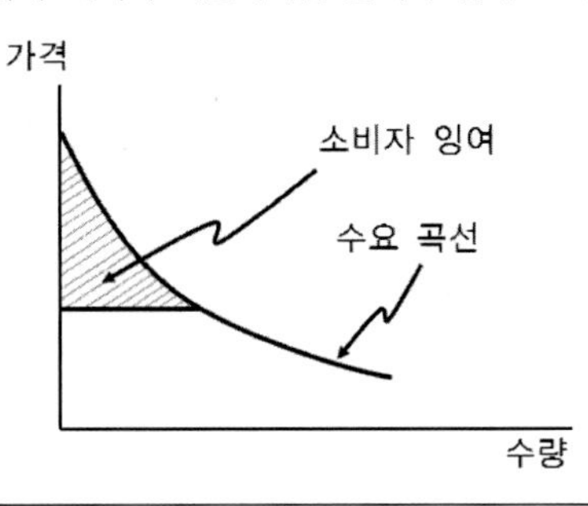

2) 철도노선의 개설로 얻어지는 소비자 잉여

교통시설의 개선으로 얻어지는 소비자 잉여

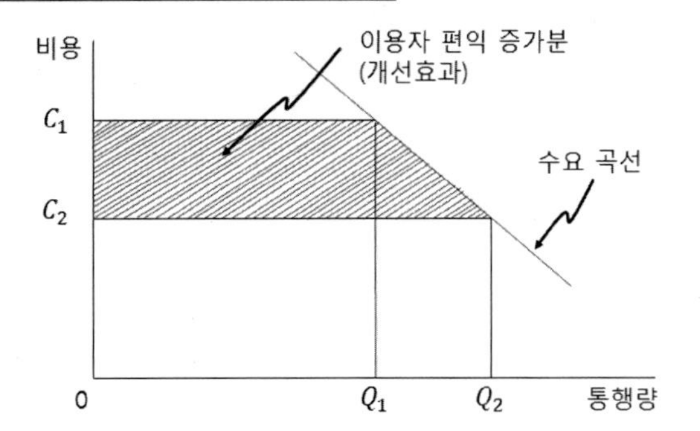

- 어느 구간의 철도노선이 개설된 경우 개설되기 전 통행 비용을 C_1, 개선 후의 통행 비용을 C_2라고 하면 철도노선 개설로 인하여 통행량이 Q_1에서 Q_2로 증가하게 된다. 따라서 소비자가 잉여의 증가분은 철도노선 개설로 인한 편익으로 볼 수 있다.

$$UB = \frac{1}{2}(Q_1 + Q_2)(C_1 - C_2)$$

UB: 철도노선 개설로로 인한 편익
(통행 시간 감소 혹은 통행 비용 감소) 즉, 소비자 잉여의 증가분

2. 경제성 분석

2.1 경제성 분석과정

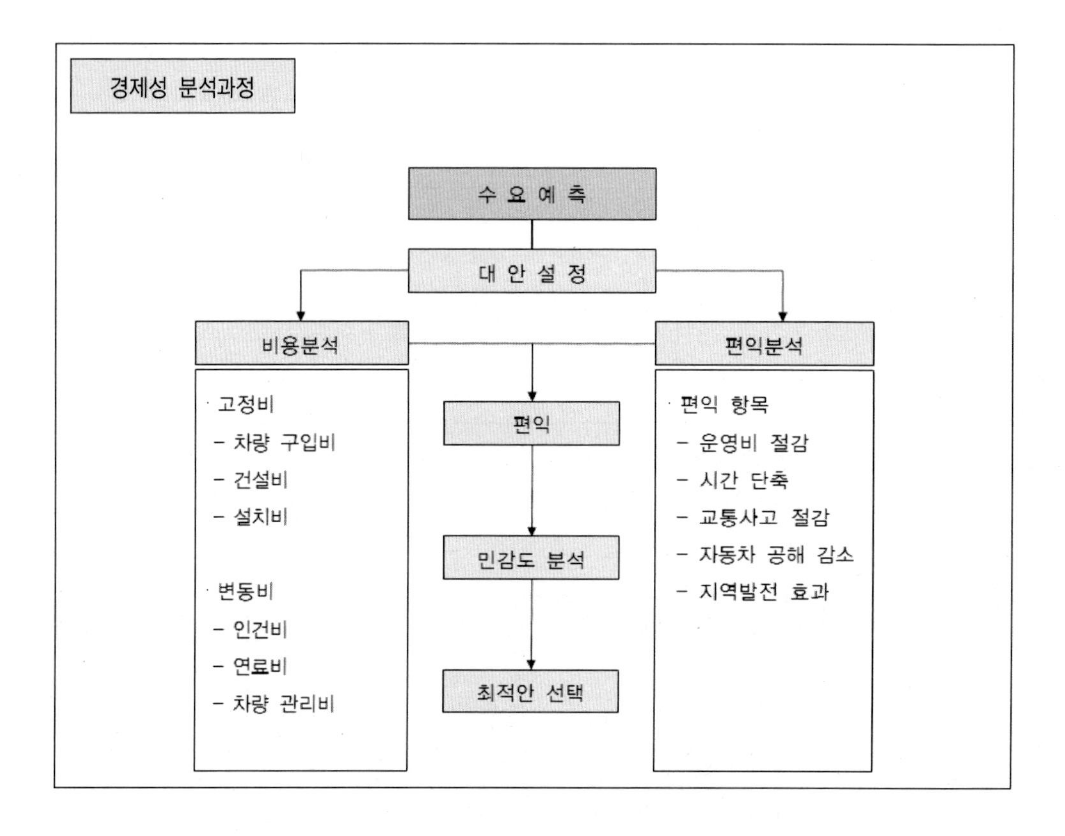

2.2 비용 · 편익 분석법

1) 평가기법의 종류

평가기법의 종류	· 비용 · 편익비(B/C ratio) · 초기연도 수익률(FYRR) · 순현재가치(NPV) · 내부 수익률(IRR)

2) 비용 – 편익 분석법

비용 · 편익 분석법

- 교통사업 평가에 가장 많이 적용되는 방법
- 소요된 비용과 사업 시행으로 인한 편익의 비교 분석
- 비교 방법으로 비용 · 편익비, 초기연도 수익률, 순현재가치, 내부 수익률 등을 사용

3) 비용 · 편익비, 초기연도 수익률

비용 · 편익비 (B/C ratio)

- 편익으로 비용을 나누어 가장 큰 수치가 나타나는 대안을 선택하는 방법

$$\text{편익} \bullet \text{비용비} = \frac{\text{편익의 현재가치}}{\text{비용의 현재가치}}$$

초기연도 수익률(FYRR)

- 사업 시행으로 인한 수익이 나타나기 시작한 해의 수익을 소요 비용으로 나누는 방법

$$\text{초기연도 수익률} = \frac{\text{수익성이 발생하기 시작한 해의 편익}}{\text{사업에 소요된 비용}}$$

4) 순현재가치

순현재가치(NPV)란

- 현재 가치로 환산된 편익의 합에서 비용의 합을 제하여 편익을 구하는 방법임
- 교통사업의 경제성 분석 시 가장 보편적으로 사용 할인율을 적용하여 장래의 비용, 편익을 현재 가치화함

$$NPV = \sum_{t=0}^{t} \frac{B_t}{(1+r)^t} - \sum_{t=0}^{t} \frac{C_t}{(1+r)^t}$$

B_t : t 연도의 편익

C_t : t 연도의 비용

r : 할인율(이자율)

t : 교통사업의 분석 기간

순현재가치를 이용한 예제

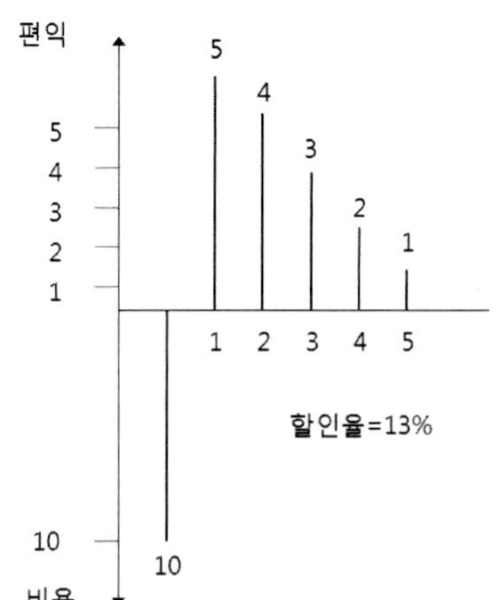

- 다음과 같은 교통사업 시행 시 발생되는 순현재가치를 구하여라.

비용: 초기연도에 전체 비용 소요 10,000,000원

비용: 사업 시행 후 1~5년 사이에 발생되는 편익을 현재 가치화

$$\frac{5}{1.13}+\frac{4}{(1.13)^2}+\frac{3}{(1.13)^3}+\frac{2}{(1.13)^4}+\frac{1}{(1.13)^5}$$
$$=11.4$$

- 순현재가치

$$NPV=(11.4-10.0)=1.4\text{백만 원}$$

5) 내부 수익률

내부 수익률(IRR)이란

- 편익과 비용의 현재 가치로 환산된 값이 같아지는 할인율을 구하는 방법임
- 내부 수익률: 사업 시행으로 인한 순현재가치(NPV)를 0으로 만드는 할인율임
- 내부 수익률이 사회적 기회비용(일반적인 할인율)보다 크면 수익성이 존재

$$\sum_{t=0}^{t}\frac{B_t}{(1+r)^t}=\sum_{t=0}^{t}\frac{C_t}{(1+r)^t}$$

- IRR(내부 수익률)을 구하시오.

	초기	1년 후	2년 후	3년 후
비용	1,000			
편익		3,500	500	5600

$$1000=\frac{3500}{1+r}+\frac{500}{(1+r)^2}+\frac{500}{(1+r)^3}$$
$$1000(1+r)^3=3500(1+r)^2+500(1+r)+500$$
$$1+r=3.67\Rightarrow r\fallingdotseq 2.67\%$$

6) 분석 기법별 장・단점

비용・편익분석 기법별 장・단점

기법	장점	단점
편익・비용비	• 이해의 용이 • 사업규모 고려 가능함 • 비용・ 편익이 발생하는 시간에 대한 고려 가능함	• 편익과 비용을 명확하게 구분하기 힘든 경우 발생함 • 대안이 상호 배타적일 경우 대안 선택의 오류 발생 가능함 • 할인율을 반드시 알아야 함
초기연도 수익률	• 이해의 용이 • 계산 간편	• 사업의 초기연도를 정하기 곤란함 • 편익과 비용이 발생하는 시간 고려가 불가능 • 할인율(자본의 기회비용)을 고려하지 않으므로 오차 발생
내부 수익률	• 사업의 수익성 측정 가능 • 타 대안과 비교가 용이 • 평가과정과 결과 이해가 용이	• 사업의 절대적인 규모를 고려하지 못함 • 몇 개의 내부 수익률이 동시에 도출될 가능성 내재
순현재가치	• 대안 선택 시 명확한 기준을 제시 • 장래 발생되는 편익의 현재 가치를 제시 • 한계 순현재가치를 고려하여 다른 분석에 이용 가능	• 할인율(자본의 기회비용)을 반드시 알아야 함 • 대안 우선순위 결정 시 오류발생 가능성이 존재

2.3 경제성 분석기법 사이의 관계

1) 독립적인 교통사업의 경우

편익 비용비, 순현재가치, 내부 수익률 상호 간의 관계

• 편익 비용비, 순현재가치, 내부 수익률 상호 간의 관계

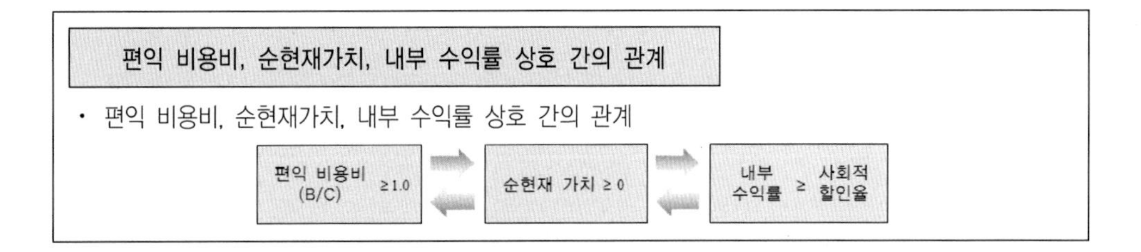

편익 비용비와 순현재가치 사이의 관계

• 편익 비용비, 순현재가치, 내부 수익률 상호 간의 관계

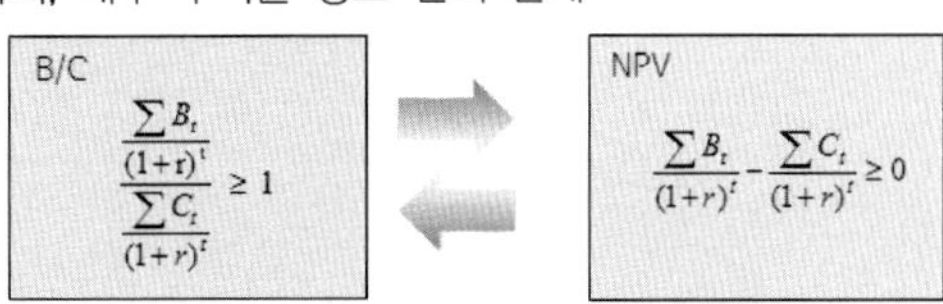

순현재가치'와 내부 수익률 사이의 관계

- 편익 비용비, 순현재가치, 내부 수익률 상호 간의 관계

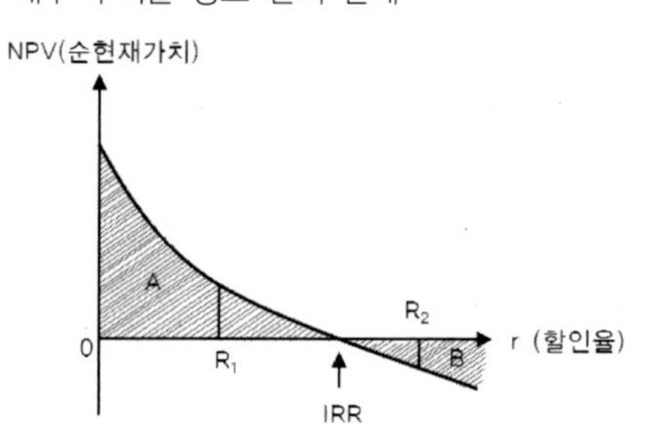

- 영역 A의 경우: $r_1 > IRR \rightarrow NPV$ 가 ⊕
- 영역 B의 경우: $r_2 > IRR \rightarrow NPV$ 가 ⊖

2) 다수의 대안이 존재하는 교통사업의 경우

판단기법에 따라 우선순위가 다른 경우

① B/C와 NPV 간이 서로 일치하지 않는 경우

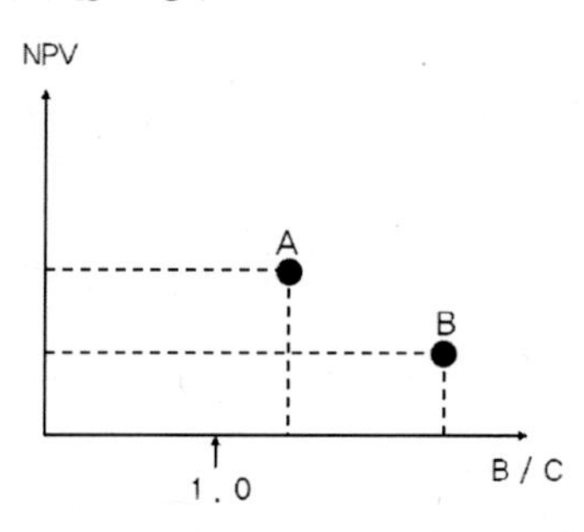

- A사업이 대형 사업인 경우 B사업보다 NPV는 크지만 B/C는 B사업보다 적어지는 상충되는 결과가 나타남 → 이때는 별도의 판단기준이 필요함

② NPV와 IRR 간의 관계

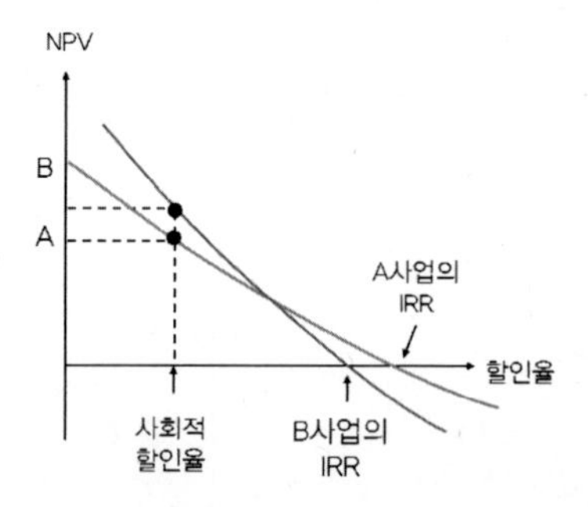

- 사업의 규모에 따라 NPV와 IRR은 상이하게 나타남→별도의 판단기준이 필요함

3) 어떤 기법을 선택하는 것이 바람직한가?

① 경제성 평가 시 어떤 기법을 선택하는 것이 바람직한가?

- NPV→사회적 편익의 크기
- B/C와 IRR→사업의 수익성을 나타냄
- 따라서 선택 목적이 사회적 편익에 적합한지, 수익성이 높은 사업을 선택할 것인지에 의해 판단해야 함

② 평가대상에 규모의 경제가 있는지

- 사회적 편익은 국가 전체나 지역 전체 등 사업의 대상 지역이 클수록 경제적 효율성도 증가함

③ 사업비용에 대한 제약은

- 위의 기준은 사업비의 제약이 없는 경우는 적합하나 제약이 있는 경우에는 B/C가 큰 순서대로 선택하는 것이 바람직함

④ 할인율 개념 적용이 중요한 사업평가는

- 사업에 필요한 비용을 부담하는 측, 즉 은행과 같은 자금대여기관이 되는 민자 유치 투자사업 등에서 수익률은 중요한 기준이 됨
- 일반적으로 IRR과 B/C를 선택함. 특히 IRR은 할인율(이자율) 개념이 포함되므로 B/C보다 IRR을 택하는 것이 바람직함

2.4 비용 · 효과 분석법

1) 비용 · 효과의 내용

비용 · 효과 분석법이란(cost-effectiveness analysis)

- 교통사업 대안의 비용 및 계획 목적 달성의 효과를 금액 이외의 계량적 척도로 표현한 것을 비교 · 평가하여 최적안을 도출하는 방법임

비용 · 효과 분석법의 도입

- 1960년대 이후 구미에서 대두되기 시작함
- 기존의 비용 · 편익 분석법이 모든 평가 항목을 하나의 척도로 환산함으로써 주관성에 의존하는 문제점 발생함
- 이에 따라 체계적이고 과학적인 대안선택을 할 수 있도록 자료와 정보를 조직화하는 과정이 요구됨
- 대안 간의 상쇄와 절충을 평가 방법 속에 내재화하는 기법으로 적용 가능함

비용 및 효과의 내용

비용(Cost)	효과(Effectiveness)
· 설계, 건설, 운영, 관리에 소요되는 재원임 · 비용을 정확히 환산할 수 있는 것만 화폐 가치화함 · 화폐화가 불가능한 것은 따로 비용 단위를 설정하여 고려함	· 교통대안이 설정된 목표를 달성하는 정도를 나타내는 지표 · 일반적으로 정체 목표의 달성 여부를 척도의 수치로 표현함 · 예로서 '철도서비스에 접근하는 승객의 수', '철도로 인한 통행시간 감소 정도', '자동차로 인한 환경오염의 감소' 등을 들 수 있음

비용 및 효과로부터 비용 · 효과비 산출

비용 · 효과비	· 단위 비용의 투자에 대한 목표 달성의 효과도 · 대안끼리의 우열성을 판단하는 기준

2) 비용 · 효과 분석법의 수행과정

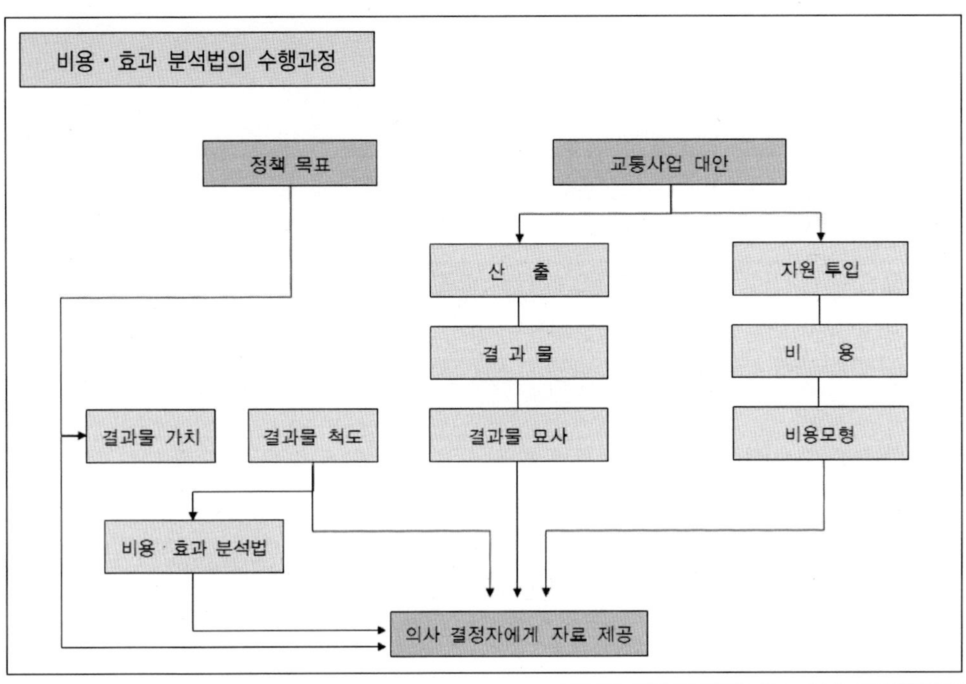

대안 간의 항목별 상쇄성 분석

A	B	C	D
+	+	−	+
+	−	+	−
−	+	+	+
·	·	·	·

(철도 교통 사업 대안)

1. 고용 구조 변화
2. 철도 건설의 효과

··· (효과 평가 항목)

3. 교통영향평가

3.1 교통영향평가

교통영향 평가란	· 일정 규모 이상의 사업 시행으로 교통에 심각한 영향을 초래할 수 있는 사업에 대하여 교통의 영향을 분석하여 교통 문제점을 사전 예방하기 위한 제도임

· 개발 사업으로 인해 교통체계에 미치는 영향을 사전에 평가할 수 있음

· 교통 및 도시 정책 수립의 합리성을 제고할 수 있음

· 의사 결정자에게 교통 영향에 대한 체계적인 자료 제공할 수 있음

교통영향평가 시행과정

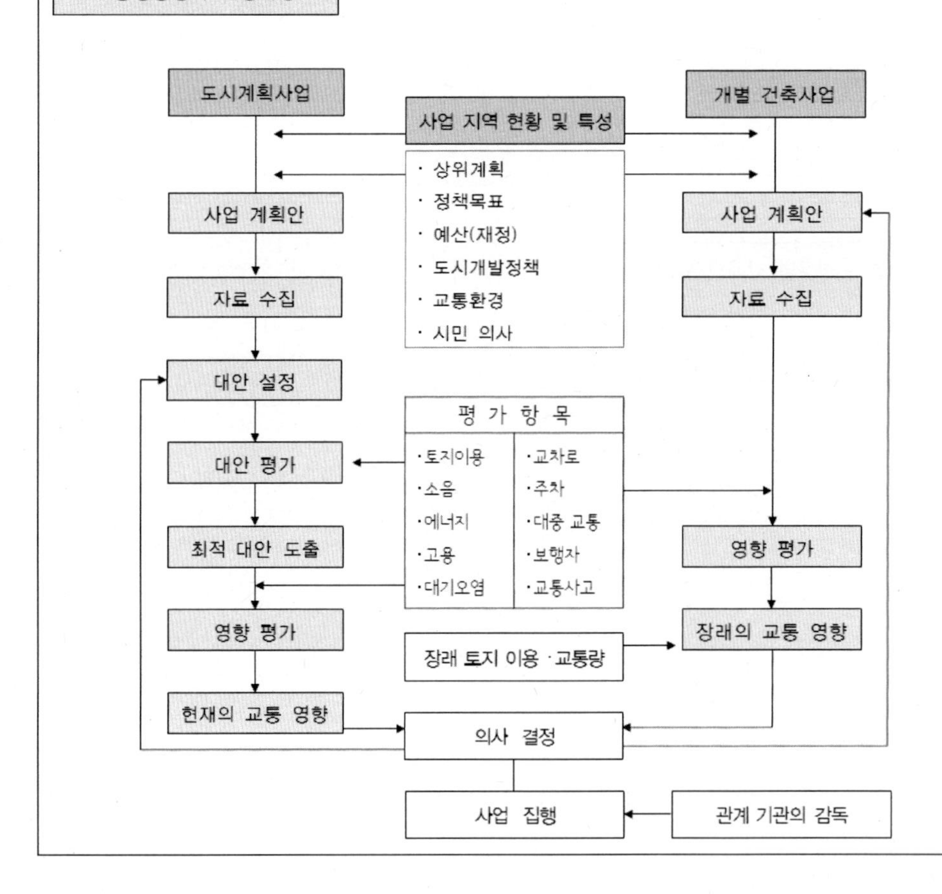

■ 이야깃거리

1. 교통 프로젝트를 왜 평가해야 하는지에 대해 고민해보자.
2. 교통평가란 무엇이며, 사전평가와 사후평가의 차이점은 무엇인지 이야기해보자.
3. 비용분석과 편익분석이란 무엇인지 비교하여보자.
4. 교통평가 작업 수행 시 평가의 관점별 대상에 대해 이야기해보자.
5. 평가 관점별 평가항목 내용에 대해 논의하여보자.
6. 교통평가 시 평가 관점별 대상에 따라 나타나는 차이점은 무엇인지 논의해보자.
7. 교통사업 평가 과정에 대해 그림을 그려 이해해보자.
8. 소비자 잉여란 무엇이며 교통시설 개선으로 발생하는 소비자 잉여에 대해 그림을 그려 이해해보자.
9. 철도 프로젝트의 경제성 분석과정 중 비용항목과 편익항목에 대해 이야기해보자.
10. 비용·편익 분석법이란 무엇이며 비용·편익 분석법의 종류를 나열하여보자.
11. 경제성 분석 방법 중 B/C분석이란 무엇이며, B/C분석의 한계는 어떠한 것들이 있는지 이야기해보자.
12. 경제성 분석 방법 중 B/C분석과 NPV와의 관계에 대해 이해해보자.
13. IRR 산출과정을 설명하고, 이 IRR이 어떻게 활용되는지 논의해보자.
14. 경제성 분석 방법 중 IRR과 NPV와의 관계에 대해 그림을 그려 이야기해보자.
15. 경제성 분석 방법에서 판단기법에 따라 우선순위가 다른 경우 어떠한 상황이 발생할 수 있는지 그래프를 그려 논의해보자.
16. 철도사업의 경제성 분석에서 고려해야 될 사항과 어떤 기법을 선택하는 것이 바람직한지 논의하여보자.
17. 비용·효과 분석법이란 무엇이며, 비용과 효과의 뜻이 무엇인지 이해해보자.
18. 비용·효과 분석법의 수행과정을 그림을 그려 이해해보자.
19. 교통 영향 평가의 의미는 무엇이고, 얻을 수 있는 효과에 대해 이야기해보자.
20. 교통 영향 평가 시행과정에 대해 그림을 그려 파악하고 도시계획사업의 시행과정과 개별 건축사업의 시행과정에 대해 비교하여보자.

2장 / 재무분석

1. 재무분석표와 재무비율

1.1 재무제표

재무제표란	• 기업의 재무 상태와 경영성과를 나타내는 보고서 • 재무 의사결정을 위한 재무자가 손쉽게 이용할 수 있는 정보의 원천

재무제표 구성항목

• 재무제표는 대차대조표, 손익계산서, 현금흐름표로 구성

재무제표 → · 대차대조표 / · 손익계산서 / · 현금흐름표

1) 대차대조표(Balance Sheet)

대차대조표란	• 일정시점에서 기업의 재무 상태를 나타내는 보고서

기업의 재무 상태

• 기업의 재무 상태는 기업의 자산과 부채, 자본의 3요소로 구성
• 왼쪽(차면)은 자산의 구성 상태를 나타내며, 오른쪽(대변)은 부채, 자본의 구성 상태를 나타냄

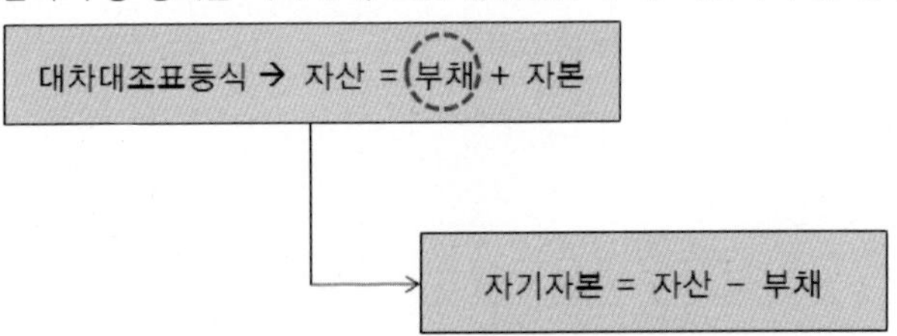

• 자산이란 기업이 소유하고 있는 경제적 자원을 의미하며 현금, 상품, 비품, 건물, 토지 등이 해당됨
• 부채는 기업이 갚아야 할 채무를 의미함
• 자본은 자산의 총액에서 부채의 총액을 차감한 잔액을 의미함

대차대조표의 예

- 대차대조표는 자산과 부채·자본 간의 관계를 타나내는 것으로, 대차대조표 작성 예는 다음과 같음

대자대조표

[단위: 천 원]

자산	당해 연도	전년도	부채·자본	당해 연도	전년도
Ⅰ. 유동자산	773,000	707,000	Ⅰ. 유동부채	486,000	455,000
1. 현금과 예금	152,000	107,000	1. 외상매입금	213,000	197,000
2. 외상매출금	294,000	270,000	2. 지급어음	50,000	53,000
3. 재고자산	269,000	280,000	3. 미지급비용	223,000	205,000
4. 기타유동자산	58,000	50,000			
			Ⅱ. 고정부채	588,000	562,000
Ⅱ. 고정자산	1,118,000	1,035,000	1. 장기차입금	117,000	104,000
1. 건물 및 기계설비	1,423,000	1,274,000	2. 사채	471,000	458,000
[감가상각누계액]	[550,000]	[460,000]			
	873,000	814,000	Ⅲ. 자본	817,000	725,000
2. 무형고정자산	245,000	221,000	1. 자본금	94,000	71,000
			2. 자본잉여금	347,000	327,000
			3. 이익잉여금	376,000	327,000
자산 총계	1,891,000	1,742,000	부채·자본 총계	1,891,000	1,742,000

- 자산이란 기업이 소유하고 있는 경제적 자원을 의미하는 것으로 현금, 상품, 비품, 건물, 토지 등이 해당됨
- 부채는 기업이 갚아야 할 채무를 의미함
- 자본은 자산의 총액에서 부채의 총액을 차감한 잔액을 의미함

2) 손익계산서(Income Statement)

손익계산서란	• 일정기간 동안 기업의 경영성과를 나타내는 보고서

손익계산서의 예

- 일정기간 동안에 실현된 수익과 비용을 기록하고 해당 기간의 이익을 계산한 표
- 기업의 이익은 수익에서 비용을 차감하여 계산

기업의 이익=수익−비용

- 수익(Revenue)은 제품의 판매나 생산, 용역 제공 등 기업의 중요한 영업 활동으로부터 일정 기간 동안 발생하는 "양(+)"의 요인을 의미
- 비용(Expense)은 제품의 판매나 생산, 용역 제공 등 기업의 중요한 영업 활동으로부터 일정기간 동안 발생하는 "음(−)"의 요인을 의미

손익계산서

[단위: 천 원]

Ⅰ. 매출액	2,262,000
Ⅱ. 매출 원가	[1,655,000]
Ⅲ. 매출 총이익	607,000
Ⅳ. 판매비와 관리비	[417,000]
1. 판매비와 일반 관리비	[327,000]
2. 감가상각비	[90,000]
Ⅴ. 영업 이익	190,000
Ⅵ. 영업 외 비용	[50,000]
이자 비용	[50,000]
Ⅶ. 법인세 비용 차감 전 순이익	140,000
Ⅷ. 법인세 비용[법인세율 30%]	[42,000]
Ⅸ. 당기순이익	98,000
배당: 49,000	−
유보 이익: 49,000	−

대차대조표와 손익계산서의 차이점

대차대조표	손익계산서
· 일정시점에서 기업의 재무상태를 보여줌	· 일정기간 동안 일어난 경영활동의 성과를 나타냄

3) 현금 흐름표(Statement of Cash Flows)

현금 흐름표란	· 일정기간 동안 기업의 경영성과를 나타내는 보고서

현금 흐름표의 예

- 여기서 현금(Cash)은 그 자체만을 의미하는 것이 아니라 예금의 형태로 보유하는 것을 포함
- 현금의 변동내역을 유입과 유출로 구분하여 보여줌

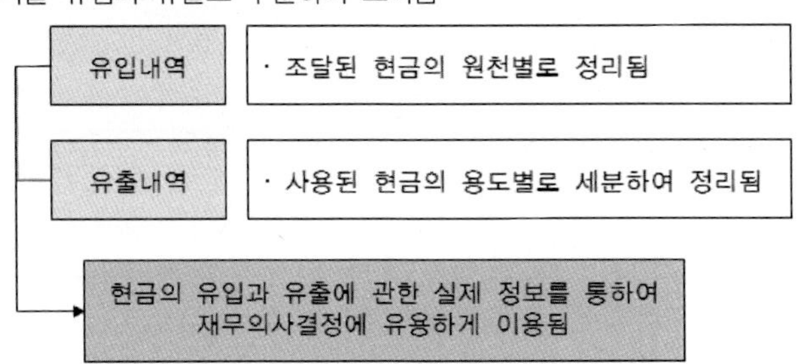

현금 흐름표

[단위: 천 원]

Ⅰ. 영업활동으로 인한 현금 흐름			198,000
1. 당기순이익		98,000	
2. 현금의 유출이 없는 비용 가산		90,000	
감가상각비	90,000		
3. 영업활동으로 인한 자산・부채의 변동		10,000	
외상매출금의 증가	[24,000]		
재고자산의 감소	11,000		
기타 유동자산의 증가	[8,000]		
외상매입금의 증가	16,000		
지급어음의 감소	16,000		
미지급어음의 증가	8,000		
Ⅱ. 투자활동으로 인한 현금 흐름			[173,000]
1. 투자활동으로 인한 현금 유입액		0	
2. 투자활동으로 인한 현금 유출액		[173,000]	
건물 및 기계설비 취득	[149,000]		
무형 고정자산 취득	[24,000]		
Ⅲ. 재무활동으로 인한 현금 흐름			20,000
1. 재무활동으로 인한 현금 유입액		69,000	
장기 차입금의 차입	13,000		
사채의 발행	13,000		
신주의 발행	43,000		
2. 재무활동으로 인한 현금 유출액		[49,000]	
배당금의 지급	[49,000]		
Ⅳ. 현금의 증가[Ⅰ+Ⅱ+Ⅲ]			45,000
Ⅴ. 기초의 현금			107,000
Ⅵ. 기말의 현금			152,000

1.2 재무비율

재무비율이란 (Financing Ratio)	· 재무제표상에 표기된 한 항목의 수치를 다른 항목의 수치로 나눈 것 · 기업의 재무 상태나 경영성과를 파악하는 데 사용함 · 사용목적에 적합한 비율을 기준이 되는 수치와 비교함

재무비율의 종류

구분	내용
유동성 비율 (Liquidity Ratio)	· 짧은 기간(보통 1년) 내에 갚아야 되는 채무를 지급할 수 있는 기업의 능력을 측정하는 비율
레버리지 비율 (Leverage Ration)	· 부채성 비율이라고도 하며, 기업의 타인 자본 의존도와 타인 자본이 기업에 미치는 영향을 측정하는 비율
활동성 비율 (Activity Ratio)	· 자산의 물리적인 이용도를 측정하는 비율
수익성 비율 (Profitability Ratio)	· 경영의 총괄적인 효율성의 결과를 매출에 대한 수익이나 투자에 대한 수익이나 투자에 대한 수익으로 나타내는 비율

1) 유동성 비율(Liquidity Ratio)

유동성 비율이란

- 유동성(Liquidity)은 보통 기업이 단기부채를 상환할 수 있는 능력으로 기업이 현금을 동원할 수 있는 능력이라 할 수 있음
- 유동 비율(Current Ratio)은 대차대조표상에 있는 유동 자산을 유동 부채로 나눈 것
- 유동 비율은 기업의 유동성을 측정하는 데 가장 많이 상용되는 비율이며, 재무분석의 시발점

$$\text{유동성 비율} = \frac{\text{유동자산}}{\text{유동부채}} \times 100$$

IF	해당회사 유동비율 > 타회사평균 유동비율 : 단기부채 지급능력이 높음
	해당회사 유동비율 < 타회사평균 유동비율 : 단기부채 지급능력이 떨어짐

유동성 비율 예제

- A사의 유동 자산이 1,028,500천 원이고 유동 부채가 557,600천 원일 때 A사의 유동 비율을 산정하고 타 회사에 비하여 어떠한 위치에 있는지 해석하여라(타 회사의 평균 유동 비율은 151.3%임).

풀이

A회사의 유동비율=$\frac{\text{유동자산}}{\text{유동부채}}\times 100=\frac{1,028,500}{557,600}\times 100=184.5\%$

⇒ A회사 유동비율: 타 회사 평균 유동 비율=184.5%〉151.3%

⇒ 다른 회사에 비하여 A사의 단기부채 지급능력이 높다고 볼 수 있음

2) 레버리지 비율

레버리지 비율이란

- 부채성 비율이라고도 하며 기업이 타인자본에 의존하고 있는 정도를 나타내는 비율이며, 장기부채 상환능력을 측정하는 지표임
- 부채 비율(Debt to Equity Ratio)은 총자본을 구성하는 자기자본과 타인자본의 비율임
- 타인자본에는 유동 부채, 장기 차입금, 사채 등이 있으며, 자기자본에는 보통주, 유보 이익, 자본 준비금 등이 있음

$$\text{레버리지 비율} = \frac{\text{타인자본}}{\text{자기자본}} \times 100$$

IF	
	해당회사 레버리지비율 > 타회사평균 레버리지비율 : 부채비율이 높음
	해당회사 레버리지비율 < 타회사평균 레버리지비율 : 부채비율이 낮음

레버리지 비율 예제

- A사의 타인자본이 587,600천 원이고 자기자본이 633,000천 원일 때 A사의 레버리지 비율을 산정하고 타 회사에 비하여 어떠한 위치에 있는지 해석하여라(타 회사의 평균 레버리지 비율은 195.3%임).

풀이

A회사의 레버리지비율=$\frac{\text{타인자본}}{\text{자기자본}}\times 100=\frac{587,600}{633,000}\times 100=92.8\%$

⇒ A회사 레버리지 비율: 타 회사 평균 레버리지 비율=92.8%〉195.3%

⇒ 다른 회사에 비하여 A사의 부채 비율이 낮은 것으로 나타남

3) 활동성 비율

활동성 비율이란

- 활동성 비율이란 기업이 소유하고 있는 자산들을 얼마나 효율적으로 이용하고 있는가를 측정하는 비율로 재고자산회전율(Inventory Turnover)이 있음
- 매출액을 재고자산으로 나눈 값으로, 1년 동안 몇 번이나 당좌자산(현금)으로 전환되었는가를 측정하는 비율임
- 회전율이 낮으면 과다한 재고를 소유, 회전율이 높으면 적은 재고를 소유함으로써 효율적 생산, 판매활동을 수행했다고 판단함

$$\text{재고자산회전율} = \frac{\text{매출액}}{\text{재고자산}} \times 100$$

IF
- 해당회사 재고자산회전율 > 타회사평균 재고자산회전율 : 생산, 판매활동이 잘 이루어짐
- 해당회사 재고자산회전율 < 타회사평균 재고자산회전율 : 생산, 판매활동이 이루어지지 못함

활동성 비율 예제

- A사의 매출액이 2,380,000천 원이고 재고자산이 688,500천 원일 때 A사의 재고자산회전율을 산정하고 타 회사에 비하여 어떠한 위치에 있는지 해석하여라.
  (타 회사의 평균재고자산회전율은 6.89회임)

풀이

$$\text{A회사의 재고자산회전율} = \frac{\text{매출액}}{\text{재고자산}} \times 100 = \frac{2,380,000}{688,500} \times 100 = 3.46\text{회}$$

⇒ A회사 재고자산회전율 : 타 회사 평균재고자산회전율=3.46회<6.89회

⇒ 다른 회사에 비하여 A사는 효율적인 생산, 판매활동이 이루어지지 못함

4) 수익성 비율

수익성 비율이란

- 수익성 비율은 기업의 모든 활동이 종합적으로 어떤 결과를 나타내는가를 측정하는 것
- 순이익과 총자본(총자산)의 관계를 나타내는 것으로 기업의 수익성을 대표하는 비율임
- 투자수익률(Return on investment)이라고도 하며 간단히 ROI로 쓰임

$$\text{투자수익률} = \frac{\text{순수익}}{\text{자기자본}} \times 100$$

IF

- 해당회사 투자수익률 > 타회사평균 투자수익률 : 타 회사에 비하여 수익성이 좋음
- 해당회사 투자수익률 < 타회사평균 투자수익률 : 타 회사에 비하여 수익성이 낮음

수익성 비율 예제

- A사의 순이익이 18,000천 원이고 자기자본이 633,000천 원일 때 A사의 투자수익률을 산정하고 타 회사에 비하여 어떠한 위치에 있는지 해석하여라.
  (타 회사의 평균투자수익률은 10.74%임)

풀이

$$\text{A회사의 투자수익률} = \frac{\text{순이익}}{\text{자기자본}} \times 100 = \frac{18,000}{633,000} \times 100 = 2.84\%$$

⇒ A회사 투자수익률 : 타 회사 투자수익률=2.84%<10.74%

⇒ 다른 회사에 비하여 A사는 비능률적으로 운영하고 있거나, 타인자본을 적절히 사용하지 못하고 있음

2. 재무분석

2.1 재무분석이란

재무분석의 의미

넓은 의미	좁은 의미
· 기업의 자금흐름과 관련된 모든 기업활동을 평가하는 것 · 기업의 운영을 위한 의사결정에 도움을 주기 위한 분석이라 할 수 있음	· 미래의 기업경영에 필요한 기초자료를 얻는 재무활동 · 기업의 현재와 과거의 재무상태와 경영성과를 파악함

2.2 수익성 평가기법

1) 순현재가치법(Net Present Value)

순현재가치법이란

- 일정시점을 전제로 미래 발생할 수입과 투자비용을 현재의 가치로 환산하여 비교하는 것으로 비교 시 NPV≥0이면 투자가능성이 있는 것이고, NPV≤0이면 투자가능성이 없는 것으로 판단
- 디벨로퍼가 순현재가치법(NPV)을 적용할 경우 유의할 사항
  - 순현재가치의 값은 할인율의 크기에 따라 변하므로 할인율 적용 시 유의해야 하며, 통상적으로 사회적 할인율인 6.5%를 적용함

$$\sum_{t=0}^{n} \frac{I_t}{(1+r)^t} - \sum_{t=0}^{n} \frac{O_t}{(1+r)^t} = NPV$$

순현재가치법 예제

- 디벨로퍼가 300억 원에 해당하는 철도역세권의 주상복합건물을 건설하고자 한다. 투자기간 5년 동안 발생하는 수익이 1년 차 80억 원, 2년 차 80억 원, 3년 차 90억 원, 4년 차 90억 원, 5년 차 150억 원이 발생하였다면, 이때의 NPV는 얼마인가?
  (이자율은 10%로 가정함)

0년 차	1년 차	2년 차	3년 차	4년 차	5년 차
−300억 원	+80억 원	+80억 원	+90억 원	+90억 원	+150억 원

풀이

$$NPV=\frac{80}{1.1}+\frac{80}{1.21}+\frac{90}{1.331}+\frac{90}{1.464}+\frac{150}{1.61}-300$$

$$=360.9-300=60.9$$

⇒ 디벨로퍼가 이 철도역세권의 투자할 경우 60.9억 원의 수익을 얻을 수 있음

2) 내부 수익률법(Internal Rate of Return)

내부 수익률법이란

- 일정시점을 전제로 소득현가와 비용현가를 같게 만드는 할인율로 NPV를 0으로 만드는 할인율을 의미함
- 할인율이 바로 내부 수익률이며 이것이 투자자의 요구 수익률보다 높거나 같다면 사업성이 있는 것이고 그렇지 않다면 투자성이 없는 것임. 즉, 내부 수익률이 자본 비용 또는 시장 이자율보다 큰 투자안을 선택하게 됨

$$\sum_{t=0}^{n}\frac{I_t}{(1+r)^t}-\sum_{t=0}^{n}\frac{O_t}{(1+r)^t}=0$$

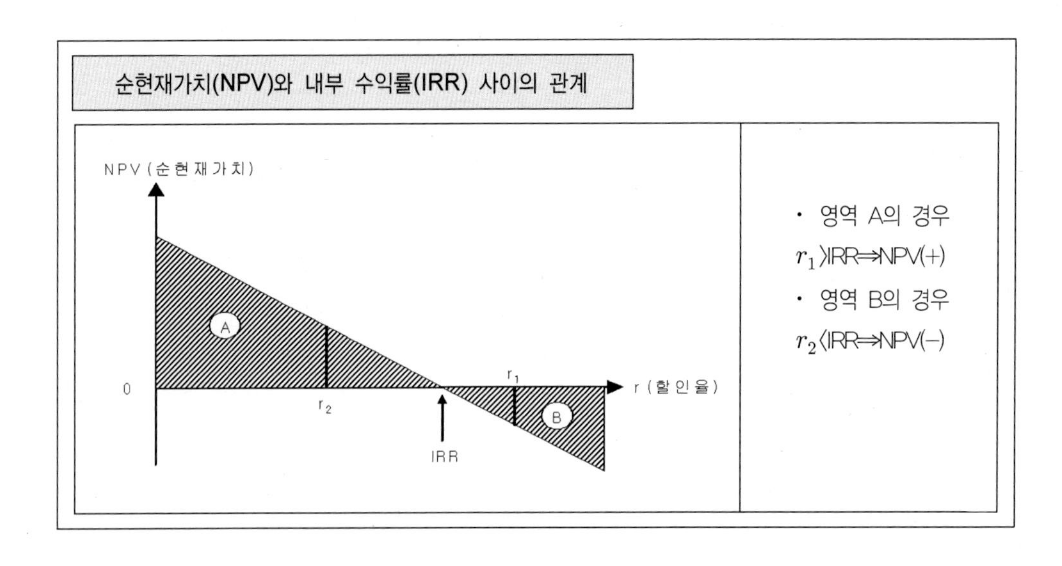

3) 자기자본 이익률(ROE, Return of Equity)

자기자본 이익률이란

- 자기자본에 대한 수익성을 나타내는 것으로 기업의 이익 창출 능력을 나타내는 지표로 활용

$$ROE = \frac{\text{당기순이익}}{\text{자기자본}} \times 100$$

- 당기순이익은 세금 등을 공제한 순수 이익을 의미하며 자기자본은 타인자본(부채)에 상대되는 개념으로 투하된 자본임
- 당기순이익과 자기자본은 모두 재무제표에 표현되므로 산출된 수치를 이용하여 계산함
- ROE가 높은 기업에 투자하는 것이 좋은가?
  - ROE는 기업의 위험을 반영하지 않은 것이므로 부채비율을 고려하여 확인해야 함
  - 과거자료를 이용한 수치이므로 미래에 대한 불확실성을 염두에 두어야 함
  - 경영자의 총체적인 기업경영의 평가의 잣대로 훌륭한 지표임

4) 수익성지수법(PI, Profitability Index Method)

수익성지수법이란

- 투자로 인하여 발생하는 현금 유입의 현가를 현금 유출의 현가로 나눈 비율임
- 수익성지수가 1보다 크면 재무적 타당성이 있는 것으로 판단함

$$PI=\sum_{t=0}^{n}\frac{R_t}{(1+r)^t}/\sum_{t=0}^{n}\frac{C_t}{(1+r)^t}$$

- 순현재가치법이 어떤 투자안의 재무적 타당성을 절대적 금액으로 측정하는 데 비하여, 수익성지수법은 투자대안의 비용 대비 수익을 상대적 비율로서 추정하는 것임

5) 자산수익률(ROA, Return on Asset)

자산수익률이란

- 회사에서 주어진 총자산을 수익창출 활동에 얼마나 효율적으로 이용하였는가를 측정해주는 수익성 지표임

$$ROA=\frac{순이익}{총자산}\times 100$$

- 손익계산서에서 세금 차감 후 순이익을 평균 총자산으로 나눈 값을 제시하고 있음
- 매출과 비용을 얼마나 잘 관리했는지를 보여주며, 얼마나 효과적으로 유가증권, 재고자산 및 고정자산 등을 잘 운용했는지 나타냄
- 회사의 수익이 어떤 방향으로 이동하고 있을 때 왜 그런 일이 일어나는지를 판단할 수 있으며, 만약 수익은 상승하는데 ROA가 하락한다면 그것은 자산이 수익보다 더 빨리 증가하였다는 것이고 이는 회사의 자산을 효과적으로 운용하지 못했다는 의미임

ROE와 ROA의 차이

구분	중점 내용	내용
ROA	기업 자산의 효율성	– 경영자가 운용한 자산 총액과 회사 전체 이익과의 관계에서 산출되는 비율로서 기업 자산 전체의 투자 효율성을 평가하는 지표
ROE	주주지분에 국한된 수익성	– 자기자본 총액과 주주들 몫과의 관계에서 산출되는 비율로 주주 지분에 국한하여 수익성을 평가하는 지표

ROE와 ROA의 수익률 예

대차대조표(A기업) 자산 50억 원 부채 15억 원 자본 35억 원		대차대조표(B기업) 자산 50억 원 부채 35억 원 자본 15억 원	
A, B기업의 자산 규모는 50억 원으로 동일 두 기업 모두 50억 원을 투자하여 1년 뒤 똑같이 20억 원의 이익이 발생			
A기업은 부채 15억 원에 대하여 1억 원의 이자를 지불		B기업은 부채 35억 원에 대하여 10억 원의 이자를 지불	
ROA	$=\frac{10억\ 원}{50억\ 원}\times 100 = 20\%$	ROA	$=\frac{10억\ 원}{50억\ 원}\times 100 = 20\%$
ROE	$=\frac{19억\ 원}{35억\ 원}\times 100 = 54.28\%$	ROE	$=\frac{10억\ 원}{15억\ 원}\times 100 = 66.66\%$

6) 투자자본 이익률(ROI, Return on Investment)

투자자본 이익률이란

- 순이익을 총자산으로 나눈 것으로 재무제표를 놓고 회사의 수익성을 분석할 때 사용하는 지표임
- 투자한 돈만큼 얼마나 수익을 얻을 수 있는지를 수치로 나타낸 것임

$$ROI = \frac{(단기순이익 + 차입금이자 + 배당)}{투자자본}\times 100$$

7) DSCR(Debt Service Coverage Ratio)

DSCR이란

- "매년도"의 차입금의 상환 능력을 나타내는 지표로서 대부 리스크 측정 수단으로 이용함

CSCR=EBITDA/(P+I)
여기서, EBITDA(Earnings Before Interest, Taxes, Depreciation and Amortization): 이자, 법인세, 감가상각, 감모상각 전 영업 이익
P(Principle): 기간 중 원금 분할 상환액
I(Interest): 기간 중 이자 지급액

- 원리금 분할 상환 기간 동안 발생하는 현금 흐름이 동 기간의 원리금 상환액을 어느 정도 충당할 수 있는가를 측정한 비율임
- DSCR 값이 1보다 크면 차입금 상환액(Debt Service)을 순영업이익(NOI)으로부터 조달한다는 의미임
- DSCR 값은 일반 산업에서는 1.3 이상, 프로젝트 파이낸싱에 있어서는 1.5~2.0이 요구되며, 부동산 사업에서는 최저 1.2 이상, 평상시에는 1.08~1.10 그리고 불경기에는 1.4 이상이면 양호한 사업이라 판단함

8) LLCR(Loan Life Coverage Ratio)

LLCR이란

- 대출 만기까지의 원리금 상환 능력을 나타냄
- 대출 만기 시까지의 원리금 변제에 충당 가능한 현금 흐름의 현재 가치 합계를 총원리금 변제액으로 나눈 값임
- 일반적으로 LLCR 값은 1.5 이상을 요구함

LLCR=매년도의 EBITDA의 현재 가치 합계/P
여기서, EBITDA(Earnings Before Interest, Taxes, Depreciation and Amortization): 이자, 법인세, 감가상각, 감모상각 전 영업 이익
P(Principle): 총대출원금

2.3 레버리지분석(Leverage Analysis)

레버리지분석이란

- 기업의 고정비용이 있을 때 매출액이 증가하고 감소함에 따라 영업이익이나 순이익의 변동을 분석하는 것을 레버리지분석이라 함

레버리지분석의 특징

- 재무레버리지(Financial leverage)란 타인자본을 이용함으로써 고정재무비용(이자비용)을 부담하는 것
- 손익계산서에서 영업이익으로부터 세후 순이익이 결정되는 부분의 분석
- 기업의 매출액의 변화에 따른 이익의 변화양상을 분석
- 고정비용을 발생시키는 자산이나 자금의 사용을 의미
- 타인자본을 사용하게 되면 영업이익의 증가나 감소에 관계없이 일정금액의 이자를 지불하게 되고 그 나머지가 주주에게 돌아감
- 타인자본사용에 따라 발생하는 고정적인 이자비용이 지렛대(lever) 역할을 하여 주주에게 돌아가는 세후 순이익의 변화율은 영업이익 변화에 비해 커짐

레버리지분석 예제

- 어느 철도마케팅 회사의 영업이익이 1억이며, 현재 매년 지불하여야 하는 이자비용이 2,000만 원이다. 이때 법인세율을 50%로 가정하였을 경우 영업이익의 변화에 따른 세후 순이익에 미치는 영향을 파악하여라.

풀이

회사의 영업이익이 ±40% 증감 시 세후 순이익의 변화를 살펴보면 다음과 같음

(단위: 만 원)

항목	40% 감소	현재	40% 증가
영업이익	6,000	10,000	14,000
(–)이자비용	2,000	2,000	2,000
세전이익	4,000	8,000	12,000
(–)법인세	2,000	4,000	6,000
세후 순이익	2,000	4,000	6,000

– 영업이익이 40% 감소 시 세후 순이익은 기존보다 50% 감소함

– 영업이익이 40% 증가 시 세후 순이익은 기존보다 50% 증가함

레버리지분석 종류

- 레버리지분석은 고정비용을 발생시키는 자산이나 자금의 사용으로 총 3가지로 구분할 수 있음

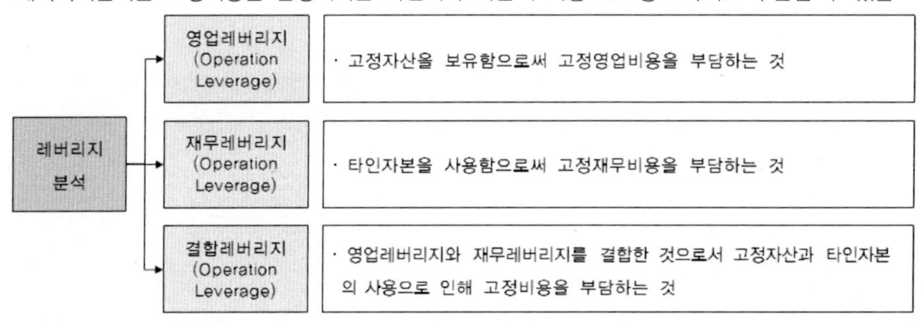

- 영업레버리지: 매출액의 변화가 영업이익에 미치는 영향을 분석하는 것으로 매출액과 영업이익의 관계에 영향을 미치는 고정적인 영업비용(고정비)의 역할에 있음
- 재무레버리지: 영업이익의 변화가 주주의 이익에 미치는 영향에 대한 분석이며, 고정재무비용인 이자비용의 역할이 분석의 초점
- 결합레버리지: 매출액 변화가 고정영업비용의 지출과 이자비용의 지출 정도에 따라 주주에게 돌아가는 세후 순이익에 어떠한 영향을 미치는지 분석

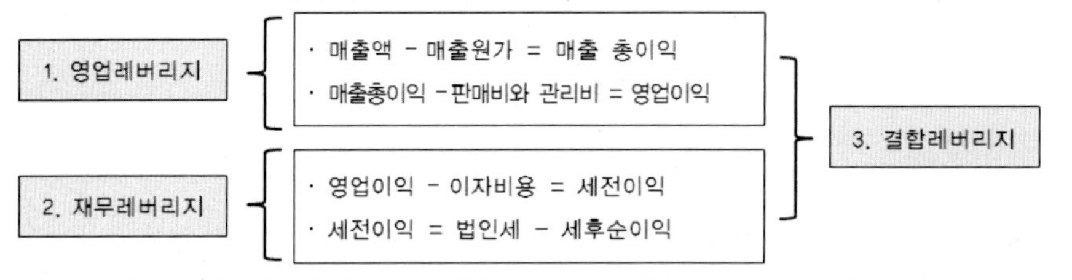

1) 영업레버리지 분석

영업레버리지분석이란

- 영업레버리지분석의 핵심은 매출액의 증감과 관계없이 일정하게 발생하는 고정영업비용이 매출액의 변화에 따른 영업이익의 변동에 어떤 영향을 미치는지를 분석하는 데 있음

영업레버리지분석 예제

- 어느 회사의 매출액이 500만 원이고 고정비가 290만 원이며 변동비는 매출액의 40%를 차지한다. 이 회사의 매출액이 10% 변동하면 영업이익은 얼마나 변동할까?

항목	금액(만 원)
매출액	500
(–)고정비	290
(–)변동비	200
영업이익	10

풀이

- 회사의 매출액이 ±10% 증감할 경우 영업이익을 살펴보면 다음과 같음

항목	10% 감소	금액(만 원)	10% 증가
매출액	450	500	550
(–)고정비	290	290	290
(–)변동비	180	200	220
영업이익	–20	10	40

- 회사의 매출액이 10% 감소하였을 경우 영업이익은 –20만 원으로 기존보다 300% 감소함
- 회사의 매출액이 10% 증가하였을 경우 영업이익은 40만 원으로 기존보다 300% 증가함

2) 손익분기점분석(Break-Even Point)

손익분기점분석이란

- 손익분기점(Break-Even Point)은 기업의 생산 및 판매활동에서 총수입과 총비용이 같게 되어 순이익이 "0"이 되는 점을 의미함
- 영업레버리지분석에서는 매출액과 영업비용이 같게 되어 영업이익이 "0"이 되는 점을 손익분기점이라 함

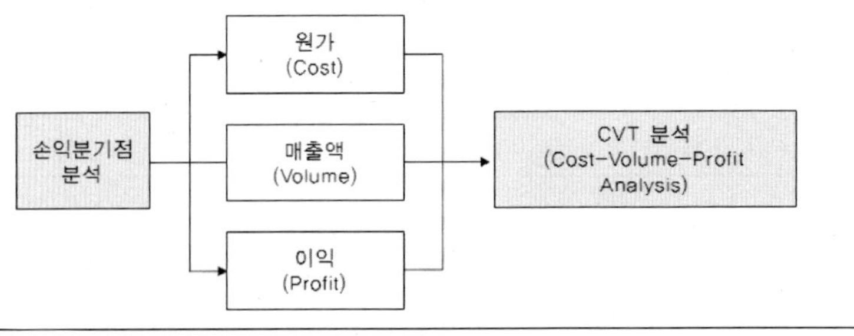

고정비용과 영업비용의 비교

고정영업비용	변동영업비용
건물과 기계의 감가상각비	직접 노무비
임차표	직접 재료비
경영진의 보수	판매 수수료
기타	기타

고정비용과 영업비용의 개념도

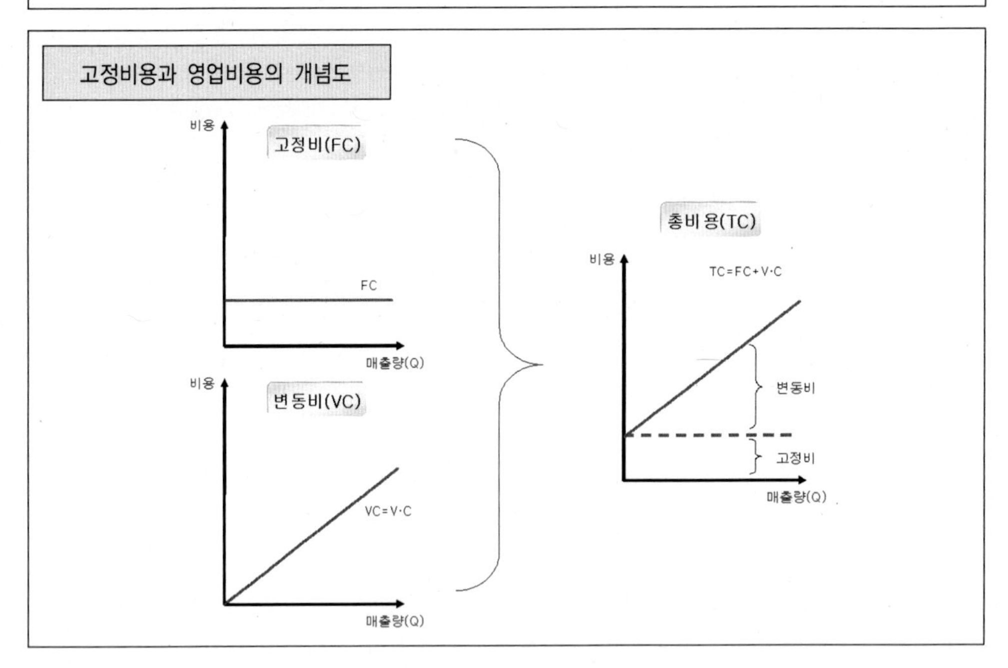

고정비용과 영업비용의 개념도

- 매출액과 영업비용이 일치할 때의 매출량을 표현하면 다음과 같음

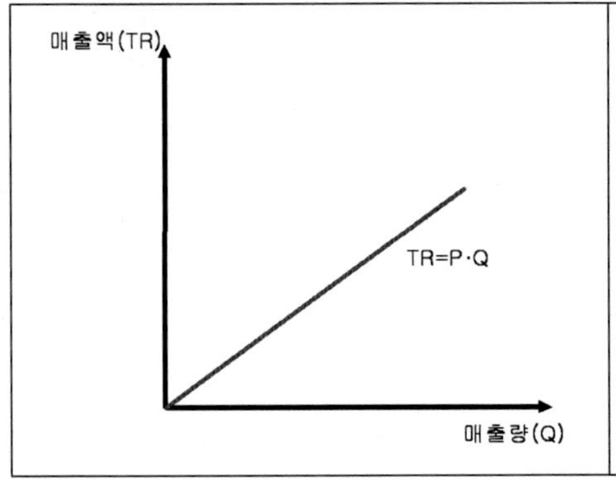

여기서, PQ=FC+V・C

P: 단위당 판매가격

Q: 손익분기점의 매출량

FC: 고정영업비용

V: 단위당 변동비

$$Q = \frac{FC}{P - V}$$

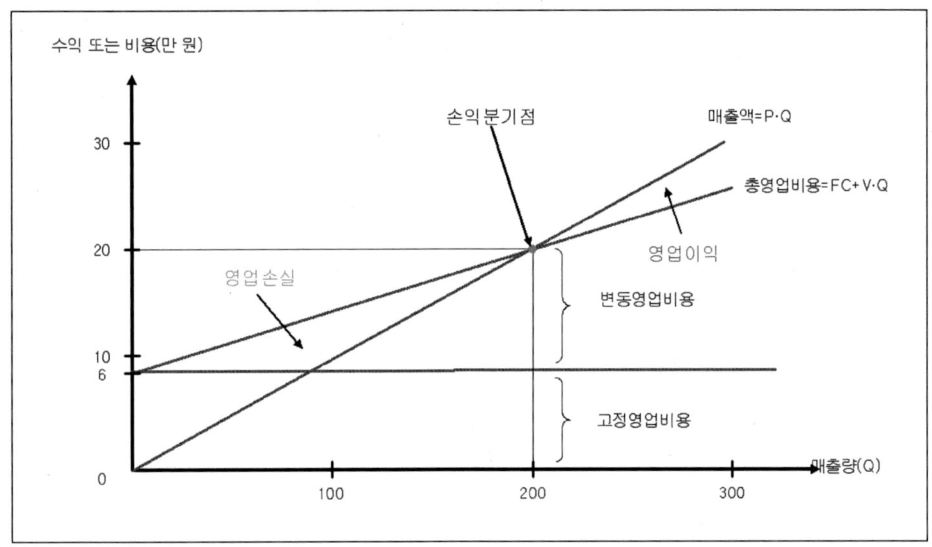

3) 자본분기점분석

자본분기점분석이란

- 세후 순이익은 영업이익에서 이자비용과 법인세를 뺀 것으로서 주주에게 돌아가는 이익임
- 세후 순이익을 보통주의 발생주식 수로 나누면 주단순이익이 됨

자본분기점분석 예제

대안 1 (자기자본 10억 원)	영업이익	5,000	10,000	15,000	20,000
	(-)이자비용	0	0	0	0
	세전 이익	5,000	10,000	15,000	20,000
	(-)법인세(50%)	2,500	5,000	7,500	10,000
	세후 순이익	2,500	5,00	7,500	10,000
	주당 순이익(원): 10만 주	250	500	750	1,000
대안 2 (자기자본 5억 원, 타인자본 5억 원)	영업이익	5,000	10,000	15,000	20,000
	(-)이자비용	5,000	5,000	5,000	5,000
	세전 이익	0	5,000	10,000	15,000
	(-)법인세(50%)	0	2,500	5,000	7,500
	세후 순이익	0	2,500	5,000	7,500
	주당 순이익(원): 5만 주	0	500	1,000	1,500

- A사는 새로운 투자에 필요한 10억 원의 자본을 어떻게 조달할 것인가를 고려하였다.
  - 대안 1: 보통주를 주당 10,000원으로 10만 주 발행하여 조달함.
  - 대안 2: 보통주를 주당 10,000원으로 5만 주 발행하고 나머지 5억 원을 이자율 10%로 차입하여 조달함
- 각 조달방법에 따른 영업이익과 주당 순이익의 관계를 나타내어라.

풀이

- 대안 1과 대안 2에 대한 영업이익에 따른 세후 순이익에 대한 내용은 다음과 같음

⇒ 자본조달계획이 차이가 없는 점: 자본분기점

⇒ 영업이익이 1억 원 이하일 경우: 대안 1이 유리함

⇒ 영업이익이 1억 원 이상일 경우: 대안 2가 유리함

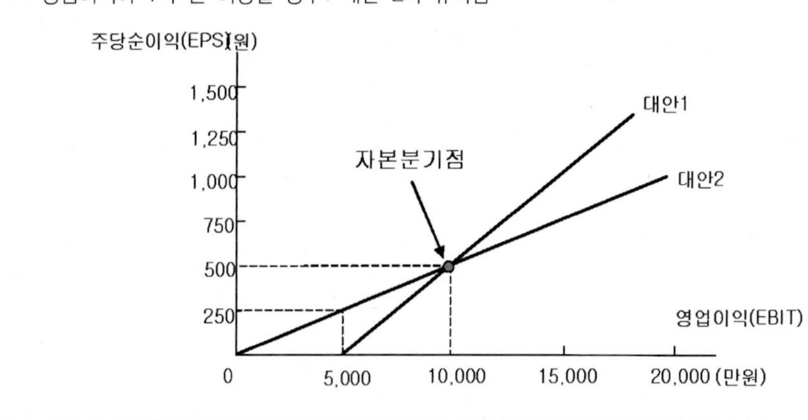

■ 이야깃거리

1. 재무분석은 누구에게 필요한 것인지 설명해보자.
2. 민간철도 프로젝트에서 재무분석은 어떤 역할을 하는지 논의해보자.
3. 재무제표란 무엇이며 재무제표의 구성항목에는 어떠한 것들이 있는지 설명해보자.
4. 철도 프로젝트에서 재무분석과 경제성분석 항목을 비교・분석해보자.
5. 기업의 재무 상태를 파악하기 위해 알고 있어야 할 사항들에 대해 이야기해보자.
6. 현금(Cash)이란 무엇이며 현금의 변동내역을 구분하는 방법에 대해 설명해보자.
7. 대차대조표와 손익계산서, 현금 흐름표는 무엇이며 이들로써 얻을 수 있는 정보는 무엇이 있는지 이야기해보자.
8. 재무비율이란 무엇이고, 어느 부분에 활용할 수 있는지 이해해보자.
9. 재무비율의 종류에는 무엇이 있고, 각 비율들의 장・단점에 대해 논의해보자.
10. 재무분석이란 무엇인지 의미를 파악해보자.
11. 수익성 평가기법의 종류를 나열하고 비교하여보자.
12. 자기자본 이익률이란 무엇이며 활용방안에 대해 이야기해보자.
13. 수익성지수법이란 무엇이며 활용방안에 대해 이야기해보자.
14. 자기자산 수익률이란 무엇이며 활용방안에 대해 이야기해보자.
15. 자기자본 이익률과 자기자산 수익률의 차이점을 비교해보자.
16. 투자자본 이익률이란 무엇이며 활용방안에 대해 이야기해보자.
17. DSCR과 LLCR이란 무엇이며 이들을 비교하여보자.
18. 철도 프로젝트에 적합한 수익성 평가기법에 대해 논의해보자.
19. 레버리지 분석이란 무엇이며 특징은 무엇인지 설명해보자.
20. 레버리지 분석의 종류를 분류하고 비교하여보자.
21. 철도 프로젝트에서 레버리지 분석의 예를 들어 설명해보자.
22. 고정비용과 영업비용을 비교하여보고, 이들의 관계를 그래프로 그려 설명해보자.
23. 자본분기점분석이란 무엇인지 그래프를 그려 이해해보자.

참고문헌

국내문헌

· 원제무, 알기 쉬운 도시교통론, 박영사, 2002
· 원제무, 대중교통경제론, 보성각, 2003
· 원제무, 프로젝트 계획 · 투자 · 파이낸싱, 박영사, 2008
· 원제무, 도시교통론, 박영사, 2009
· 김기화, 김현연, 정이섭, 유원연, 철도시스템의 이해, 태영문화사, 2007.
· 이종득, 철도공학개론, 노해, 2007.
· 서사범, 철도공학, BG북갤러리 ,2006.
· 서사범, 철도공학의 이해, 얼과알, 2000.
· 한국철도학회, 알기 쉬운 철도용어 해설집, 2008
· 교통개발연구원, 21세기 육상교통의 전망과 정책방향, 자동차2천만대 대비 교통종합대책 세미나, 1999.
· 교통개발연구원, 도시철도 건설부채 해소대책과 추진전략, 2002
· 교통개발연구원, 도시철도 건설재원의 확충방안 모색(김재형), 월간교통, 1999.
· 교통개발연구원, 교통시설 특별회계의 운용현황과 문제점 및 개선방안, 1998
· 서울시 지하철건설본부. 서울지하철 6,7,8,9호선별 개선방안, 1998
· 인천광역시 지하철 건설본부, 인천도시철도 1호선 기본설계, 1993
· 김훈 · 이장호, 광역권경제권의 지속가능 발전을 위한 철도망 확충 및 고속철도 역세권 개발 방향, 한국교통연구원, 2009
· 이장호, 고속철도 수요분석을 위한 지역 간 통행수단 선택모형 구축, 교통연구, 제16권, 제2호, 2009, pp.27～40
· 이장호 · 장수은, 지역 간 통행의 효율성 제고를 위한 고속철도 이용 증대방안 연구, 한국교통연구원, 2005
· 한국철도시설공단, 2010년도 철도사업 설명자료, 2010
· 성현곤, 김동준, 서울시 역세권에서의 토지이용 및 도시설계 특성이 대중교통 이용증대에 미치고 영향분석, 대한교통학회지,
· 김태호 등, 대중교통지향형 개발을 위한 역세권 성장 방법 및 적용연구 김태호 등 , 서울시 역세권 대중교통 이용수요영향인자 심층분석
· 성현곤, 대중교통중심개발(TOD)이 주택가격에 내치는 잠재적 영향
· 권영종 · 오재학, 대중교통지향형 도시개발과 교통체계 구축방안, 교통연구개발연구원, 2004.
· 박진영 · 김동준, 대중교통정책 수립에 있어서 교통카드자료 활용방안연구, 한국교통연구원, 2006.
· 성현곤 · 권영종,고용입지변화에 따른 주거입지 및 통근통행의 변화에 관한 연구 : 강남역세권을 중심으로, 국토계획41(4):59～75, 2006.
· 성현곤 · 권영종 · 오재학. 대중교통지향형 도시개발 유도를 위한 금융 및 세제지원방안 : 미국사례를 중심으로. 국토연구 47:89 ～105, 2005
· 성현곤 · 김태현. 서울시 역세권의 유형화에 관한 연구 : 요인별 시간대별 지하철 이용인구를 중심으로. 대한교통학회지 23(8):19～30, 2005.
· 성현곤 · 노정현 · 박지형 · 김태현, 고밀도도시에서의 토지이용이 통행패턴에 미치는 영향, 국토계획41(4):59～75, 2006
· 양재섭· 김정원, 일본의 도시재생정책 추진체계와 시사점, 경제포커스, 2007.

· 양재호, 역세권 개발방향의 모형설정에 관한 연구, 성균관대학교 대학원 박사학위 논문, 2000.
· 이승일,GIS를 이용한 수도권 지하철 광역접근도 분석연구, 국토계획39(3):261~277, 2004.
· 이재훈, 철도역 중심의 연계교통 활성화 방안 연구, 한국교통연구원, 2007
· 임주호, 도시철도 이용수요에 영향을 미치는 역세권 토지이용특성, 서울대학교 대학원 박사학위 논문, 2006.
· 임희지, 고밀다핵도시 서울의 대중교통이용 활성화를 위한 역중심 개발 유도방안 연구, 대한교통학회지25(5):93~104, 2005.
· 정석희 외3인, 철도역세권 개발제도의 도입방안에 관한 연구, 건설교통부·국토연구원, 2003.
· 최봉문·김용석, 철도역세권 정비촉진을 위한 특별법안 자문보고서, 미출간 보고서, 2007.
· 최봉문 · 김용석, 철도역세권 개발 제도개선 방안, 미출간 보고서, 2007.
· 김도년 · 양우현 · 정동섭, 외국 고속철도 역세권 개발사례의 비교분석을 통한 계획적 의미에 관한 연구, 대한건축학회 논문집, 계획계 21권 8호(통권 202호), 2005. pp. 169-176.
· 이현주, 프랑스 수도권의 다핵구조화-TGV 역세권 개발과의 관계를 중심으로, 국토 제 272권, 국토연구원, 2004. pp. 52-63
· 김종학 외, 승용차 이용가치를 고려한 교통정책 수립방안 연구, 국토연구원, 2008.
· 국토해양부, 철도투자평가편람, 2009.
· 김현 · 김연규 · 정경훈, 대심도 철도정책의 실행방안, 한국교통연구원, 2009.
· 이백진, 새로운 대중교통정책 방향 모색-모빌리티 매니지먼트(Mobility Management), 국토정책브리프 제176호, 국토연구원, 2008.
· 이성원 외, 지속가능 교통 · 물류정책 추진을 위한 제도정비 방안, 한국교통연구원, 2007.
· 이춘용 외, 도로 공간의 복합적 기능 활성화 방안 연구, 국토연구원, 2007.
· 정병두 · 김현 · 황연기, 급행철도 도입에 따른 전환수요 분석, 대한교통학회지 제27권 제3호, 2009, pp. 131-140.
· 한국교통연구원, 대구권 광역철도 기본조사, 2009.
· 국토해양부, 『KTX 역세권 중심 지역 특성화 발전전략 연구』, 2010.
· 김병오 외, "철도 민자역사의 효율적 개발 방안 연구", 『한국철도학회논문집』, 2006.
· 문대섭 외, "철도 역시설의 입지와 규모에 관한 기초 연구", 한국철도학회, 2002.
· 성현곤 · 김태현, "서울시 역세권의 유형화에 관한 연구",『대한교통학회지』, 제23권, 제8호, 2005.
· 이경철, "외국 고속철도 역의 기능과 역할", 『한국철도기술』, 제37호, 2002.
· 임덕호 "교통투자가 도시공간구조와 지가에 미치는 영향", 『주택연구』, 제 14권, 제3호, 2006.
· 이용상 · 신민호, "21세기 철도발전 방향". 『한국철도학회지』, 제3권, 제1호, 2000.
· 이용상, "철도가 가져온 사회경제적 변화에 관한 정성적 연구", 『한국철도학회논문집』, 제 12권, 제5호, 2009.
· 전명진,『수도권 교통시설이 지역경제에 미치는 파급효과에 관한 연구』, 경기개발 연구원, 2001
· 정일호 · 강동진 · 지광석, 『교통기술혁신이 국토공간에 미치는 영향분석 연구』, 국토연구원, 2002.
· 조남건, 『해외 역세권 개발의 허와실』, 국토연구원, 2007,
· 주경식, "경부선 철도건설에 따른 한반도 공간조직의 변화", 『대한지리학회지』, 제29권, 제3호, 1994.

국외문헌

· Bergmann, D. R., Generalized Expression for the Minimum Time Interval between Consecutive Arrivals at an Idealized Railway Station, Transportation Research, 1972 vol. 6, pp. 327~341
· Canadian Urban Transit Association, Canadian Transit Handbook, 1989

· Gill, D.C., and Goodman, C.J., Computer-based Optimization Techniques for Mass Transit Railway Signalling Design, IEE, 1992
· Lang, A.S. and Soberman, R.M., Urban Rail Transit : 9ts Economics and Technology, MIT press, 1964
· Levinson, H.S. and etc, Capacity in Transportation Planning, Transportation Planning Handbook, ITE, Prentice Hall, 1992.
· Vuchic, Vukan R., Urban Public Transportation Systems and Technology, Pretice-Hall Inc., 1981.
· Calthrope, P. 「The Next American Metropolis : Ecology, Community, and the American Dream」, Princeton Architectural Press, 1993.
· Cervero, et.al, "Transit-Oriented Development in the United States : A Literature Review", Transit Cooperative Research Program, 2002.
· Cervero, R, and C. Radisch, "Travel Choices in Pedestrain Versus Automobile Oriented. Neighborhoods," Transport Policy, Vol. 3, pp. 127-141, 1996.
· Cervero, R, "Mixed Land Uses and Commuting: Evidence from the American Housing Survey", Transportation Research Part D Vol. 2, 1997
· Cervero, R and K. Kockelman, "Travel Demand and the 3Ds: Density, Diversity, and Design", Transportation Research D Vol. 2, 1997
· City of Seattle, 「Comprehensive Plan」, Department of planning and Development, 1994.
· City of Seattle, 「Comprehensive Plan: Toward a Sustainable Seattle(2004-2024)」, Department of planning and Development, 2005.
· Dittmar, H. and S. Poticha, "Defining Transit-Oriented Development: The New Regional Building Block," In H. Dittmar and G. Ohland(Eds.), 「The New Transit Town: Best Practices in Transit-Oriented Development」 (pp.20-40), 2004.
· Ewing, R. and R. Cervero, "Travel and the Built Environment: A. Synthesis," Transportation Research Record, No. 1780, pp. 87-114. FHWA, 2001.
· Handy, S., "Regional Versus Local Accessibility: Implications for Nonwork Travel", Transportation Research Record 1400, pp.58-66, 1993.
· Krizek, K., "Residential Relocation and Changes in Urban Travel: Does neighborhood-scale urban from matter?", Journal ot the American Planning Association 69: 265-281, 2003.
· Lawrence D. F., Martin A. A., Thomas L. s., "Obesity Relationship with Community Design, Physical Activity, and Time Spent in Cars", American Journal of Preventive Medecine, Volume 27(2): pp. 87-96, 2004.
· Vojnovic, I., Jackson-Elmoore, C., and Bruch. s., "The Renewed Interest in Urban From and Public Health: Proomoting Increased Physical Activity in Michigan," Cities, Vol.23(1): pp. 1-17, 2006.
· Dittmar, H., and G. Ohland, eds. The New Transit Town: Best Practices in Transit-Oriented Development. 2004. Island Press. Washington, D.C.p.120.
· Mass Transit Administration(1988) Access by Design: Transit's Role in Land Development. Maryland Department of Transportation
· Ontario Ministry of Transportation(1992) Transit-Supportive Land Use Planning Guidelines.
· Ewing, R.(1999) Best Development Practices: A Primer. EPA Smart Growth Network, pp. 1-29.
· Ewing, R.(2000) Pedestrian-and Transit-Friendly Design: A Primer for Smart Growth, EPA Smart Growth Network, pp. 1-22.
· P.N.Seneviratne, "Acceptable Walking Distances in Central Areas," Journal of Transportation Engineering,

Vol. 3, 1985, pp. 365～376

· Leamer, E., “A Flat World, a Lavel Playing Field, a Small World After All, or None of the Above? A Review of Thomas L. Firedman’s THe World is Flat.” Journal of Economic Literature, 45(1), March 2007, pp. 83-126.

· Ohmae, K., The Borderless World : Power and Strategy in the Interlinked Economy, Collins Business, 1999.p.276

· Bollinger C.R. and K.R Ihlanfeldt(1997)“The Impact of Rapid Transit on Economic Development: the case of Atlanta’s MARTA.” Journal of Urban Economics 42, 179-204.

· Cervero, R. andJ. Landis(1997) “Twenty years of the Bay Area Rapid Transit System: lan use and development impacts,” Transportation Research A 31(4), 309-333.

· Green R. D. and D.M.James, Rail Transit Station Area Development: Small Area Modeling in Washington, DC, M. E. Sharpe, Armonk NY 1993.

· Miller, H.J.(1999) “Measuring Space-Time Accessibility Benefits within Transportation Networks: basic theory and computational procedures” Geographic Analysis 31(1), 1-26

· Landis, J. and D.Loutzenheiser(1995) “ Bart at 20: Bart Access and Office Building Performance,” Institute of Urban and Regional Development Work Paper 648, University of California at Berkeley

· O’sullivan, D., A.Morrison, and J. Shearer.(2000) “ Using Desktop GIS for the Investigation of Accessibility by Public Transport: an Isochrone Approach,” Int,J.Geo. Info.Sys.14(1), 85-104.

· Moshe Givoni, Development and Impact of the Modern High-Speed Train : A review, Transport Reciewsm Vol. 26, 2006.

· OECD, How Region Grow, 2009

· Roger Vickerman, Klaus spiekermann and Michael Wegener, Accessibility and Economic Development in Europe, Regional Studies, Vol 33, 1999.

· Bamberg, s., and Schmidt, P., Change Travel Mode Choice as Rational Choice : Results from a Longitudinal Intervention Study, Rationality and Society, Vol. 10, 1998, pp. 223-252.

· Dawes, R., Behavioral Decision Making, Judgement, and Inference, Handbook of Social psychology, D. Gilbert, S. Fiske and Linsey(eds.), Mcgraw-Hill, 1997.

· Fujii., Garling, T., and Kitamura, R, Changes in Dreivers’ Perceptions and Use of Public Transport during a Freeway Closure : Effects of Temporary Structural Change on Cooperation in a Real-Life Social Dilemma, Environment and Behavior, Vol. 33, No. 6, 2001, pp. 796-808.

· Hsin-Li Chang and Shun-Cheng Wu, Exploring the Vehicle Dependence Behind Mode Choice : Evidence of Motorcycle Dependence in Taipei, Transportation Research Part A 42, 2008, pp. 307-320

· David A, Hensher “A Practical Approach to Market Potential for High Speed Rail: A Case Study in the Sydney-Canberra”, Transportantion Part A, Vol 31, 1997.

· David Emmanuel Andersson, Oliver F. Shyr and Johnson Fu, “Does High-Speed Rail Accessibility Influence Residential Prices?”, Jaumal of Transport Goeraphy, Vol, 18, 2010.

· Kingsley E. Haynes, “Labor Markets and Regional Transportation Improvement: Case of High-Speed Train”, Transport Pdicy, Vol. 17, 2010.

· Marta Sanchez-Borras, Chis Nash, Pedro Abrantes, Andres Lopea-Pita, “Rail Access Charge and Competitiveness of High Speed Train”, Transport Policy, Vol 17, 2010.

웹사이트

한국철도공사 http://www.korail.com
서울메트로 http://www.seoulmetro.co.kr
서울시도시철도공사 http://www.smrt.co.kr
한국철도기술연구원 http://www.krii.re.kr
한국개발연구원 http://www.kdi.re.kr
한국교통연구원 http://www.koti.re.kr
서울시정개발연구원 http://www.sdi.re.kr
국토해양부 http://www.mltm.go.kr
한국철도시설공단 http://www.kr.or.kr
건설교통부 : http://www.moct.go.kr/
법제처 : http://www.moleg.go.kr/
서울시청: http://www.seoul.go.kr/
일본 국토교통성 도로국: http://www.mlit.go.jp/road
국토해양통계누리 : http://www.stat.mltm.go.kr
통계청 : http://www.kostat.go.kr

색인

(숫자)

(A)

(B)

(C)

(D)

(E)

(F)

(G)

(H)

(I)

(K)

(L)

(M)

(ㄴ)

(ㄷ)

(ㄹ)

(ㅁ)

(ㅂ)

(ㅅ)

(ㅇ)

(ㅈ)

(ㅊ)

(ㅋ)

(ㅌ)

(ㅍ)

(ㅎ)

원제무

UCLA 교통계획 석사
MIT 교통공학 박사
대한국토 · 도시계획학회장
한양대학교 도시대학원 교수

박정수

한양대학교 공학대학원 도시공학 석사
한양대학교 도시대학원 도시공학 박사
(사)철도연구원장
동양대학교 철도경영학과 및 동 대학원 철도교통정책학과 교수

서은영

한양대학교 공학대학원 도시공학 석사
한양대학교 도시대학원 박사과정
동양대학교 대학원 철도교통정책학과 겸임교수
(사)도시SOC연구원장

알기 쉬운
철도교통계획론

초판인쇄 | 2012년 7월 25일
초판발행 | 2012년 7월 25일

지 은 이 | 원제무 · 박정수 · 서은영
펴 낸 이 | 채종준
펴 낸 곳 | 한국학술정보(주)
주 소 | 경기도 파주시 문발동 파주출판문화정보산업단지 513-5
전 화 | 031) 908-3181(대표)
팩 스 | 031) 908-3189
홈페이지 | http://ebook.kstudy.com
E-mail | 출판사업부 publish@kstudy.com
등 록 | 제일산-115호(2000. 6. 19)

ISBN 978-89-268-3448-0 93530 (Paper Book)
978-89-268-3449-7 95530 (e-Book)